K.-H. Frach, H. Greiner-Mai und G. Suschowk

Physikalische Experimente an Leistungsreaktoren

PHYSIKALISCHE EXPERIMENTE AN LEISTUNGS-REAKTOREN

von

Dipl.-Ing. KARL-HEINZ FRACH
Dipl.-Phys. HANS GREINER-MAI
Dr. rer. nat. GÜNTER SUSCHOWK

Mit 94 Bildern und 11 Tabellen

AKADEMIE-VERLAG · BERLIN 1982

Erschienen im Akademie-Verlag, DDR-1086 Berlin, Leipziger Straße 3—4
Lektor: Dipl.-Phys. Ursula Heilmann

Lizenznummer: 202 · 100/434/82
Umschlaggestaltung: Rolf Kunze
Gesamtherstellung: VEB Druckerei „Thomas Müntzer", 5820 Bad Langensalza
Bestellnummer: 762 873 5 (6598) · LSV 3274
Printed in GDR
DDR 42,— M

Berichtigungen

S. 27, 13. Z. v. o.	lies: Neutronenflußdichte statt: Neutronendichte
S. 37, 5. Z. v. o.	lies: [6], [7], [11] statt: [11] bis [14]
S. 46, 8. Z. v. u.	lies: [13] statt: [10]
S. 90, 7. Z. v. o. 12. Z. v. u.	lies: [13] statt: [3] lies: [15] statt: [5]
S. 92, 8. Z. v. u.	lies: Kap. 4.4.3. statt: Kap. 4.4.2.
S. 105, 4. Z. v. o.	lies: Gl. (4.4.10) statt: Gl. (4.4.11)
S. 107, 1. Z. v. o.	lies: (4.6.11) statt: (4.6.10)
S. 140, 4. Z. v. o.	lies: $\lvert\dot{\varrho}\rvert \approx \ldots$ statt: $\dot{\varrho} \approx \ldots$
S. 187, Tabellenkopf	lies: $10^{+2}\,\varrho_{\text{korr}}$ und $10^{+2}\,\varrho^{\text{ber}}$ statt: $10^{-2}\,\varrho_{\text{korr}}$ und $10^{-2}\,\varrho^{\text{ber}}$
S. 200, 11. Z. v. u.	lies: 7. Organisatorische Maßnahmen
S. 213, 20. Z. v. u.	lies: 0,05 \$ statt: 0,5 \$
S. 257, 14. Z. v. o.	lies: Temperaturkoeffizient statt: Temperatureffekt

Frach u. a., Physikal. Experimente 762 873 5 (6598)

Vorwort

Über physikalische Experimente an Leistungsreaktoren zur Bestimmung von Reaktivitätskoeffizienten und -effekten und über deren Grundlagen wird detailliert in Fachzeitschriften oder andeutungsweise in Lehrbüchern der Reaktorphysik berichtet. Diese Veröffentlichungen setzen entweder stillschweigend die Kenntnis der experimentellen Methodik voraus oder beschränken sich auf allgemeine Hinweise.

In diesem Buch wird der Versuch unternommen, Grundlagen, Methodik, Ausführungen und Ergebnisse physikalischer Experimente an Druckwasser-Leistungsreaktoren zur Bestimmung von Reaktivitätskoeffizienten und -effekten einheitlich und so umfassend darzustellen, daß es nicht nur dem Lernenden hilft, sondern auch dem Praktiker als Ratgeber dienen kann. Die Verfasser stützen sich dabei auf eine z. T. mehr als zehnjährige Praxis bei der Ausführung solcher Experimente an den Druckwasserreaktoren vom Typ WWER des VEB Kernkraftwerk „Bruno Leuschner" Greifswald und bei der Ausbildung von Reaktor-Betriebspersonal. Diese praktische Tätigkeit umfaßt mehr als zehn Betriebsjahre des WWER-2 im Betriebsteil KKW Rheinsberg und mehr als zehn Reaktorbetriebsjahre der WWER-440 im Betriebsteil KKW Greifswald.

Beispiele und Erfahrungen, die mitgeteilt werden, beziehen sich überwiegend auf den Reaktor des Typs WWER-2 mit einer thermischen Leistung von 265 MW und einer elektrischen Leistung von 70 MW. Die prinzipiellen Aussagen sind jedoch unabhängig von der konkreten Art des Druckwasserreaktors. Auf die Gültigkeit und die Übertragbarkeit spezieller Ergebnisse und Methoden wird in einem gesonderten Kapitel hingewiesen.

Es werden auch einige Probleme genannt, die nach Meinung der Verfasser noch nicht hinreichend bearbeitet wurden bzw. noch ungelöst sind. Damit sollen dem Leser Anregungen für weitere Arbeiten im Zusammenhang mit reaktorphysikalischen Experimenten gegeben werden.

Wir danken den Gutachtern Dr. B. Köhler und Dr. N. Auff'm Ordt für ihre wertvollen Hinweise und der Lektorin U. Heilmann für die verständnisvolle Zusammenarbeit und ihre Hilfe bei der Gestaltung des Buches.

VE Kombinat Kernkraftwerke
„Bruno Leuschner“ Greifswald,
Betriebsteil Kernkraftwerk Rheinsberg

K.-H. Frach
H. Greiner-Mai
G. Suschowk

Inhaltsverzeichnis

1. **Einleitung** 13

2. **Der Aufbau von Reaktoren des Typs WWER** 15

3. **Reaktorphysikalische Berechnungen** 21

3.1. Grundlagen 21

3.1.1. Einige Reaktionen zwischen Neutronen und Atomkernen ... 21
3.1.2. Mikroskopische und makroskopische Wirkungsquerschnitte 22
3.1.3. Mittlere freie Weglänge 23
3.1.4. Wechselwirkungsraten und Neutronenflußdichte 25
3.1.5. Energiespektrum der Neutronen 27
3.1.6. Gruppenflüsse und Gruppenparameter 30
3.1.7. Neutronenbilanz und Diffusionsgleichungen 31
3.1.8. Forderungen an die Lösungen der Diffusionsgleichungen 33

3.2. Berechnung neutronenphysikalischer Kennwerte von Reaktoren 35

3.2.1. Einführung 35
3.2.2. Die Grundgleichung 36
3.2.3. 2-Gruppen-Diffusionsgleichungen für Spaltzone und Reflektor 37
3.2.4. Lösung für die Spaltzone 39
3.2.5. Lösung für das Reflektorgebiet 44
3.2.6. Die Gesamtlösung 46
3.2.7. Ergebnisse der Modellrechnung und Schlußfolgerungen für die Berechnung realer Reaktoren 46

3.2.8. Randbedingungen für den Hauptfluß 49
3.2.9. Migrations-, Brems-, Diffusionslänge 50
3.2.10. Kritischer Zustand, Eigenwert, effektiver Multiplikationsfaktor, Reaktivität 52
3.2.11. Regelstäbe im Reaktor 55
3.2.12. Berechnung von Reaktivitätskoeffizienten 57

3.3. Das Zeitverhalten des Reaktors bei Berücksichtigung der verzögerten Neutronen 58

3.3.1. 1-Gruppen-Diffusionsgleichung ohne Berücksichtigung verzögerter Neutronen 59
3.3.2. Berücksichtigung der verzögerten Neutronen 61
3.3.3. Quasistationäre Reaktorzustände 63
3.3.4. Vergiftung 65

3.4. Einige Kriterien für die Auswahl der Brennstoffanordnung im Reaktor 73

4. Theoretische Grundlagen der Bestimmung von Reaktivitätseffekten mittels Reaktivitätsmessungen 77

4.1. Ziele der Messungen 77

4.2. Bestimmung von Reaktorparametern aus dem dynamischen Verhalten bei Nulleistung 77

4.3. Probleme des Vergleichs von Meßwerten mit Rechenwerten 78

4.3.1. Die stationäre Reaktivität 80
4.3.2. Die dynamische Reaktivität 81
4.3.3. Vergleich von stationärer und dynamischer Reaktivität 84

4.4. Meßbarkeit der dynamischen Reaktivität und kinetisches Verhalten eines Reaktors 84

4.4.1. Meßbarkeit der dynamischen Reaktivität 86
4.4.2. Reaktivität und stabile Reaktorperiode 91
4.4.3. Das kinetische Verhalten des Reaktors bei sprunghafter Reaktivitätsänderung 93

4.5. *Numerisches und Schlußfolgerungen für den realen Reaktor* ... 99

4.6. *Schnelle zeitliche Reaktivitätsänderungen am Beispiel der Störungsmessungen* ... 103

4.6.1. Grundidee der Störungsmessungen ... 103
4.6.2. Auswertemodell für Störungsmessungen ... 104
4.6.3. Numerisches zu Störungsmessungen ... 110
4.6.4. Probleme bei der Auswertung von Störungsmessungen ... 116

4.7. *Schlußfolgerungen für den Vergleich von Messung und Rechnung* ... 119

5. **Reaktivitätsmessungen und Auswertemethoden** ... 120

5.1. *Die Punktkinetik als Grundlage der Reaktivitätsmessung* ... 120

5.2. *Nulleistungsmessungen* ... 122

5.2.1. Dynamische Reaktivitätsmessungen ... 123
5.2.1.1. Beschreibung des Meßprinzips ... 124
5.2.1.2. Methoden zur Auswertung dynamischer Messungen ... 126
5.2.1.2.1. Messung der Absorberstabwirksamkeiten ... 129
5.2.1.2.2. Messung der Wirksamkeit der Borsäurelösung ... 133
5.2.1.2.3. Messung des Temperaturkoeffizienten ... 135
5.2.1.2.4. Messung der instationären Xenonvergiftung ... 136
5.2.1.2.5. Messung des Druckkoeffizienten ... 138
5.2.1.3. Versuchsdurchführung ... 139
5.2.1.4. Auswertung der Versuche in der Praxis und ihre Ergebnisse ... 144
5.2.1.4.1. Auswertung der Messung der differentiellen Absorberstabwirksamkeit α_h ... 146
5.2.1.4.2. Auswertung der Messung des Borsäurekoeffizienten α_B ... 151
5.2.1.4.3. Auswertung der Messung des Moderatortemperaturkoeffizienten α_M ... 155
5.2.1.4.4. Auswertung der Messung der instationären Xenonvergiftung ... 158
5.2.1.4.5. Auswertung der Messung des Druckkoeffizienten α_p ... 164
5.2.1.5. Abhängigkeit der Reaktivitätskoeffizienten von anderen Parametern ... 165
5.2.2. Statische Methoden ... 169
5.2.3. Stabfallmessungen ... 172

5.2.3.1. Stabfallmethoden ... 174
5.2.3.2. Versuchsbedingungen, Versuchsdurchführung ... 178
5.2.3.3. Ergebnisse ... 179
5.2.4. Sonstige Messungen ... 181
5.2.4.1. Das kritische Experiment ... 181
5.2.4.2. Symmetriemessungen und Kopplungsmessungen ... 186
5.2.4.3. Messungen zur Kreislaufdynamik ... 188
5.2.5. Organisation der Messungen ... 189
5.2.5.1. Einführung ... 189
5.2.5.2. Probleme der Auswahl zu messender reaktorphysikalischer Kenngrößen ... 191
5.2.5.3. Entwicklung der Versuchsprogramme ... 193
5.2.5.4. Beispiel eines Ablaufplanes und eines Versuchsprogrammes ... 198

5.3. *Messungen bei Leistung* ... 200
5.3.1. Statische Methoden ... 204
5.3.1.1. Bestimmung des Leistungskoeffizienten ... 204
5.3.1.2. Bestimmung des Temperatur- und Borsäurekoeffizienten im Leistungsbetrieb ... 209
5.3.1.3. Messung der stationären Vergiftung ... 211
5.3.2. Dynamische Messungen im Leistungsbetrieb ... 212
5.3.3. Kombination dynamischer und statischer Messungen ... 217
5.3.4. Übertragbarkeit der Ergebnisse ... 221

5.4. *Meßtechnik* ... 222
5.4.1. Nukleare Meßtechnik ... 223
5.4.2. Einige meßtechnische Probleme bei der Anwendung nuklearer Meßkanäle für reaktorphysikalische Messungen ... 227
5.4.3. Meßwerterfassung ... 228
5.4.3.1. Reaktivitätsmesser ... 229
5.4.3.2. Meßwertlochersysteme ... 229
5.4.3.3. Automatisches Meßwerterfassungssystem (AMS) ... 230
5.4.3.4. Prozeßrechner ... 230
5.4.4. Meßtechnik für reaktorphysikalische Meßmethoden ... 231

5.5. *Probleme der Meßfehler und des Vergleiches mit der Theorie* ... 233
5.5.1. Gültigkeit der Meßergebnisse ... 233
5.5.2. Übersicht zum Problem der Genauigkeit reaktorphysikalischer Kenngrößen ... 234

5.5.3. Abschätzung der Genauigkeiten experimenteller Werte 237
5.5.3.1. Allgemeine Angaben zur Meßgenauigkeit 237
5.5.3.2. Untersuchungen zur erforderlichen Genauigkeit 238
5.5.4. Probleme des Vergleichs von Rechnung und Experiment 239
5.5.4.1. Vergleich kritischer Zustände 240
5.5.4.2. Vergleich von Reaktivitätskoeffizienten und -effekten 242
5.5.4.3. Probleme der Reproduzierbarkeit von Vergleichsergebnissen 245

6. Betriebsmeßdaten 248

6.1. Stationäre Zustände 248

6.2. Instationärer Leistungsbetrieb 252

7. Übertragbarkeit der Methoden und Ausblick 256

7.1. Andere Reaktortypen 256

7.2. Schwerpunkte und ihre Verlagerung 257

Literaturverzeichnis 260

Symbolverzeichnis 264

Sachverzeichnis 267

1. Einleitung

In der Spaltzone eines Kernreaktors stellt sich eine ortsabhängige Neutronenflußdichteverteilung ein, die vom Zustand der Spaltzone abhängt. Der Zustand der Spaltzone wird z. B. charakterisiert durch die Brennstoffverteilung in der Spaltzone, die Absorberkonzentration, die Moderatortemperatur, den Druck des Moderators und die Reaktorleistung. Änderungen dieser Größen beeinflussen im allgemeinen die Neutronenbilanz in der Spaltzone und führen zu zeitlichen Änderungen der Neutronenflußdichteverteilung.

Eine Kenngröße, die global die Neutronenbilanz im Reaktor beschreibt, ist die Reaktivität. Die Änderung der Reaktivität, die bei der Änderung eines Parameters (z. B. Moderatortemperatur), ausgehend von einem vereinbarten Bezugswert (z. B. 313 K) auftritt, heißt Reaktivitätseffekt bezüglich der Parameteränderung (z. B. Moderatortemperatureffekt). Kennt man die Gesamtheit dieser Reaktivitätseffekte, dann kann man einem beliebigen Zustand der Spaltzone die ihm entsprechende Reaktivität zuordnen. Aus der Reaktivität werden Aussagen über den Zeitverlauf der Leistungsfreisetzung in der Spaltzone, über die nukleare Sicherheit der Spaltzone und über den ökonomischen Betrieb der Reaktoranlage abgeleitet. Deshalb ist der Betreiber von Kernenergieerzeugungsanlagen daran interessiert, die Gesamtheit der Reaktivitätseffekte — die sog. *physikalische Charakteristik* der Spaltzone — vollständig, d. h. für alle praktisch erreichbaren Zustände, zu kennen. Die entsprechenden Werte der physikalischen Charakteristik erhält man aus Rechnungen auf der Grundlage der Reaktortheorie und aus Experimenten am Leistungsreaktor. Experimentelle Ergebnisse sind in zweierlei Hinsicht wichtig: Sie werden sowohl in die physikalische Charakteristik übernommen als auch zur Überprüfung der Zuverlässigkeit von Rechenergebnissen verwendet.

Die Experimente zur Ermittlung von Reaktivitätseffekten sind der Hauptgegenstand dieses Buches. Sowohl hinsichtlich der theoretischen Grundlagen der Reaktivitätseffekte als auch bezüglich der Modelle zur Auswertung der Meßergebnisse konzentrieren sich die Ausführungen auf das globale Verhalten der Spaltzone. Deshalb spielen bei den Messungen nur solche Detektoren eine Rolle, die relativ weit von der Spaltzone entfernt sind, sogenannte Out-core-Detektoren.

Wie man aus den Meßwerten die globale Größe Reaktivität bestimmt, hängt von der jeweiligen Meßmethode und der Größe und Art des Reaktors ab. Folglich ist die Diskussion von Problemen, die sich grob mit „Abhängigkeit der Ergebnisse vom Detektorort“ umschreiben lassen, unumgänglich. Diese und andere Probleme treten beim Vergleich zwischen Rechnung und Experiment auf. Sie werden in Kap. 5.5. erläutert.

Der Vergleich zwischen rechnerischen und experimentellen Ergebnissen muß erfolgen, um über die Verwendbarkeit von Rechenergebnissen für die Vorhersage des nuklearen Verhaltens der Spaltzone entscheiden zu können. Für den Physiker beinhaltet der Vergleich auch die Ermittlung von Fehlergrenzen für die Werte der physikalischen Charakteristik. Diese Angaben sind wichtig für die Betriebsbetreuung jedes Reaktors. Daher werden in einem Kapitel speziell Fragen der Genauigkeit rechnerischer und experimenteller Werte behandelt. Abschließend wird in Kap. 7. der Gültigkeitsbereich der dargestellten Ergebnisse abgesteckt.

Um dem Leser die Arbeit mit dem Buch zu erleichtern, ist in ihm eine kurzgefaßte Darstellung reaktorphysikalischer Grundlagen enthalten. Das Buch behandelt jedoch hauptsächlich Reaktivitätseffekte aus der Sicht derer, die Experimente an Leistungsreaktoren durchführen und auswerten. Dementsprechend stehen solche Experimentiermethoden und Auswertemodelle im Vordergrund des Interesses, die routinemäßig für Leistungsreaktoren angewendet werden können.

2. Der Aufbau von Reaktoren des Typs WWER

Die Untersuchungsobjekte dieses Buches sind Reaktoren des Typs WWER. Deshalb wird zunächst ihr prinzipieller Aufbau dargestellt. Dabei werden einige wichtige Begriffe eingeführt und erläutert.

Der Brennstoff ist Urandioxid, zu keramikartigen Tabletten (*Pellets*) gesintert. Das Uran ist schwach mit ^{235}U angereichert (1,6% ... 3,6%). Die Pellets werden in dünnwandige Zirkonrohre (Durchmesser ca. 10 mm, Länge ca. 2500 mm) gefüllt. Man bezeichnet die brennstoffgefüllten Rohre als *Brennelemente* oder *Brennstäbe*. Etwa 100 solcher Brennelemente werden in einer sechsseitigen zirkonummantelten Säule zu einer *Arbeitskassette* zusammengefaßt. (In der englischsprachigen Literatur wird die Arbeitskassette als Brennelement bezeichnet.) Zur Beeinflussung des Ablaufs der Kettenreaktion dienen *Regelkassetten* (*Regelstäbe, Absorberstäbe, -kassetten*) und *Havarieschutzkassetten* (nur im WWER-2).

Die Regelkassetten bestehen aus zwei Teilen, dem *Absorberteil* und dem *Brennstoffteil*. Für Reaktoren des Typs WWER mit geringer und mittlerer Leistung (70 MW ... 440 MW elektrische Leistung) ist das Absorberteil kompakt ausgeführt und besteht aus einem Borstahlhohlzylinder mit Wasser im Innern; das Brennstoffteil hat einen ähnlichen Aufbau wie die Arbeitskassette, enthält also Brennstoff (s. auch Bild 2.2). Das Brennstoffteil ist unter dem Absorberteil angeordnet.

Für Reaktoren großer Leistung (WWER-1000) benutzt man als Regelkassetten *Clusterkassetten* (Fingerregelstäbe). Sie bestehen, vereinfacht dargestellt, aus einer Arbeitskassette, in der einige Brennelemente durch bewegliche Absorberstäbe ersetzt wurden. Die Absorberstäbe einer Clusterkassette beeinflussen die Kettenreaktion wesentlich geringer als eine kompakte Absorberkassette. Deshalb ist der Anteil der Clusterkassetten an der gesamten Kassettenzahl im WWER-1000 auch wesentlich größer als der der Regelkassetten mit kompaktem Absorber in Reaktoren des Typs WWER mit geringer Leistung.

Havarieschutzkassetten bestehen aus einem kompakten Absorberteil und einem darunter angebrachten *Streuteil.* Das Streuteil hat nur einen geringen Einfluß auf die Neutronenverteilung im Reaktor.

Alle Kassetten eines Reaktors werden im *Kassettenkorb* zur *Spaltzone,* die auch als *aktive Zone* oder *Core* bezeichnet wird, zusammengefaßt. Die Spaltzone ist in das *Druckgefäß* eingeschlossen. Der Materialbereich, der die Spaltzone umgibt, ist so beschaffen, daß er dem Entweichen von Neutronen aus der Spaltzone entgegenwirkt. Er wird *Reflektor* genannt.

Tabelle 2.1:

Einige Parameter der aktiven Zone von WWER, nach [1], [2]

Parameter	WWER-70[1])	WWER-210	WWER-440	WWER-1000
Leistung (MW)				
thermisch	265	760	1375	3000
elektrisch	70	210	440	1000
Druck (MPa)	9,8	9,8	12,3	15,7
Moderatortemperatur (°C)				
am Eintritt	244	250	270	289
am Austritt	261	269	300	325
maximale Brennstofftemperatur (°C)	2100	2200	2290	2450
Abbrand-Mittel für stationäre Beladung — (MWd/kg U)	11 – 12	13	28	30
Uranmasse (t)	18	38,5	40 – 42	151
Radius (m)	1,0	1,44	1,44	1,56
Höhe (m)	2,50	2,50	2,50	3,55
mittlere Anfangsanreicherung (%)	bis 2,0	1,58	2,20 – 2,53	3,30
Durchmesser d. Pellets (mm)	8,8	8,7	7,55 – 7,60	7,60
Dichte d. Brennstoffs (g/cm³)	9,5 – 10,0	9,9 – 10,1	10,2 – 10,4	10,4
Brennelementenhülle				
Außendurchmesser (mm)	10,2	10,2	9,1	9,1
Wanddicke (mm)	0,6	0,6	0,65	0,65
Gasspalt (mm)	0,10	0,15	0,10	0,10
Gitterschritt (mm)	14,30	14,30	12,20	12,75
Wasser-Brennstoff-Verhältnis	1,85	1,61	1,40 – 1,42	1,89

Tabelle 2.1: (Fortsetzung)

Parameter	WWER-70[1]	WWER-210	WWER-440	WWER-1000
Kassettendaten				
Schlüsselweite (mm)	144	144	144	238
Wanddicke (mm)	2,1	2,1	2,1	1,5
Zahl d. Brennelemente	90	90	120–126	317
Zahl d. Brennstoffkassetten	145	312	276–312	151
Gitterschritt d. Kassetten (cm)	14,7	14,7	14,7	24,1
abbrennbare Gifte im Mantel	ja	ja	ja (nein)	nein
Zahl der beweglichen Kassetten mit kompaktem Absorber	19[2])	37	73(37)	–
Cluster	–	–	–	109

[1]) entspricht WWER-2
[2]) 6 davon als schneller Havarieschutz ohne Brennstoff

Infolge der Kettenreaktion werden die Brennelemente der Spaltzone erhitzt. Die Wärme wird durch das *Kühlmittel* abgeführt. Den notwendigen Umlauf des Kühlmittels bewirken die *Hauptumwälzpumpen* (HUP). Sie drücken das Kühlmittel durch die Spaltzone, die *Hauptumwälzleitungen* und die Primärseite der *Dampferzeuger*. In den Dampferzeugern wird die Wärme, die der *1. Kreislauf* aus der Spaltzone abtransportiert, an den *2. Kreislauf*, der die Dampfversorgung der Turbinen übernimmt, übertragen. Die Dampferzeuger sorgen somit für eine Abgrenzung des 1. Kreislaufs vom 2. Kreislauf. Bild 2.1 zeigt den prinzipiellen Aufbau des 1. Kreislaufs.
Der Wasser-Wasser-Energie-Reaktor (WWER) ist ein *Druckwasserreaktor*, in dem Kühlmittel, *Moderator* und Reflektor identisch sind und aus leichtem Wasser (H_2O) bestehen. Der Arbeitsdruck im 1. Kreislauf beträgt im WWER-2 9,81 MPa, im WWER-440 12,3 MPa und im WWER-1000 15,7 MPa. In Tab. 2.1 sind weitere Angaben zu den Reaktoren des Typs WWER enthalten. Bild 2.3 zeigt den Querschnitt einer Spaltzone dieses Typs.

In Druckwasserreaktoren wird diskontinuierlich (etwa einmal pro Jahr) ein Teil des Brennstoffs erneuert. Den Vorgang des Einsetzens von Kassetten

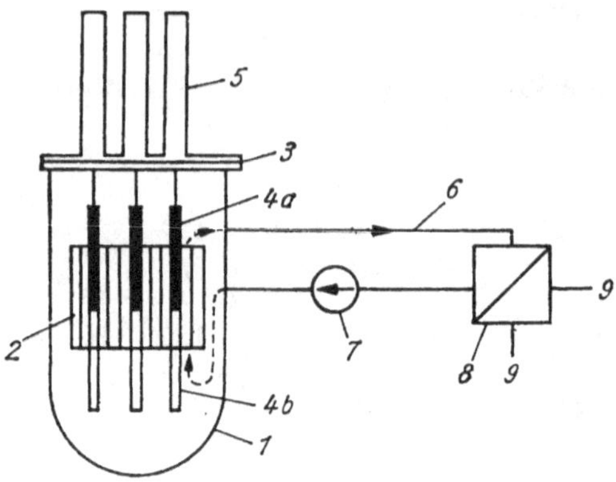

Bild 2.1
Prinzipieller Aufbau des Primärkreislaufes
1: Druckgefäß, 2: Spaltzone, 3: Reaktordeckel, 4: Regelkassetten (a: Absorberteil, b: Brennstoffteil), 5: Steuerungsmechanismen zu 4, 6: Hauptumwälzleitung, 7: Hauptumwälzpumpen, 8: Dampferzeuger, 9: 2. Kreislauf

nennt man *Beladung*. Gleichzeitig wird eine bestimmte Zuordnung der Kassetten zu den Kassettenplätzen der Spaltzone realisiert. Auch die entstandene Kassettenanordnung wird als Beladung bezeichnet.

Der Brennstoffüberschuß, der nach einer Beladung vorhanden ist, wird in der Regel durch Zugabe von *Borsäure* zum Moderator kompensiert. Sie enthält das Nuklid ^{10}B, das Neutronen stark absorbiert. Die Konzentration der Borsäure ist durch *Zuspeisung* von Wasser mit unterschiedlicher Borsäurekonzentration in den 1. Kreislauf und durch Borsäureentzug (*Absalzung*) bei der ständig stattfindenden Wasserreinigung veränderbar. Auf diese Art ist eine Langzeitregelung der Kettenreaktion möglich. Kurzzeitige

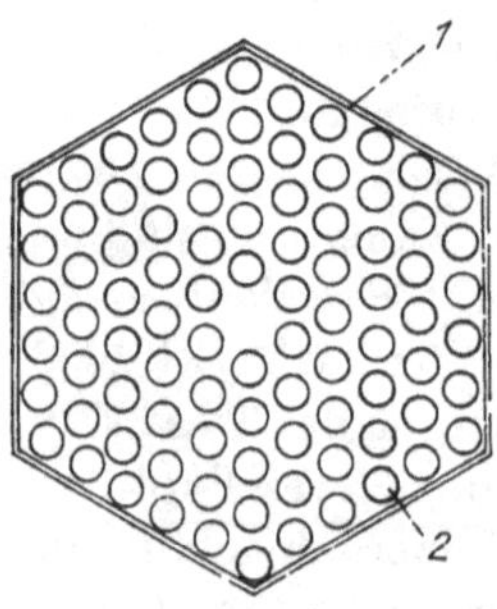

Bild 2.2
Querschnitt einer Brennstoffkassette (WWER-2, KKW Rheinsberg)
1: Kassettenmantel, 2: Brennelemente

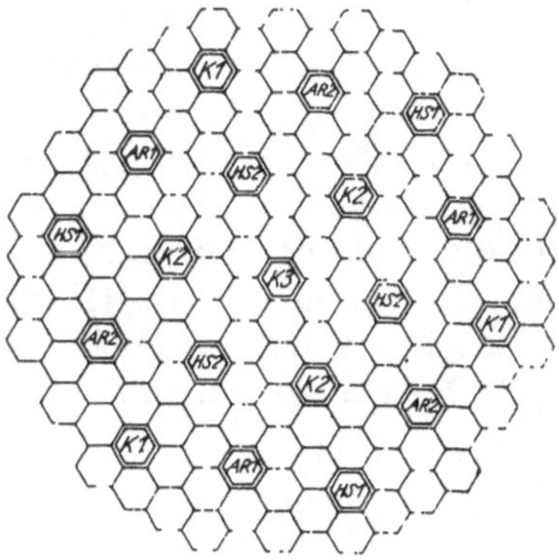

Bild 2.3
Querschnitt einer Spaltzone (WWER-2, KKW Rheinsberg)

Veränderungen werden mit Hilfe der Regelkassetten automatisch ausgeregelt oder aber — falls eine Leistungsänderung erfolgen soll — von Hand vorgenommen. Die Regelkassetten sind deshalb mittels Motorantrieb vertikal bewegbar.

Nach einer bestimmten Betriebsdauer läßt sich auch bei absorberfreier Spaltzone — die Borsäurekonzentration ist Null, und die Regelkassetten befinden sich in ihrer oberen Endlage — die Nennleistung nicht mehr halten. Die Spaltzone ist *abgebrannt*. Der Reaktor wird abgeschaltet, es sei denn, man will ihn mit verringerter Moderatortemperatur und verringerter Leistung weiter betreiben (sog. *Abbrandverlängerung* oder *Stretch-out*). Das Zeitintervall zwischen der Inbetriebnahme des Reaktors nach einer Beladung und dem Abschalten des Reaktors zum Zwecke des Beladens heißt *Reaktorkampagne*. Es ist üblich, die Dauer der Reaktorkampagne durch die abgegebene Energie auszudrücken. Sie wird als *effektive Betriebszeit* (t_{eff}) angegeben. Man errechnet die effektive Betriebszeit, indem man die abgegebene Energie durch die Reaktor-Nennleistung dividiert.

Die Stillstandsperiode zwischen Abschaltung und Wiederinbetriebnahme wird *Umladung* genannt. Während der Umladung werden der Brennstoffwechsel sowie umfangreiche Instandhaltungs- und Revisionsarbeiten an der gesamten Anlage durchgeführt.

Nach der Erstinbetriebnahme eines Reaktors unterscheiden sich auch bei projektmäßigem Reaktorbetrieb die physikalischen Eigenschaften der Spaltzone zunächst von Kampagne zu Kampagne. Ab etwa 5. Kampagne wird — projektmäßige Betriebsweise vorausgesetzt — ein gewisser Gleichgewichtszustand erreicht. Daher sind während der ersten Kampagnen umfangreichere Experimente erforderlich als später.

Konventionelle Kraftwerke sind Systeme mit *aufgeprägter Temperatur*. Die höchste auftretende Temperatur ist die der Brennstoffflammen. Im Gegensatz dazu sind Kernkraftwerke Systeme mit ***aufgeprägter Leistung***. Die Brennstofftemperatur wird durch die Leistung und die Wärmeübertragung vom Brennelement zum Kühlmittel bestimmt. Um bei einem Störfall eine Beschädigung der Brennelemente zu vermeiden, muß deshalb die Möglichkeit bestehen, die Reaktorleistung hinreichend schnell abzuschalten. Beim WWER-2 fallen bei einer ***Schnellabschaltung*** die sechs Havarieschutzkassetten in die Spaltzone (Fallzeit $< 1{,}5$ s), und die Regelkassetten werden mittels Motorantrieb in die untere Endlage bewegt, beim WWER-440 fallen bei einer Schnellabschaltung alle 37 Regelkassetten in die untere Endlage (Fallzeit 8 s ... 12 s).

3. Reaktorphysikalische Berechnungen

3.1. Grundlagen

Das Kapitel 3.1. soll die folgenden Kapitel verständlich machen, ohne daß man beim ersten Lesen zusätzlich Literatur benötigt. Demgemäß werden einige grundlegende Begriffe, die bei der Berechnung von Kernreaktoren verwendet werden, überwiegend qualitativ erläutert. Ausführlich werden die Probleme des Kapitels 3.1. z. B. in [4] und [5] behandelt.

3.1.1. Einige Reaktionen zwischen Neutronen und Atomkernen

Zwischen Neutronen und Kernen können unterschiedliche Wechselwirkungen stattfinden. Einige werden im folgenden kurz erläutert [4].

Elastische Streuung (Index se): Beim Zusammenstoß zwischen Neutron und Kern gelten Energie- und Impulserhaltungssatz der klassischen Mechanik (Analogie: Stoß zweier Billardkugeln).

Inelastische Streuung (Index si): Beim Zusammenstoß wird ein Teil der kinetischen Energie des Neutrons dazu verwendet, entweder die innere Energie des Kerns oder die innere Energie des Moleküls, in dem der Kern gebunden ist, zu erhöhen. Es gilt der Impulserhaltungssatz. Die Energie, die auf Kern bzw. Molekül übertragen wurde, wird von diesen als Gammastrahlung bzw. niederenergetische Strahlung (z. B. Infrarotstrahlung) abgegeben.

Strahlungseinfang (Index γ): Beim Zusammenstoß wird das Neutron in den Kern eingebaut. Ein Kern der nächsthöheren Massenzahl entsteht. Der gebildete Kern befindet sich in einem angeregten Zustand und geht unter Aussendung von Gammastrahlung in den Grundzustand über.

Spaltung (Index f): Beim Zusammenstoß zwischen spaltbarem Kern und Neutron wird das Neutron eingefangen und der Kern derart angeregt, daß er zerfällt. Im allgemeinen entstehen dabei zwei Kerne, Neutronen und radioaktive Strahlung.

Strahlungseinfang und Spaltung sind *Absorptionsreaktionen*.

3.1.2. Mikroskopische und makroskopische Wirkungsquerschnitte

Für die folgenden Betrachtungen ist es zweckmäßig, sich die Neutronen als punktförmig vorzustellen.

Zur Beschreibung der Wechselwirkung zwischen Kern und Neutron benutzt man den Begriff des *mikroskopischen Wirkungsquerschnitts*. Der mikroskopische Wirkungsquerschnitt ist eine Kreisfläche, die dem Kern zugeordnet wird. Eine Reaktion zwischen Kern und Neutron tritt dann ein, wenn sich das Neutron dem Kern bis auf eine Entfernung nähert, die kleiner oder gleich dem Radius dieser Kreisfläche ist.

Der Wirkungsquerschnitt unterscheidet sich im allgemeinen vom geometrischen Kernquerschnitt, ist von der Relativgeschwindigkeit zwischen Kern und Neutron abhängig (Energieabhängigkeit des Wirkungsquerschnitts) und hat für die gleiche Kernsorte bezüglich unterschiedlicher Reaktionen unterschiedliche Werte. Die Wirkungsquerschnitte bezüglich elastischer Streuung, inelastischer Streuung, Strahlungseinfang und Spaltung werden mit σ_{se}, σ_{si}, σ_γ und σ_f bezeichnet. Sofern keine anderen Einfangreaktionen auftreten, stellt die Summe $\sigma_\gamma + \sigma_f$ den Absorptionsquerschnitt dar.

Für den mikroskopischen Wirkungsquerschnitt wird als Maßeinheit das *Barn* verwendet. Es gilt: 1 barn $= 10^{-24}$ cm^2.

Einige wichtige Beziehungen, die man zur Beschreibung von Wechselwirkungsraten (= Zahl der Reaktionen pro Zeit- und Volumeneinheit) zwischen Neutronen und Materie verwendet, sollen mittels eines Modells abgeleitet werden.

Ein Strom monoenergetischer Neutronen werde auf eine Materialschicht der Fläche F, der infinitesimalen Dicke dx und der Kerndichte N gesandt (Bild 3.1.1). Die Wahrscheinlichkeit dafür, daß ein Neutron beim Durch-

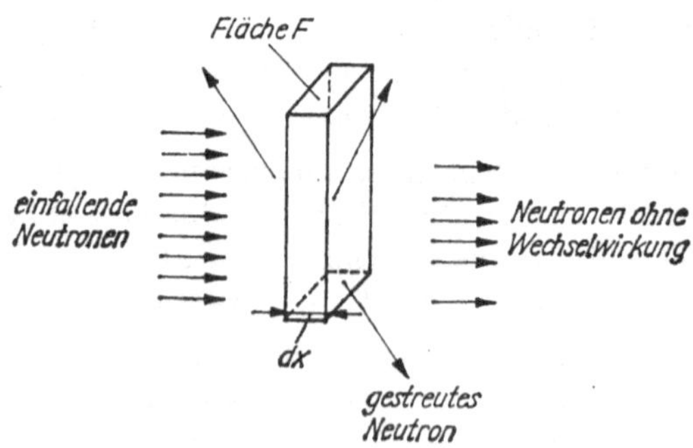

Bild 3.1.1
Wechselwirkungen zwischen Neutronen und Target

dringen der Materialschicht einen Kern trifft, ist gegeben durch

$$\text{Trefferwahrscheinlichkeit} = \frac{\text{wirksame Fläche}}{\text{Zielfläche}}$$

$$= \frac{\text{Summe d. mikr. Wirkungsquerschn. in der Schicht}}{\text{Zielfläche}}$$

$$= \frac{\sigma \cdot N \cdot \mathrm{d}V}{F} = \frac{\sigma \cdot N \cdot F \cdot \mathrm{d}x}{F}$$

$$= \sigma \cdot N \cdot \mathrm{d}x \,. \tag{3.1.1}$$

$N \cdot \sigma$ ist anschaulich die Summe der mikroskopischen Wirkungsquerschnitte in der Volumeneinheit. Sie wird als *makroskopischer Wirkungsquerschnitt* Σ bezeichnet:

$$\Sigma = \sigma \cdot N \,, \qquad [\Sigma] = [\sigma] \cdot [N] = \frac{\mathrm{cm}^2}{\mathrm{cm}^3} = \frac{1}{\mathrm{cm}} \,. \tag{3.1.2}$$

Aus (3.1.1) ist abzulesen, daß der makroskopische Wirkungsquerschnitt auch die Bedeutung einer Trefferwahrscheinlichkeit pro zurückgelegte Wegstrecke besitzt.

Wirkungsquerschnitte besitzen z. T. eine komplizierte Energieabhängigkeit. Für thermische Energien ($E < 0{,}4$ eV) sind die Wirkungsquerschnitte häufig proportional $1/v$ (v = Neutronengeschwindigkeit) bzw. $1/\sqrt{E}$ (wegen $v \sim \sqrt{E}$). Die klassische Physik liefert dafür folgende Erklärung: Die Wahrscheinlichkeit einer Wechselwirkung ist proportional der Zeit, während der Reaktionspartner wechselwirken können. Diese Zeit ist proportional $1/v$.

3.1.3. Mittlere freie Weglänge

Es wird das gleiche Modell wie in Kap. 3.1.2. betrachtet, nur fülle jetzt das Material einen unendlich ausgedehnten Halbraum aus. Jedes Neutron, das mit einem Kern zusammentrifft, wird aus dem einfallenden Neutronenstrom entfernt (absorbiert oder infolge einer Streuung in eine andere Richtung abgelenkt). Folglich tritt eine Schwächung des Neutronenstromes auf dem Wege durch das Material auf.

Nach Gl. (3.1.1) ist $\Sigma \cdot \mathrm{d}x$ die Wahrscheinlichkeit dafür, daß ein Neutron beim Zurücklegen der Strecke $\mathrm{d}x$ einen Kern trifft. Folglich nimmt die Neutronendichte n auf der Strecke dx um

$$\mathrm{d}n = -n \cdot \Sigma \cdot \mathrm{d}x \tag{3.1.3}$$

ab. Die Lösung der Differentialgleichung (3.1.3) ist

$$n(x) = n(0) \exp(-\Sigma \cdot x)\,. \tag{3.1.4}$$

$n(0)$ ist die Neutronendichte im Neutronenstrom, der auf das Material trifft. Das Verhältnis

$$\frac{n(x)}{n(0)} = \exp(-\Sigma \cdot x) \tag{3.1.5}$$

ist die Wahrscheinlichkeit dafür, daß ein einfallendes Neutron bis zur Entfernung x von der Oberfläche gelangt, ohne auf einen Kern zu treffen.

Es wird nun die Wahrscheinlichkeit $p(x)\,\mathrm{d}x$ dafür bestimmt, daß ein Neutron bis zur Entfernung x gelangt und anschließend im Intervall x, $x + \mathrm{d}x$ zum erstenmal mit einem Kern zusammentrifft.

Da das erste Ereignis — das Erreichen der Entfernung x — unabhängig ist vom zweiten Ereignis — der Wechselwirkung im Intervall x, $x + \mathrm{d}x$ —, ist die Wahrscheinlichkeit $p(x)\,\mathrm{d}x$ gleich dem Produkt der Einzelwahrscheinlichkeiten. Die Wahrscheinlichkeit für das erste Ereignis ist entsprechend (3.1.5) $\exp(-\Sigma \cdot x)$, die Wahrscheinlichkeit für das zweite Ereignis ist gemäß (3.1.1) und (3.1.2) $\Sigma \cdot \mathrm{d}x$. Folglich gilt

$$p(x)\,\mathrm{d}x = \exp(-\Sigma \cdot x) \cdot \Sigma \cdot \mathrm{d}x\,. \tag{3.1.6}$$

Die Wahrscheinlichkeit dafür, daß ein Neutron irgendwo im unendlichen Halbraum mit einem Kern wechselwirkt, ist erwartungsgemäß

$$\int_0^\infty p(x)\,\mathrm{d}x = \Sigma \cdot \int_0^\infty \exp(-\Sigma \cdot x)\,\mathrm{d}x = 1\,. \tag{3.1.7}$$

Als *mittlere freie Weglänge* bezeichnet man den Mittelwert der Wegstrecken, die die Neutronen bis zur Wechselwirkung mit einem Kern zurücklegen. Wenn von insgesamt n Neutronen n_i Neutronen den Weg x_i zurücklegen, dann ist die mittlere freie Weglänge

$$\lambda = \frac{\sum_i n_i x_i}{\sum_i n_i} = \sum_i x_i \cdot \frac{n_i}{\sum_i n_i} = \sum_i x_i \frac{n_i}{n} = \sum_i x_i w_i\,. \tag{3.1.8}$$

w_i ist die Wahrscheinlichkeit dafür, daß der Weg x_i ohne Wechselwirkung zurückgelegt wird.

Im oben betrachteten Modell liegt eine kontinuierliche Verteilung der x-Werte vor. Der Wahrscheinlichkeit w_i aus (3.1.8) entspricht die Wahrscheinlichkeit $p(x)$ dx aus (3.1.6). Die mittlere freie Weglänge berechnet sich deshalb zu

$$\lambda = \Sigma \cdot \int_0^\infty x \exp(-\Sigma \cdot x) \, dx = \frac{1}{\Sigma} . \tag{3.1.9}$$

Jeder Wechselwirkungsart kann mit (3.1.9) eine mittlere freie Weglänge zugeordnet werden.

Für den makroskopischen Wirkungsquerschnitt ergeben sich aus den bisherigen Betrachtungen mehrere Interpretationsmöglichkeiten:

(1) Er ist die Summe der mikroskopischen Wirkungsquerschnitte pro Volumeneinheit (s. 3.1.2)).

(2) Er ist die Trefferwahrscheinlichkeit (Wechselwirkungswahrscheinlichkeit) pro zurückgelegte Wegstrecke (s. (3.1.1)).

(3) Er ist das Reziproke der Weglänge, auf der der Neutronenstrom auf den e-ten Teil abfällt (s. (3.1.4)).

(4) Er ist das Reziproke der mittleren freien Weglänge der Neutronen (s. (3.1.9)).

Welche Interpretation verwendet wird, richtet sich nach dem zu behandelnden Problem.

3.1.4. Wechselwirkungsraten und Neutronenflußdichte

Die Kenntnis der Wechselwirkungsraten ist notwendig für die Beschreibung der Neutronenbilanz und der Leistungsdichteverteilung in einem Kernreaktor.

Multipliziert man die Spaltrate mit der Zahl der Neutronen ν, die pro Spaltung freigesetzt werden, so erhält man die Produktionsrate für Neutronen. Die Multiplikation der Spaltrate mit der pro Spaltung freiwerdenden Energie ε ergibt die Leistungsdichte. Das Verhältnis Produktionsrate/Absorptionsrate beschreibt die Neutronenvermehrung in einem Medium und wird als Multiplikationsfaktor bezeichnet.

In einem Material mit dem makroskopischen Wirkungsquerschnitt Σ und der mittleren freien Weglänge $\lambda = \Sigma^{-1}$ möge die Neutronendichte n betragen. Die Neutronengeschwindigkeit sei einheitlich v. Wenn im Mittel ein Neutron nach Zurücklegen der Strecke λ eine Wechselwirkung erleidet, dann geschehen pro Zeiteinheit v/λ Wechselwirkungen. Da sich in der Volumeneinheit n Neutronen bewegen, finden pro Zeit- und Volumeneinheit

$$R = \frac{v}{\lambda} n = \Sigma \cdot n \cdot v \qquad (3.1.10)$$

Wechselwirkungen statt. Das Produkt $n \cdot v$ wird als *Neutronenflußdichte* Φ bezeichnet:

$$\Phi = n \cdot v\,, \qquad [\Phi] = \mathrm{cm}^{-2}\,\mathrm{s}^{-1}\,. \qquad (3.1.11)$$

Anstelle des Begriffs Neutronenflußdichte verwendet man häufig abkürzend die Begriffe *Flußdichte* oder *Fluß*. Für die Wechselwirkungsrate gilt somit

$$R = \Sigma \cdot \Phi\,. \qquad (3.1.12)$$

Die Wechselwirkungsrate wird nach (3.1.12) durch ein Produkt dargestellt, in dem der eine Faktor (Σ) die Eigenschaften des Materials beschreibt, in dem sich die Neutronen bewegen. Der andere Faktor (Φ) charakterisiert die Neutronenbewegung. Beispiele für Reaktionsraten:

$$\begin{aligned} &\text{Spaltrate:} && R_f = \Sigma^f \cdot \Phi \\ &\text{Produktionsrate:} && R_\nu = \nu\Sigma^f \cdot \Phi = \Sigma^\nu \cdot \Phi \\ &\text{Absorptionsrate:} && R_a = \Sigma^a \cdot \Phi \\ &\text{Streurate:} && R_s = \Sigma_s \Phi\,. \end{aligned} \qquad (3.1.13)$$

Nach (3.1.11) hat Φ die Dimension einer Stromdichte. Φ charakterisiert jedoch keine gerichtete Neutronenbewegung!

Es sei N die Anzahl der Neutronen, die sich im Volumen V mit der Geschwindigkeit v bewegen. In

$$\Phi = n \cdot v = \frac{1}{V} \cdot (N \cdot v)\,, \qquad [\Phi] = \frac{1}{\mathrm{cm}^3} \cdot \frac{\mathrm{cm}}{\mathrm{s}} \qquad (3.1.14)$$

bedeutet $N \cdot v$ die Summe aller Einzelwege, die die N Neutronen pro Zeiteinheit zurücklegen. Φ ist deshalb der Gesamtweg, der von N Neutronen pro Zeiteinheit im Volumen V zurückgelegt wird. Die Wechselwirkungsrate erhält man, wenn man diesen Weg durch die mittlere freie Weglänge λ dividiert (s. (3.1.10)). Entsprechend diesen Betrachtungen ist es für das Zustandekommen von Wechselwirkungen unwesentlich, in welche Richtungen sich die Neutronen bewegen.

Bei den bisherigen Betrachtungen dieses Kapitels waren Wirkungsquerschnitte und Neutronengeschwindigkeit als konstant vorausgesetzt worden. Für

$$\begin{aligned} \Sigma &= \Sigma(E) \\ \Phi &= \Phi(E) = n(E) \cdot v(E) \\ \mathrm{d}\Phi(E) &= \Phi(E)\,\mathrm{d}E \end{aligned} \tag{3.1.15}$$

($\mathrm{d}\Phi$ = Neutronenflußdichte im Bereich E, $E + \mathrm{d}E$) ist die Reaktionsrate im Energiebereich E_1, E_2 gegeben durch

$$R = \int_{E_1}^{E_2} \Sigma(E)\,\Phi(E)\,\mathrm{d}E\,. \tag{3.1.16}$$

Man beachte: $\mathrm{d}\Phi(E)$ aus (3.1.15) entspricht in seiner Bedeutung und Dimension der Größe Φ aus (3.1.11); $\Phi(E)$ ist die Neutronendichte im Energiebereich E, $E + \mathrm{d}E$, bezogen auf das Energieintervall $\mathrm{d}E$.

3.1.5. Energiespektrum der Neutronen

Bei der Kernspaltung werden die *schnellen prompten* Spaltneutronen mit einer kontinuierlichen Energieverteilung freigesetzt. (Im Gegensatz dazu: *verzögerte* Neutronen, ebenfalls schnelle Neutronen. Sie werden zeitlich verzögert in unterschiedlichen Energiegruppen aus den Spaltprodukten freigesetzt. Etwa 0,7% der Gesamtneutronenzahl sind verzögerte Neutronen.) Das Spektrum, das Spaltneutronen aus thermischen Spaltungen des ^{235}U aufweist, wird durch die Funktion

$$\chi_p(E) = 0{,}770 \cdot \sqrt{E} \cdot \exp(-0{,}776 \cdot E)\,, \qquad E \text{ in MeV} \tag{3.1.17}$$

mit

$$\int_0^\infty \chi_p(E)\,\mathrm{d}E = 1 \tag{3.1.18}$$

dargestellt ([7], Bild 3.1.2). Die mittlere Energie der Spaltneutronen beträgt ungefähr 2 MeV.

Die schnellen Neutronen werden in wassermoderierten Reaktoren überwiegend durch Zusammenstöße mit Wasserstoffkernen abgebremst. Ver-

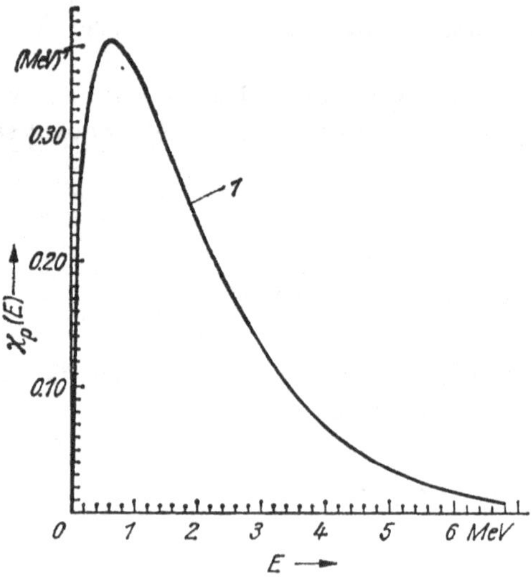

Bild 3.1.2
Spaltspektrum, 1: $\chi_p(E) = 0{,}770 \cdot E^{1/2} \cdot \exp\,(-0{,}776 \cdot E)$

nachlässigt man die Absorption von Neutronen während des Bremsprozesses, dann bildet sich in Wasserstoff ein *Bremsspektrum* der Form

$$\Phi(E) = \frac{S(E)}{\Sigma_s(E)} + \frac{1}{\Sigma_s(E) \cdot E} \cdot \int_E^\infty S(E')\,\mathrm{d}E' \tag{3.1.19}$$

mit

$$S(E) = S_0 \cdot \chi_p(E) \tag{3.1.20}$$

heraus. S_0 ist die *Quelldichte*, die Zahl der pro Zeit- und Volumeneinheit entstehenden Spaltneutronen. Da die weitaus meisten Spaltneutronen Energien oberhalb $E_0 = 0{,}1$ MeV besitzen (s. Bild 3.1.2), gilt für $E \leqq E_0$

$$S(E) \ll \frac{1}{E} \int_E^\infty S(E')\,\mathrm{d}E' \,, \tag{3.1.21}$$

$$\int_E^\infty S(E')\,\mathrm{d}E' \approx S_0 \,, \tag{3.1.22}$$

$$\Phi(E) \approx \frac{S_0}{\Sigma_s(E) \cdot E} \,. \tag{3.1.23}$$

Spektren mit einer $1/E$-Abhängigkeit heißen *Fermi-Spektren.*

In Bild 3.1.3 ist der Verlauf der Funktion (3.1.19) enthalten. Er wurde mit $\chi_p(E)$ aus (3.1.17) berechnet. Bis zu etwa 2 MeV gilt der $1/E$-Verlauf. Einige Bestandteile des Kernbrennstoffs, insbesondere schwere Kerne wie ^{238}U und ^{239}Pu, haben im Energiebereich von etwa 1 eV bis 1000 eV ausgeprägte dicht beieinander liegende Maxima (*Resonanzen*) im Verlauf des Absorptionsquerschnittes in Abhängigkeit von der Energie. Im Verlaufe weniger eV ändert sich der Absorptionsquerschnitt z. T. um Größenordnungen von barn.

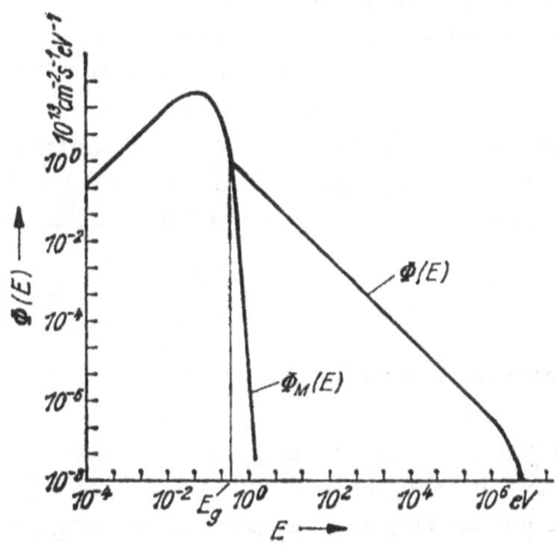

Bild 3.1.3
Neutronenspektrum im Leichtwasserreaktor

In diesem Bereich (*Resonanzbereich*) ist der $1/E$-Verlauf des Bremsspektrums gestört. Wenn Neutronen in einem ausgedehnten, wenig absorbierenden Medium abgebremst werden, dann gelangen sie letztlich näherungsweise in das thermische Gleichgewicht mit den Moderatorkernen. Deshalb ist die Energieverteilung der *thermischen* Neutronen eine *Maxwell-Verteilung*, die durch die Moderatortemperatur T_M bestimmt ist:

$$\Phi_M(E) = \sqrt{\frac{8kT_M}{\pi m}} \cdot n \cdot \frac{E}{(kT_M)^2} \exp\left(-E/(k \cdot T_M)\right) . \qquad (3.1.24)$$

n ist die Neutronendichte, m die Neutronenmasse, k die Boltzmann-Konstante. Das Integral

$$\Phi_t = \int_0^{E_g} \Phi_M(E)\,\mathrm{d}E \approx \int_0^{\infty} \Phi_M(E)\,\mathrm{d}E = \sqrt{\frac{8kT_M}{\pi \cdot m}} \cdot n \qquad (3.1.25)$$

wird als *thermische Neutronenflußdichte* bezeichnet. Die obere Grenze für den thermischen Energiebereich liegt zwischen 0,2 eV und 0,4 eV. Bei dieser Energie E_g (*thermische Grenzenergie*) geht die Maxwell-Verteilung in die Fermi-Verteilung über.

In Reaktoren des Typs WWER ist die Absorption so stark, daß eine deutliche Abweichung der Energieverteilung der Neutronen von der Maxwell-Verteilung, die zur Moderatortemperatur T_M gehört, auftritt. Die Abweichung kann näherungsweise dadurch berücksichtigt werden, daß man in (3.1.24) anstelle der Moderatortemperatur T_M eine *effektive Neutronentemperatur* T_N verwendet, die größer als T_M ist (typischer Wert für WWER: $T_N \approx \approx 1{,}1 \cdot T_M$). Sie tritt auf, weil die Absorption zu einer Verringerung des Anteils niedrig-energetischer Neutronen im thermischen Spektrum führt. Man spricht von einer *Härtung* des Spektrums. In Bild 3.1.3 ist das Maxwell-Spektrum für $T_N = 600$ K und $\Phi_t = 7 \cdot 10^{13}$ cm^{-2} s^{-1} enthalten. Die thermische Grenzenergie beträgt 0,35 eV.

3.1.6. Gruppenflüsse und Gruppenparameter

Die meisten Kernspaltungen werden von thermischen Neutronen ($0 \leqq E \leqq \leq E_g$) ausgelöst. Es entstehen schnelle Neutronen ($E_g < E < 15$ MeV). Die schnellen Neutronen werden zu thermischen Neutronen abgebremst. Dabei wird ein kleiner Bruchteil der Neutronen im Resonanzbereich absorbiert.

Thermische Neutronen können auch in nichtmultiplizierenden Gebieten gebildet werden; z. B. werden schnelle Neutronen, die in den Reflektor eindringen, zu thermischen Neutronen abgebremst.

Es besteht folglich ein Zusammenhang zwischen Neutronen unterschiedlicher Energie, der im allgemeinen ortsabhängig ist. Deshalb werden bei reaktorphysikalischen Berechnungen die Neutronen in unterschiedliche Energiegruppen eingeteilt. Wir beschränken uns auf zwei, eine schnelle und eine thermische Gruppe. Thermische und schnelle Neutronenflußdichte sind definiert durch:

$$\Phi_t = \int_0^{E_g} \Phi(E)\,\mathrm{d}E \approx \int_0^{\infty} \Phi_M(E)\,\mathrm{d}E\,, \tag{3.1.26}$$

$$\Phi_s = \int_{E_g}^{15\,\mathrm{MeV}} \Phi(E)\,\mathrm{d}E\,. \tag{3.1.27}$$

Die Ortsabhängigkeit wurde nicht berücksichtigt.

Mit Φ_t und Φ_s lassen sich mikroskopische *Gruppenquerschnitte* aus den Forderungen nach Gleichheit von Reaktionsraten berechnen,

$$N\sigma_t\Phi_t = \Sigma_t\Phi_t = N \cdot \int_0^{E_g} \sigma(E)\, \Phi(E)\, \mathrm{d}E\,, \tag{3.1.28}$$

$$N\sigma_s\Phi_s = \Sigma_s\Phi_s = N \cdot \int_{E_g}^{15\,\mathrm{MeV}} \sigma(E)\, \Phi(E)\, \mathrm{d}E\,, \tag{3.1.29}$$

indem man die jeweilige Reaktionsrate durch den entsprechenden *Gruppenfluß* dividiert:

$$\sigma_t = \frac{1}{\Phi_t} \cdot \int_0^{E_g} \sigma(E)\, \Phi(E)\, \mathrm{d}E\,, \tag{3.1.30}$$

$$\sigma_s = \frac{1}{\Phi_s} \cdot \int_{E_g}^{15\,\mathrm{MeV}} \sigma(E)\, \Phi(E)\, \mathrm{d}E\,. \tag{3.1.31}$$

σ steht für eine beliebige Kernreaktion.

Will man Gruppenflüsse und Gruppenquerschnitte ermitteln, dann müssen die Verläufe $\sigma(E)$ und $\Phi(E)$ bekannt sein. $\sigma(E)$ kann Tabellenwerken, z. B. [8], [9], entnommen werden. $\Phi(E)$ hängt von der Materialzusammensetzung ab und wird aus dieser berechnet, wobei man $\sigma(E)$-Tabellenwerte verwendet.

3.1.7. Neutronenbilanz und Diffusionsgleichungen

Die Neutronenbilanz für ein beliebiges Volumenelement und für jede der beiden betrachteten Energiegruppen lautet:

Zeitliche Änderung der Neutronendichte =
   Entstehungsrate infolge Spaltung
+ Entstehungsrate infolge Bremsung
— Absorptionsrate
— Bremsrate
— Leckrate (Entweichrate). (3.1.32)

Einige Bestandteile der Bilanzgleichung können bereits mit Hilfe der Gruppenflüsse und -querschnitte ausgedrückt werden:

Bestandteil	schnelle Gruppe	therm. Gruppe
zeitliche Änderung	$\frac{\partial n_s}{\partial t} = \frac{1}{v_s} \cdot \frac{\partial \Phi_s}{\partial t}$	$\frac{\partial n_t}{\partial t} = \frac{1}{v_t} \cdot \frac{\partial \Phi_t}{\partial t}$
Entstehungsrate infolge Spaltung	$\nu_s \Sigma_s^f \Phi_s + \nu_t \Sigma_t^f \Phi_t$	0
Entstehungsrate infolge Bremsung	0	$\Sigma_{(s\to t)}^b \Phi_s$
Absorptionsrate	$\Sigma_s^a \Phi_s$	$\Sigma_t^a \Phi_t$
Bremsrate	$\Sigma_{(s\to t)}^b \Phi_s$	0

v_s bzw. v_t sind mittlere Neutronengeschwindigkeiten in der schnellen bzw. thermischen Gruppe.

Der *Bremsquerschnitt* $\Sigma_{(s\to t)}^b$ ist so definiert, daß $\Sigma_{(s\to t)}^b \cdot \Phi_s$ gleich der Zahl der Neutronen ist, die pro Zeit- und Volumeneinheit aus der schnellen Gruppe in die thermische Gruppe abgebremst werden.

Wenn in einem Volumenelement eine *Neutronenstromdichte*

$$\vec{J} = \vec{e}_x \cdot J_x + \vec{e}_y J_y + \vec{e}_z J_z \,, \tag{3.1.33}$$

also eine gerichtete Neutronenbewegung, existiert, dann treten Neutronen bevorzugt in einer bestimmten Richtung durch die geometrischen Grenzflächen des Volumenelements hindurch. Die Zahl der pro Zeit- und Volumeneinheit ausströmenden Neutronen, die Leckrate L, wird mit Hilfe der Vektoranalysis ausgedrückt durch

$$L = \operatorname{div} \vec{J} = \nabla \vec{J} = \frac{\partial J_x}{\partial x} + \frac{\partial J_y}{\partial y} + \frac{\partial J_z}{\partial z} \,,$$
$$\nabla = \vec{e}_x \frac{\partial}{\partial x} + \vec{e}_y \frac{\partial}{\partial y} + \vec{e}_z \frac{\partial}{\partial z} \,. \tag{3.1.34}$$

Eine gerichtete Neutronenbewegung tritt auf, wenn Konzentrationsunterschiede vorhanden sind. Wie in anderen Gebieten der Physik wird eine Proportionalität zwischen Konzentrationsgradient und Stromdichte angenommen (Ficksches Gesetz):

$$\vec{J} = -D^* \operatorname{grad} n = -D^* \cdot \nabla n = \frac{-D^*}{v} \nabla \Phi = -D \nabla \Phi \,. \tag{3.1.35}$$

Der Proportionalitätsfaktor D zwischen dem Gradienten der Neutronenflußdichte und der Neutronenstromdichte heißt *Diffusionskoeffizient.* Er ist ein Materialparameter und läßt sich aus Wirkungsquerschnitten berechnen.

Setzt man (3.1.35) in (3.1.34) ein, so entsteht bei ortsunabhängigem Diffusionskoeffizienten

$$L = \operatorname{div} \vec{J} = -\operatorname{div} (D \operatorname{grad} \Phi) = -D \operatorname{div} \operatorname{grad} \Phi = -D \, \Delta\Phi \,, \tag{3.1.36}$$

$$\Delta = \nabla^2 = \frac{\partial^2}{\partial x^2} + \frac{\partial^2}{\partial y^2} + \frac{\partial^2}{\partial z^2} \,.$$

Die Leckraten für schnelle und thermische Neutronen sind somit

$$L_s = -D_s \, \Delta\Phi_s \,, \tag{3.1.37}$$

$$L_t = -D_t \, \Delta\Phi_t \,. \tag{3.1.38}$$

Mit diesem Ergebnis für die Leckraten läßt sich die Neutronenbilanz (3.1.32) in 2-Gruppen-Darstellung formulieren; sie gilt für jedes Volumenelement:

$$\begin{aligned} \frac{1}{v_s} \cdot \frac{\partial \Phi_s}{\partial t} &= D_s \, \Delta\Phi_s - (\Sigma_s^a + \Sigma_{(s \to t)}^b) \, \Phi_s + \nu_s \, \Sigma_s^f \Phi_s + \\ &\quad + \nu_t \Sigma_t^f \Phi_t \,, \\ \frac{1}{v_t} \cdot \frac{\partial \Phi_t}{\partial t} &= D_t \, \Delta\Phi_t - \Sigma_t^a \Phi_t + \Sigma_{(s \to t)}^b \Phi_s \,. \end{aligned} \tag{3.1.39}$$

Die Gleichungen (3.1.39) heißen *2-Gruppen-Diffusionsgleichungen.* Materialparameter und Gruppenflüsse sind im allgemeinen ortsabhängig.

Man faßt Σ_s^a und $\Sigma_{(s \to t)}^b$ zum *Removalquerschnitt*

$$\Sigma_s^r = \Sigma_s^a + \Sigma_{(s \to t)}^b \tag{3.1.40}$$

zusammen. Mit (3.1.40) geht (3.1.39) im stationären Fall über in

$$\begin{aligned} &D_s \, \Delta\Phi_s - \Sigma_s^r \Phi_s + \nu_s \Sigma_s^f \Phi_s + \nu_t \Sigma_t^f \Phi_t = 0 \,, \\ &D_t \, \Delta\Phi_t - \Sigma_t^a \Phi_t + \Sigma_{(s \to t)}^b \Phi_s = 0 \,. \end{aligned} \tag{3.1.41}$$

3.1.8. Forderungen an die Lösungen der Diffusionsgleichungen

Das System partieller Differentialgleichungen (3.1.41) hat unendlich viele Lösungen. Um die Lösung zu erhalten, die dem physikalischen Sachverhalt entspricht, wird an die Lösung eine Reihe von Forderungen gestellt.

Zunächst wird gefordert, daß die Neutronenflußdichten positiv, reell, endlich und eindeutig sind.

An inneren und äußeren Rändern der Spaltzone muß jede Gruppen-Neutronenflußdichte *Randbedingungen* der Form

$$d \cdot \frac{\mathrm{d}\Phi}{\mathrm{d}n} + \Phi = 0 \tag{3.1.42}$$

erfüllen. d ist die *Extrapolationslänge*. $\mathrm{d}\Phi/\mathrm{d}n$ ist die Ableitung in Richtung der nach außen weisenden Normalen auf dem Rande der Spaltzone. Schreibt man (3 1.42) in der Form

$$\frac{\mathrm{d}\Phi}{\mathrm{d}n} = -\frac{\Phi}{d}\,, \tag{3.1.43}$$

dann erkennt man, wie man durch die Wahl der Extrapolationslänge d den Verlauf der Neutronenflußdichte beeinflussen kann (Bild 3.1.4). Extrapolationslängen werden mit aufwendigen Rechenprogrammen berechnet.

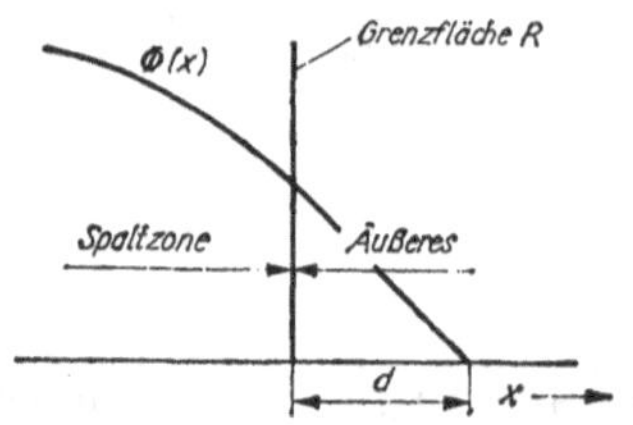

Bild 3.1.4
Extrapolationslänge d

Äußere Ränder sind die Grenzflächen zwischen Spaltzone und Reflektor, innere Ränder die Grenzflächen zwischen Spaltzone und kompakten Absorbern.

Grenzen Materialbereiche unterschiedlicher Materialeigenschaften aneinander, die mit den Diffusionsgleichungen behandelt werden können, z. B. multiplizierende und nicht multiplizierende Medien, so werden zunächst die Diffusionsgleichungen für jedes Gebiet getrennt gelöst. Anschließend werden die Lösungen mit Hilfe der *Übergangsbedingungen* aneinandergefügt. Die Übergangsbedingungen fordern die Stetigkeit von Neutronenflußdichten und Neutronenstromdichten auf den Grenzflächen R:

$$\begin{aligned} \Phi_l(R) &= \Phi_r(R)\,, \\ (J_l)_n(R) &= (J_r)_n\,(R)\,. \end{aligned} \tag{3.1.44}$$

„*l*“ (links) und „*r*“ (rechts) bezeichnen die aneinandergrenzenden Bereiche, „*n*“ die Neutronenstromdichte-Komponente normal zur Grenzfläche. Die Bedingungen (3.1.44) gelten für jede Energiegruppe.

3.2. Berechnung neutronenphysikalischer Kennwerte von Reaktoren

Im folgenden werden kurz die reaktorphysikalischen Berechnungsmethoden beschrieben, die im Zusammenhang mit der reaktorphysikalischen Betriebsbetreuung und der Auswertung der reaktorphysikalischen Experimente von unmittelbarem Interesse sind. Für die Durchführung der Rechnungen wird eine Vielzahl von Daten — Wirkungsquerschnitte, Diffusionskoeffizienten, Extrapolationslängen — benötigt. Die Berechnung solcher Daten ist ein grundlegendes Problem der Reaktorphysik. Es wird hier nicht behandelt, da es für den Experimentator nur von mittelbarem Interesse ist. Der Experimentator verwendet Rechenergebnisse, die er mit experimentellen Ergebnissen vergleichen kann, und solche Rechenergebnisse erhält er aus Makroabbrand-Rechnungen.

3.2.1. Einführung

Um Makroabbrand-Rechnungen durchführen zu können, müssen Anordnung und Qualität der Brennstoffkassetten (die Reaktorbeladung) vorgegeben werden. Die Brennstoffqualität wird eindeutig durch den Kassettentyp (die Anreicherung) und den *Abbrand* des Brennstoffs charakterisiert. Der Abbrand ist definiert durch

$$\eta = \frac{\text{im Volumen } \Delta V \text{ freigesetzte Energie}}{\text{Masse der im Volumen } \Delta V \text{ eingesetzten schweren Kerne } ({}^{235}\text{U und } {}^{238}\text{U})} \tag{3.2.1}$$

Häufig wird der Abbrand in Megawattagen/Kilogramm (MWd/kg) angegeben. Makroabbrand-Rechnungen liefern:

— Neutronenflußdichte, Leistungsdichte-, Temperatur- und Abbrandverteilungen sowie deren zeitliche Entwicklung für Perioden zeitlich stationären Reaktorbetriebs,
— kritische Parameter (kritische Borsäurekonzentration, kritische Stabstellung),
— Reaktivitätskoeffizienten und -effekte,
— erreichbare Energieabgabe während einer Kampagne,

— zeitlichen Verlauf der Vergiftung bei Leistungsänderungen.

Solche Rechnungen werden auf leistungsfähigen elektronischen Digitalrechnern durchgeführt. Zu diesem Zweck wurde international eine Vielzahl von Rechenprogrammen entwickelt. Ziel der Programmentwicklung waren und sind Programme, mit denen Reaktorparameter, die für die Betriebsführung benötigt werden, hinreichend genau bei ökonomisch vertretbarem Rechenaufwand ermittelt werden können.

Die bisher international gesammelten Erfahrungen zeigen, daß man bei der Berechnung von Leichtwasserreaktoren mit einer $1^1/_2$-Gruppen-Theorie der genannten Zielstellung weitgehend entsprechen kann. Je nach Genauigkeitsforderungen wird bei solchen Rechnungen der Reaktor 2- oder 3-dimensional behandelt.

Zur Berechnung von Reaktoren des Typs WWER werden u. a. die Programme BIPR [10] (3-dimensional, im IAE „I. W. Kurtschatow", Moskau entwickelt), PYTHIA (3-dimensional) und ORAKEL (2-dimensional, Höhenkoordinate entfällt), beide in der DDR entwickelt, angewendet.

3.2.2. Die Grundgleichung

Grundlage der Berechnung von Reaktoren des Typs WWER mit o. g. Programmen ist die Diffusionsgleichung für die stationäre schnelle Neutronenflußdichte $\Phi_s(\vec{r})$

$$\Delta\Phi_s(\vec{r}) + \frac{1/k \cdot k_\infty(\vec{r}) - 1}{M^2(\vec{r})} \Phi_s(\vec{r}) = 0 \tag{3.2.2}$$

mit Randbedingungen der Form (3.1.42) für die Grenzen zwischen Spaltzone und Reflektor sowie zwischen Brennstoffkassetten und kompakten Absorbern. k_∞ ist der Multiplikationsfaktor für ein unendlich ausgedehntes Medium (*unendlicher Multiplikationsfaktor*), M^2 die *Migrationsfläche*. k ist der *Eigenwert* der Gleichung. Er beschreibt die Abweichung des Reaktors vom stationären Zustand und wird als *effektiver Multiplikationsfaktor* k_{eff} bezeichnet. Die Bedeutung von k_∞, M^2 und k wird in Kap. 3.2.3. erläutert.

k_∞ und M^2 in (3.2.2) sind von der Lösungsfunktion Φ_s abhängig (*Rückkopplungseffekte*). Deshalb treten in (3.2.2) Nichtlinearitäten auf, die zu einem großen numerischen Aufwand bei der Lösung von (3.2.2) führen.

Die thermische Neutronenflußdichte und die Leistungsdichteverteilung werden aus der Lösung von (3.2.2) durch rein algebraische Operationen berechnet. Daher stammt auch die Bezeichnung „$1^1/_2$-Gruppen-Theorie": Es wird nur die Diffusionsgleichung für eine (schnelle) Neutronengruppe gelöst, die thermische Neutronenflußdichte wird aus dieser Lösung abgeleitet.

In Kap. 3.1.6. wurde darauf hingewiesen, daß man zur Berechnung von Reaktoren eine Mehrgruppen-Diffusionstheorie verwenden sollte. Im vorliegenden Kapitel wurde demgegenüber der Berechnung die 1-Gruppen-Gleichung (3.2.2) zugrunde gelegt. Ausführlich wird die Verwendung von (3.2.2) in [11] bis [14] erläutert. Im folgenden Kapitel wird die Verwendung von (3.2.2) auf der Grundlage der 2-Gruppen-Diffusionstheorie begründet. Die Ableitungen sollen physikalisch verständlich machen, weshalb für die Berechnung der Kritikalität reflektierter Leichtwasserreaktoren mittels einer 1-Gruppen-Diffusionsgleichung ausschließlich eine Gleichung für die schnelle Neutronenflußdichte sinnvoll ist, weshalb eine Diffusionsgleichung für die thermische Neutronenflußdichte zu falschen Ergebnissen führen muß und wie nachträglich die Berechnung des thermischen Flusses aus dem schnellen Fluß erfolgt.

3.2.3. 2-Gruppen-Diffusionsgleichungen für Spaltzone und Reflektor

Betrachtet wird ein homogener Reaktor mit Reflektor. Zunächst werden die Gleichungen (3.1.41) für die Spaltzone (Index c — core) und den Reflektor (Index r) für die schnelle (Index s) und die thermische Neutronenflußdichte (Index t) angegeben. Für die Spaltzone gilt:

$$D_{sc}\, \Delta\Phi_{sc} - \Sigma_{sc}^{r}\Phi_{sc} + \nu_s\Sigma_{sc}^{f}\Phi_{sc} + \nu_t\Sigma_{tc}^{f}\Phi_{tc} = 0\,, \tag{3.2.3}$$

$$D_{tc}\, \Delta\Phi_{tc} - \Sigma_{tc}^{a}\Phi_{tc} + \Sigma_{(s\to t)}^{b}\Phi_{sc} = 0\,. \tag{3.2.4}$$

Bevor die Rechnung fortgesetzt wird, werden drei neue Größen definiert.

Das Verhältnis

$$p = \frac{\Sigma_{(s\to t)}^{b}}{\Sigma_{s}^{r}} \tag{3.2.5}$$

heißt *Resonanzentkommwahrscheinlichkeit*. Sie ist gleich dem Bruchteil der Neutronen, die während des Bremsprozesses nicht absorbiert werden.

Als *thermischen Multiplikationsfaktor* bezeichnet man das Verhältnis

$$k_t = \frac{p_c \cdot \nu_t \cdot \Sigma_{tc}^{f}}{\Sigma_{tc}^{a}} = \frac{\text{Zahl der thermischen Neutronen, die thermischen Spaltungen entstammen}}{\text{Zahl der absorbierten therm. Neutronen}}\,. \tag{3.2.6}$$

Analog zum thermischen Multiplikationsfaktor wird der *schnelle Multiplikationsfaktor*

$$k_s = \frac{\nu_s \Sigma^f_{sc}}{\Sigma^r_{sc}} = \frac{\text{Zahl der schnellen Neutronen, die Schnellspaltungen entstammen}}{\text{Zahl der aus der schnellen Gruppe durch Absorpt. und Bremsg. entfernten Neutronen}} \tag{3.2.7}$$

eingeführt.

Mit (3.2.5) bis (3.2.7) gehen (3.2.3) und (3.2.4) über in:

$$D_{sc}\,\Delta\Phi_{sc} - \Sigma^r_{sc}(1 - k_s)\,\Phi_{sc} + \frac{1}{p_c}\,k_t\,\Sigma^a_{sc}\Phi_{tc} = 0\,, \tag{3.2.8}$$

$$D_{tc}\,\Delta\Phi_{tc} - \Sigma^a_{tc}\Phi_{tc} + p_c\Sigma^r_{sc}\Phi_{sc} = 0\,. \tag{3.2.9}$$

Der Reflektor enthält kein spaltbares Material. Deshalb gilt anstelle des Systems (3.2.8), (3.2.9)

$$D_{sr}\,\Delta\Phi_{sr} - \Sigma^r_{sr}\Phi_{sr} = 0\,, \tag{3.2.10}$$

$$D_{tr}\,\Delta\Phi_{tr} - \Sigma^a_{tr}\Phi_{tr} + p_r\Sigma^r_{sr}\Phi_{sr} = 0\,. \tag{3.2.11}$$

Die Lösung von (3.2.8) bis (3.2.11) muß die Übergangsbedingungen (3.1.44) an der Spaltzonen-Reflektor-Grenze und Randbedingungen der Form (3.1.43)

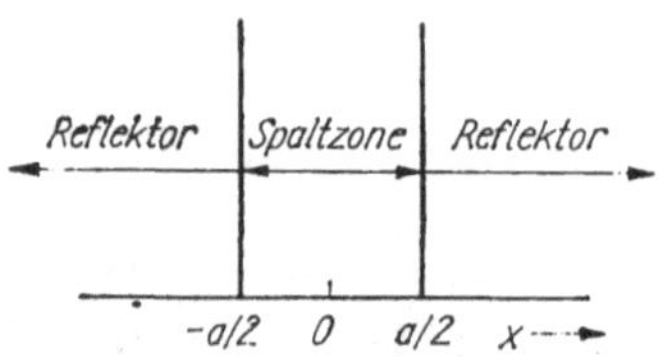

Bild 3.2.1
Modellreaktor

am äußeren Reflektorrand erfüllen. Konkrete Rechnungen werden im folgenden am Beispiel eines Plattenreaktors der Dicke a mit unendlich dickem Reflektor durchgeführt (Bild 3.2.1). Als Randbedingung wird $\Phi_{tr}(\infty) = \Phi_{sr}(\infty) = 0$ verwendet. Die Lösungsfunktionen sind in diesem Fall besonders einfach.

3.2.4. Lösung für die Spaltzone

Löst man (3.2.8) nach Φ_{tc} auf, dann entsteht

$$\Phi_{tc} = \frac{p_c}{k_t \cdot \Sigma_{tc}^a} \left(-D_{sc} \cdot \Delta\Phi_{sc} + \Sigma_{sc}^r(1 - k_s)\,\Phi_{sc}\right) \tag{3.2.12}$$

bzw.

$$\Phi_{tc\infty} = \frac{p_c \Sigma_{sc}^r(1 - k_s)}{k_t \cdot \Sigma_{tc}^a}\,\Phi_{sc\infty}\,. \tag{3.2.13}$$

Der Index „∞“ weist auf eine unendlich ausgedehnte Spaltzone hin. Setzt man (3.2.12) in (3.2.9) ein, dann erhält man mit

$$\tau_c = \frac{D_{sc}}{\Sigma_{sc}^a} = (\textit{Bremslänge})^2 = \text{Fermi-Alter} \tag{3.2.14}$$

und

$$L_c^2 = \frac{D_{tc}}{\Sigma_{tc}^a} = (\textit{Diffusionslänge})^2 \tag{3.2.15}$$

für die schnelle Neutronenflußdichte die Differentialgleichung

$$\begin{aligned} &-\tau_c \cdot L_c^2\, \Delta^2\Phi_{sc} + [\tau_c + L_c^2(1 - k_s)]\, \Delta\Phi_{sc} \\ &+ (k_s + k_t - 1)\, \Phi_{sc} = 0\,. \end{aligned} \tag{3.2.16}$$

Für die thermische Neutronenflußdichte ergibt sich auf analogem Wege eine Differentialgleichung. (3.2.9) wird nach Φ_{sc} aufgelöst,

$$\Phi_{sc} = \frac{1}{p_c \Sigma_{sc}^r} \left(-D_{tc}\, \Delta\Phi_{tc} + \Sigma_{tc}^a \Phi_{tc}\right), \tag{3.2.17}$$

$$\Phi_{sc\infty} = \frac{\Sigma_{tc}^a}{p_c \Sigma_{sc}^r} \cdot \Phi_{tc\infty} = \frac{\Sigma_{tc}^a}{\Sigma_{(s\to t)}^b} \cdot \Phi_{tc\infty}\,, \tag{3.2.18}$$

und (3.2.17) wird in (3.2.8) eingesetzt, wobei (3.2.14) und (3.2.15) berücksichtigt werden. Es entsteht

$$\begin{aligned} &-\tau_c L_c^2\, \Delta^2\Phi_{tc} + [\tau_c + L_c^2(1 - k_s)]\, \Delta\Phi_{tc} \\ &\qquad + (k_s + k_t - 1)\, \Phi_{tc} = 0\,. \end{aligned} \tag{3.2.19}$$

Die Gleichungen (3.2.16) und (3.2.19) für die schnelle und für die thermische Neutronenflußdichte sind identisch. Deshalb besteht zunächst kein Anlaß, aus mathematischen Gründen einer von beiden den Vorzug zu geben. Etwas anders stellt sich die Situation dar, wenn man nach Vereinfachungen bei der Lösung von (3.2.16) und (3.2.19) sucht. Am wirkungsvollsten wäre es, wenn man den Δ^2-Term vernachlässigen dürfte. Dann wäre nämlich anstelle einer partiellen Differentialgleichung 4. Ordnung nur eine partielle Differentialgleichung 2. Ordnung zu lösen.

An dieser Stelle kann noch nicht nachgewiesen werden, daß die Vernachlässigung des Δ^2-Terms in (3.2.16) bei der Berechnung von Leichtwasserreaktoren in guter Näherung möglich ist. Aber man kann sich bereits qualitativ klarmachen, daß die Vernachlässigung in (3.2.16) eher berechtigt ist als in (3.2.19):

Die Neutronenflußdichte ändert sich dort örtlich stark, wo sich die Materialeigenschaften, die den Flußdichteverlauf bestimmen, örtlich stark ändern. Folglich liefert der Δ^2-Term nur in solchen Bereichen eine wesentlichen Beitrag. Für die schnelle Neutronenflußdichte ist ein deutlich glatterer Verlauf zu erwarten als für die thermische, denn

— die Diffusionsparameter für schnelle Neutronen hängen bedeutend weniger von der Materialzusammensetzung ab als die Diffusionsparameter für thermische Neutronen,
— die Weglänge, die schnelle Neutronen vom Entstehungsort bis zum Ort des Thermischwerdens zurücklegen, ist wesentlich größer als die Weglänge der thermischen Neutronen vom Ort des Thermischwerdens bis zum Ort der Absorption ($\tau_c > L_{tc}^2$). Schnelle Neutronen bewirken somit eine neutronenphysikalische Kopplung zwischen entfernteren Raumbereichen, sie wirken ausgleichend.

Vernachlässigt man den Δ^2-Term in (3.2.16), dann entsteht

$$\Delta\Phi_{sc}^* + \frac{k_s + k_t - 1}{\tau_c + L_c^2(1 - k_s)} \cdot \Phi_{sc}^* = 0 \,. \qquad (3.2.20)$$

Diese Gleichung hat den gleichen Aufbau wie (3.2.2)! Aus der Näherungslösung Φ_{sc}^* kann mit (3.2.18) eine Näherungslösung für die thermische Neutronenflußdichte berechnet werden.

Die Gleichungen (3.2.16), (3.2.19) und (3.2.20) werden für ein unendlich ausgedehntes homogenes Medium betrachtet (Δ^2- und Δ-Terme gleich Null). Jede dieser Gleichungen ist für $\Phi \neq 0$ nur erfüllt, wenn

$$k_s + k_t = 1 \qquad (3.2.21)$$

gilt. Nun soll die physikalische Bedeutung der Summe $k_s + k_t$ erschlossen werden. Mit (3.2.6) und (3.2.7) erhält man

$$k_s + k_t = \frac{\nu_s \Sigma_{sc}^f}{\Sigma_{sc}^r} + \frac{p_c \nu_t \Sigma_{tc}^f}{\Sigma_{tc}^a} . \tag{3.2.22}$$

Diese Gleichung wird mit Hilfe von (3.2.18) umgeformt:

$$\begin{aligned} k_s + k_t &= \frac{\nu_s \Sigma_{sc}^f}{\Sigma_{sc}^r} + \frac{\nu_t \Sigma_{tc}^f}{\Sigma_{sc}^r} \cdot \frac{\Phi_{tc\infty}}{\Phi_{sc\infty}} \\ &= \frac{\nu_s \Sigma_{sc}^f \Phi_{sc\infty} + \nu_t \Sigma_{tc}^f \Phi_{tc\infty}}{\Sigma_{sc}^r \Phi_{sc\infty}} \\ &= \frac{\nu_s \Sigma_{sc}^f \Phi_{sc\infty} + \nu_t \Sigma_{tc}^f \Phi_{tc\infty}}{\Sigma_{sc}^a \Phi_{sc\infty} + \Sigma_{(s\to t)c}^b \Phi_{sc\infty}} \\ &= \frac{\nu_s \Sigma_{sc}^f \Phi_{sc\infty} + \nu_t \Sigma_{tc}^f \Phi_{tc\infty}}{\Sigma_{sc}^a \Phi_{sc\infty} + \Sigma_{tc}^a \Phi_{tc\infty}} . \end{aligned} \tag{3.2.23}$$

Gemäß (3.2.23) ist die Summe $k_s + k_t$ gleich dem Verhältnis der Zahl der pro Zeit- und Volumeneinheit erzeugten Neutronen zur Zahl der pro Zeit- und Volumeneinheit absorbierten Neutronen in einem unendlich ausgedehnten homogenen Reaktor. Man nennt diese Größe deshalb unendlichen Multiplikationsfaktor:

$$k_\infty = k_s + k_t . \tag{3.2.24}$$

Eine naheliegende Verallgemeinerung von (3.2.23) ist

$$k_\infty = \frac{\int_0^\infty \nu(E)\, \Sigma^f(E)\, \Phi(E)\, \mathrm{d}E}{\int_0^\infty \Sigma^a(E)\, \Phi(E)\, \mathrm{d}E} . \tag{3.2.25}$$

Spezialisiert man (3.2.23) bzw. (3.2.25) auf eine Energiegruppe von Neutronen (1-Gruppen-Diffusionsnäherung), dann entsteht

$$k_\infty = \frac{\nu \Sigma^f}{\Sigma^a} . \tag{3.2.26}$$

Nun soll Φ_{sc} aus (3.2.16) berechnet werden, um aus der exakten Lösung einen Zusammenhang mit (3.2.20) und (3.2.2) abzuleiten. Zur Lösung wird von dem Ansatz

$$(\varDelta + \lambda^2)(\varDelta - \mu^2)\Phi_{sc} = 0, \qquad \lambda^2 \geqq 0, \qquad \mu^2 \geqq 0 \tag{3.2.27}$$

ausgegangen. Wenn man (3.2.27) ausmultipliziert, dann entsteht

$$\varDelta^2\Phi_{sc} + (\mu^2 - \lambda^2)\varDelta\Phi_{sc} - \mu^2\lambda^2\Phi_{sc} = 0. \tag{3.2.28}$$

Ein Koeffizientenvergleich zwischen (3.2.28) und (3.2.16) liefert für λ^2 und μ^2 die Bestimmungsgleichungen

$$\mu^2 - \lambda^2 = -\frac{\tau_c + L_c^2(1-k_s)}{\tau_c L_c^2}, \tag{3.2.29}$$

$$\mu^2 \cdot \lambda^2 = \frac{k_s + k_t - 1}{\tau_c L_c^2}. \tag{3.2.30}$$

Aus ihnen ergeben sich für λ^2 und μ^2 folgende Lösungen:

$$\mu^2 = \frac{\tau_c + L_c^2(1-k_s)}{2\tau_c L_c^2}\left[-1 + \sqrt{1 + \frac{4(k_\infty - 1)\tau_c L_c^2}{(\tau_c + L_c^2(1-k_s))^2}}\right], \tag{3.2.31}$$

$$\lambda^2 = \frac{\tau_c + L_c^2(1-k_s)}{2\tau_c L_c^2}\left[1 + \sqrt{1 + \frac{4(k_\infty - 1)\tau_c L_c^2}{(\tau_c + L_c^2(1-k_s))^2}}\right]. \tag{3.2.32}$$

Dabei wurde (3.2.24) berücksichtigt.

Für Leichtwasserreaktoren sind die zweiten Summanden in den Wurzelausdrücken der Gleichungen (3.2.31) und (3.2.32) wesentlich kleiner als 1; die Daten von Tab. 3.1 bestätigen diese Aussage. Deshalb darf man die Wurzelausdrücke entsprechend

$$\sqrt{1+x} \approx 1 + \tfrac{1}{2}x + \dots \tag{3.2.33}$$

entwickeln. Man erhält die Näherungswerte

$$\tilde{\lambda}^2 = \frac{\tau_c + L_c^2(1-k_s)}{\tau_c L_c^2} + \frac{k_\infty - 1}{\tau_c + L_c^2(1-k_s)}, \tag{3.2.34}$$

$$\tilde{\mu}^2 = \frac{k_\infty - 1}{\tau_c + L_c^2(1-k_s)}. \tag{3.2.35}$$

Tabelle 3.1:
Materialeigenschaften des Modellreaktors

Größe	Core	Reflektor
D_1	1,38 cm	1,8 cm
Σ_1^r	0,024 cm^{-1}	0,045 cm^{-1}
$\nu_s\Sigma_s^f$	0,0054 cm^{-1}	0,0 cm^{-1}
$\nu_t\Sigma_t^f$	0,10 cm^{-1}	0,0 cm^{-1}
p	0,65	1
D_t	0,50 cm	0,30 cm
Σ_t^a	0,08 cm^{-1}	0,015 cm^{-1}

Nachdem λ^2 und μ^2 durch die Materialparameter der Spaltzone ausgedrückt wurden, wird die Lösung von (3.2.27)

$$(\Delta + \mu^2)(\Delta - \lambda^2)\,\Phi_{sc} = 0 \tag{3.2.27}$$

berechnet. Für Φ_{sc} wird der Ansatz

$$\Phi_{sc} = AX + BY \tag{3.2.36}$$

gemacht. Wenn X und Y den Gleichungen

$$(\Delta + \mu^2)\,X = 0\,, \tag{3.2.37}$$

$$(\Delta - \lambda^2)\,Y = 0 \tag{3.2.38}$$

genügen, dann ist die Linearkombination (3.2.36) eine Lösung von (3.2.27).

(3.2.37) und (3.2.38) sind Differentialgleichungen zweiter Ordnung. Deshalb setzen sich im allgemeinen Fall X und Y jeweils aus zwei unabhängigen Lösungsfunktionen zusammen. Aus Symmetriegründen entfällt jedoch in dem hier behandelten Beispiel des homogenen reflektierten Plattenreaktors jeweils die unsymmetrische Lösungsfunktion. Deshalb gilt in diesem Fall

$$\Phi_{sc}(x) = A\cos\mu x + B\cosh\lambda x\,, \qquad |x| \leqq \frac{a}{2}\,. \tag{3.2.39}$$

Die schnelle Neutronenflußdichte setzt sich also aus zwei Anteilen zusammen, einem *μ-Fluß* X, der mit betragsmäßig wachsender Ortskoordinate sinkt, und einem *λ-Fluß* Y, der mit betragsmäßig wachsender Ortskoordinate — zum

Rande der Spaltzone hin — ansteigt. Über den Beitrag jedes dieser Anteile zum Ergebnis (3.2.39) läßt sich an dieser Stelle nichts aussagen, da A und B noch unbekannt sind.

Zur Berechnung der thermischen Neutronenflußdichte in der Spaltzone geht man mit dem Ansatz

$$\Phi_{tc} = A'X + B'Y \tag{3.2.40}$$

und (3.2.36) in (3.2.9) ein. Als Lösung erhält man

$$\Phi_{tc} = A \cdot S_1 \cdot X + B \cdot S_2 \cdot X \tag{3.2.41}$$

mit

$$S_1 = \frac{p_c \Sigma_{sc}^r}{\Sigma_{tc}^a(1 + \mu^2 L_c^2)}, \tag{3.2.42}$$

$$S_2 = \frac{p_c \Sigma_{sc}^r}{\Sigma_{tc}^a(1 - \lambda^2 L_c^2)}. \tag{3.2.43}$$

Dabei wurde (3.2.15) verwendet.

S_1 und S_2 werden als *Koppelfaktoren* zwischen der schnellen und der thermischen Neutronenflußdichte bezeichnet.

Für den Plattenreaktor gilt

$$\Phi_{tc}(x) = AS_1 \cos \mu x + BS_2 \cosh \lambda x, \qquad |x| \leq \frac{a}{2}. \tag{3.2.44}$$

3.2.5. Lösung für das Reflektorgebiet

Zunächst werden die Reflektorgleichungen

$$D_{sr}\, \Delta\Phi_{sr} - \Sigma_{sr}^r \Phi_{sr} = 0, \tag{3.2.10}$$

$$D_{tr}\, \Delta\Phi_{tr} - \Sigma_{tr}^a \Phi_{tr} + p_r \Sigma_{sr}^r \Phi_{sr} = 0 \tag{3.2.11}$$

umgeformt. Mit den Größen

$$\varkappa_s^2 = \frac{1}{\tau_r} = \frac{\Sigma_{sr}^r}{D_{sr}}, \tag{3.2.45}$$

$$\varkappa_t^2 = \frac{1}{L_r^2} = \frac{\Sigma_{tr}^a}{D_{tr}} \tag{3.2.46}$$

gehen (3.2.10) und (3.2.11) über in

$$\Delta\Phi_{sr} - \varkappa_s^2\Phi_{sr} = 0\,, \tag{3.2.47}$$

$$\Delta\Phi_{tr} - \varkappa_t^2\Phi_{tr} + \frac{p_r\Sigma_{sr}^r}{D_{tr}}\cdot\Phi_{sr} = 0\,. \tag{3.2.48}$$

Aus Symmetriegründen kann — wie beim Lösen der Gleichungen (3.2.37) und (3.2.38) für die schnelle Neutronenflußdichte in der Spaltzone — im Falle des Plattenreaktors die Lösung von (3.2.47) durch eine einzige Funktion Z dargestellt werden:

$$\Phi_{sr} = F\cdot Z\,. \tag{3.2.49}$$

Die thermische Neutronenflußdichte in der Spaltzone ließ sich als Linearkombination der zwei linear unabhängigen Lösungsfunktionen für die schnelle Neutronenflußdichte darstellen. Für den Reflektor setzt man deshalb die Lösung Φ_{tr} als Linearkombination von (3.2.49) mit einer noch unbekannten Funktion Z^* an:

$$\Phi_{tr} = S_3FZ + GZ^*\,. \tag{3.2.50}$$

(3.2.49) und (3.2.50) werden in (3.2.48) eingesetzt. Man erkennt, daß Z^* eine Lösung von

$$\Delta Z^* - \varkappa_t^2 Z^* = 0 \tag{3.2.51}$$

sein muß. Der Koppelfaktor S_3 ergibt sich als

$$S_3 = \frac{p_r\Sigma_{sr}^r}{D_{tr}(\varkappa_t^2 - \varkappa_s^2)}\,. \tag{3.2.52}$$

Die Lösungsfunktionen für die schnelle und die thermische Neutronenflußdichte im Reflektor des Plattenreaktors sind

$$\Phi_{sr}(x) = F\cdot\exp\left(-\varkappa_s\,|x|\right)\,, \tag{3.2.53}$$

$$\Phi_{tr}(x) = S_3\cdot F\cdot\exp\left(-\varkappa_s\,|x|\right) + G\cdot\exp\left(-\varkappa_t\cdot|x|\right)\,,\qquad |x| \geq \frac{a}{2}\,. \tag{3.2.54}$$

Sie erfüllen die Randbedingungen

$$\Phi_{sr}(\pm\infty) = \Phi_{tr}(\pm\infty) = 0\,. \tag{3.2.55}$$

3.2.6. Die Gesamtlösung

In den Lösungsfunktionen (3.2.39), (3.2.41), (3.2.53) und (3.2.54) sind die bisher unbestimmten Konstanten A, B, F und G enthalten. Außerdem muß die kritische Dicke a des Plattenreaktors bestimmt werden; denn da die Materialeigenschaften vorgegeben wurden, kann der stationäre Zustand nur noch durch geeignete Wahl der Dicke erreicht werden. Es sind also 5 Konstanten zu berechnen. Die dazu notwendigen 5 Gleichungen ergeben sich aus den Stetigkeitsbedingungen (3.1.44) für die Neutronenflußdichten und die Neutronenstromdichten an der Spaltzonen-Reflektor-Grenze,

$$\begin{aligned}
&\Phi_{sc}\left(\pm\frac{a}{2}\right) = \Phi_{sr}\left(\pm\frac{a}{2}\right),\\
&\Phi_{tc}\left(\pm\frac{a}{2}\right) = \Phi_{tr}\left(\pm\frac{a}{2}\right),\\
&D_{sc}\frac{\mathrm{d}\Phi_{sc}}{\mathrm{d}x}\bigg|_{\pm a/2} = D_{sr}\frac{\mathrm{d}\Phi_{sr}}{\mathrm{d}x}\bigg|_{\pm a/2},\\
&D_{tc}\frac{\mathrm{d}\Phi_{tc}}{\mathrm{d}x}\bigg|_{\pm a/2} = D_{tr}\frac{\mathrm{d}\Phi_{tr}}{\mathrm{d}x}\bigg|_{\pm a/2},
\end{aligned} \tag{3.2.56}$$

sowie aus der vorzugebenden mittleren Leistungsdichte

$$\frac{P}{V} = \varepsilon \cdot \frac{1}{a} \cdot \int_{-a/2}^{+a/2} (\Sigma_{sc}^{f}\Phi_{sc} + \Sigma_{tc}^{f}\Phi_{tc})\,\mathrm{d}x\,, \tag{3.2.57}$$

$$\varepsilon = \text{Energie/Spaltung}\,.$$

Die Auflösung des Gleichungssystems (3.2.56), (3.2.57) findet man z. B. in [10].

3.2.7. Ergebnisse der Modellrechnung und Schlußfolgerungen für die Berechnung realer Reaktoren

Bei den Rechnungen für das Plattenreaktormodell wurden die Daten aus Tab. 3.1 verwendet. Die Ergebnisse sind in Bild 3.2.2 dargestellt. Man erkennt folgendes:

(1) Sowohl bei der schnellen als auch bei der thermischen Neutronenflußdichte ist ein deutlicher Beitrag des λ-Anteiles nur in Randnähe zu erkennen.

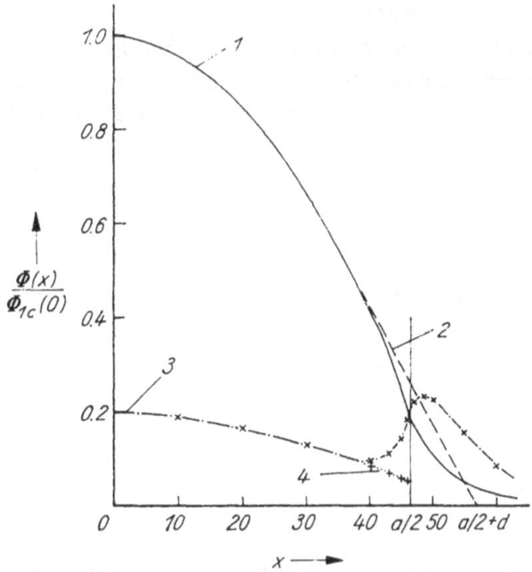

Bild 3.2.2 Flußverläufe im Modell-Plattenreaktor

1: $\dfrac{\Phi_{sc}(x)}{\Phi_{sc}(0)} = \cos \mu x - 5{,}34 \cdot 10^{-10} \cosh \lambda x,$

2: $\dfrac{\Phi_{s\mu}(x)}{\Phi_{sc}(0)} = \cos \mu x,$

3: $\dfrac{\Phi_{tc}(x)}{\Phi_{sc}(0)} = 0{,}197 \cdot \cos \mu x + 1{,}18 \cdot 10^{-9} \cdot \cosh \lambda x$

4: $\dfrac{\Phi_{t\mu}(x)}{\Phi_{sc}(0)} = 0{,}197 \cdot \cos \mu x$

$\mu = 0{,}013\,127\,1 \qquad \lambda = 0{,}426\,2047$

(2) Der Beitrag des λ-Anteiles in der Lösung für die schnelle Neutronenflußdichte ist absolut und relativ wesentlich geringer als der Beitrag des λ-Anteiles in der Lösung für die thermische Neutronenflußdichte.

(3) Während die schnelle Neutronenflußdichte im gesamten Bereich (Spaltzone und Reflektor) mit betragsmäßig wachsender Ortskoordinate abfällt, steigt die thermische Neutronenflußdichte in Randnähe an, erreicht ein Maximum im Reflektor und fällt für betragsmäßig größere Werte der Ortskoordinaten stetig ab. (Anmerkung: Im Beispiel erreichte die thermische Neutronenflußdichte im Reflektor ein absolutes Maximum. Allgemein tritt im Reflektor ein relatives Maximum auf.)

(4) Wegen des unter (3) erwähnten Verlaufes der thermischen Neutronenflußdichte ist es prinzipiell unmöglich, ihre Verteilung in einem reflektierten Reaktor mit Hilfe einer 1-Gruppen-Diffusionsgleichung für thermische Neutronen zu beschreiben. Im behandelten Beispiel hat diese Gleichung die Form

$$\frac{d^2\Phi_t}{dx^2} + \frac{k_\infty - 1}{L_c^2}\Phi_t = 0 . \tag{3.2.58}$$

Wir stellen diese Gleichung um:

$$\frac{d^2\Phi_t}{dx^2} = -\frac{k_\infty - 1}{L_c^2}\Phi_t . \tag{3.2.59}$$

Da

$$\frac{k_\infty - 1}{L_c^2} > 0 , \qquad \Phi_t > 0 \tag{3.2.60}$$

gilt, ergibt sich für die 2. Ableitung von Φ_t stets ein negatives Vorzeichen. Die 2. Ableitung der in Bild 3.2.2 dargestellten Neutronenflußdichte ändert jedoch in Randnähe ihr Vorzeichen!

Aus den Erkenntnissen (1)—(4) lassen sich in Verbindung mit Bild 3.2.2 einige Schlußfolgerungen ziehen, die den realen Reaktor betreffen:

(1) Wenn man einen Leichtwasserreaktor mit Hilfe einer Differentialgleichung 2. Ordnung (1-Gruppen-Diffusionsgleichung) berechnen will, dann muß man die Gleichung (3.2.37) für die μ-Komponente der schnellen Neutronenflußdichte verwenden. In unserem Beispiel ist das der Anteil $A \cdot \cos \mu x$. Die Randbedingung für die μ-Komponente wird weiter unten formuliert.

(2) Die thermische Neutronenflußdichte kann aus der schnellen durch einfache arithmetische Operationen berechnet werden. Dabei muß man jedoch für die Randkassetten mit Hilfe einer Mehrgruppentheorie Korrekturfaktoren bereitstellen. Für das Spaltzoneninnere können Korrekturfaktoren für solche Bereiche notwendig sein, in denen physikalisch stark unterschiedliche Kassetten aneinander grenzen. Sie sind jedoch bedeutend kleiner als die für Randkassetten.

Alle Korrekturfaktoren werden unabhängig von der aktuellen Rechnung („einmalig") bestimmt und für die Rechnung vorgegeben.

(3) In den Fällen, in denen der Verlauf der schnellen Neutronenflußdichte Φ_{sc} interessiert, muß analog zu (2) mit Korrekturfaktoren gearbeitet werden. Sie berücksichtigen den λ-Anteil.

(4) Das Ansteigen der thermischen Neutronenflußdichte an der Spaltzonen-Reflektor-Grenze weist darauf hin, daß auch im realen Reaktor an den Grenzen zwischen Brennstoffkassetten und Wassergebieten — z. B. an Wasserlöchern — die thermische Neutronenflußdichte und damit auch die Leistungsdichte im Brennstoff stark ansteigt. Deshalb sind Brennelemente in solchen Grenzgebieten besonders gefährdet.

Im folgenden wird die μ-Komponente der schnellen Neutronenflußdichte mit Φ_μ bezeichnet und μ-Fluß oder *Hauptfluß* genannt. Gl. (3.2.37) geht damit über in

$$\Delta\Phi_\mu + \mu^2\Phi_\mu = 0 \tag{3.2.61}$$

mit μ^2 aus (3.2.31). Für μ^2 wird bei numerischen Rechnungen im allgemeinen die sehr gute Näherung (sehr gut für große Leichtwasserreaktoren) (3.2.35) verwendet:

$$\mu^2 = \frac{k_\infty - 1}{\tau_c + L_c^2(1 - k_s)}. \tag{3.2.35}$$

(3.2.35) wird in (3.2.61) eingesetzt:

$$\Delta\Phi_\mu + \frac{k_\infty - 1}{\tau_c + L_c^2(1 - k_s)}\,\Phi_\mu = 0\,. \tag{3.2.62}$$

(3.2.62) stimmt in der Form mit (3.2.20)

$$\Delta\Phi_{sc}^* + \frac{k_s + k_t - 1}{\tau_c + L_c^2(1 - k_s)}\,\Phi_{sc}^* = 0 \tag{3.2.20}$$

überein, die durch Vernachlässigung des Δ^2-Terms in (3.2.16)

$$\begin{aligned} -\tau_c L_c^2\, \Delta\Phi_{sc} &+ [\tau_c + L_c^2(1 - k_s)]\,\Delta\Phi_{sc} \\ &+ (k_s + k_t - 1)\,\Phi_{sc} = 0 \end{aligned} \tag{3.2.16}$$

entstand. Deshalb gilt bei gleichen Randbedingungen auch für die Lösungen $\Phi_\mu = \Phi_{sc}^*$.

3.2.8. Randbedingungen für den Hauptfluß

Im Falle des Modellreaktors geht die Randbedingung (3.1.43) über in

$$\frac{1}{d} = -\frac{1}{\Phi_\mu\left(x = \pm\dfrac{a}{2}\right)} \cdot \left.\frac{\mathrm{d}\Phi_\mu}{\mathrm{d}x}\right|_{x=\pm a/2}. \tag{3.2.63}$$

Die Extrapolationslänge d läßt sich numerisch erst dann berechnen, wenn man das reaktorphysikalische Problem — in unserem Falle die Berechnung der kritischen Dicke a eines homogenen Plattenreaktors mit unendlich dickem Reflektor bei gegebener Materialzusammensetzung — ausgehend von der Differentialgleichung 4. Ordnung (3.2.16) gelöst, also auch den λ-Anteil der Lösungsfunktion berücksichtigt hat. Entsprechend (3.2.63) ist nämlich die Kenntnis von a Voraussetzung für die Berechnung von d. Ist aber erst einmal die Extrapolationslänge bekannt, dann läßt sich jedes stationäre reaktorphysikalische Problem mit Hilfe der Differentialgleichung 2. Ordnung für den Hauptfluß (μ-Fluß) (3.2.62) lösen.

Für den Modellreaktor erhält man:

$$\frac{1}{d} = -\left[\frac{1}{\cos \mu x} \cdot \frac{\mathrm{d}(\cos \mu x)}{\mathrm{d}x}\right]_{x=\pm a/2}$$

$$= 0{,}1077\ \mathrm{cm}^{-1} \tag{3.2.64}$$

$$d = 9{,}285\ \mathrm{cm}\,. \tag{3.2.65}$$

Da die kritische Dicke a von Spaltzonen- und Reflektoreigenschaften abhängt, hängt auch die Extrapolationslänge von diesen Eigenschaften ab. Bei der Berechnung von Extrapolationslängen für reale Reaktoren nimmt man an, daß die Extrapolationslängen ausschließlich von den Eigenschaften der Randkassetten und des Reflektors abhängen. Man könnte erwägen, die Extrapolationslänge aus der schnellen Neutronenflußdichte Φ_{sc} zu bestimmen, um am *Reaktorrande* eine bessere Übereinstimmung zwischen dem Hauptfluß und der exakten Lösung Φ_{sc} zu erzwingen, als sie bei Verwendung der Extrapolationslänge erreicht wird, die aus dem Hauptfluß berechnet wird. Auferlegt man die aus Φ_{sc} errechnete Extrapolationslänge jedoch dem Hauptfluß, so ergeben sich völlig falsche Resultate entweder für die kritischen Abmessungen oder für die kritische Zusammensetzung, ausgedrückt durch μ^2.

3.2.9. Migrations-, Brems-, Diffusionslänge

In (3.2.14) und (3.2.15) waren Brems- und Diffusionslänge definiert worden. Hier soll ihre physikalische Bedeutung betrachtet werden.

Die Hauptflußgleichung (3.2.62) in der Form

$$\Delta\Phi_\mu + \frac{k_\infty - 1}{\tau + L^2(1 - k_s)} \cdot \Phi_\mu = 0 \tag{3.2.66}$$

wird auf ein unendlich ausgedehntes nichtmultiplizierendes Medium, in dem sich eine Punktquelle im Ursprung eines Kugelkoordinatensystems befindet, angewendet. Das Problem ist kugelsymmetrisch. Es gilt

$$k_s = k_t = 0\,,$$
$$\Phi_\mu(r \to \infty) = 0\,, \tag{3.2.67}$$
$$\Delta = \frac{1}{r^2}\frac{\mathrm{d}}{\mathrm{d}r}\,r^2\,\frac{\mathrm{d}}{\mathrm{d}r}\,.$$

Für den quellenfreien Raum ($r \neq 0$) lautet (3.2.66)

$$\frac{1}{r^2}\frac{\mathrm{d}}{\mathrm{d}r}\,r^2\,\frac{\mathrm{d}}{\mathrm{d}r}\,\Phi_\mu - \frac{1}{\tau + L^2}\,\Phi_\mu = 0\,. \tag{3.2.68}$$

Die Lösung dieser Gleichung ist

$$\Phi_\mu = \frac{A}{r}\exp\left(-\frac{r}{\sqrt{\tau + L^2}}\right) \tag{3.2.69}$$

(Überprüfung durch Einsetzen in (3.2.68)).

Die Größe

$$M^2 = \tau + L^2 \tag{3.2.70}$$

heißt Migrationsfläche, M Migrationslänge. Nach (3.2.69) ist M ein Maß für die Reichweite des Flusses.

Wir betrachten 2 Grenzfälle, um die Bedeutung von L und $\sqrt{\tau}$ zu erschließen:

(1) Unmittelbar nach dem Abbremsen werden die thermischen Neutronen am Ort des Thermischwerdens absorbiert. Formal kann dieser Fall durch $D_t = 0$ oder $\Sigma_t^a \to \infty$ beschrieben werden. Gemäß (3.2.15) wird dann die Diffusionslänge gleich Null. Es diffundieren folglich nur schnelle Neutronen. Die Hauptflußgleichung (3.2.66) wird zu einer Gleichung für die schnelle Neutronenflußdichte Φ_s:

$$\Delta\Phi_s - \frac{1}{\tau}\,\Phi_s = 0\,. \tag{3.2.71}$$

(2) Unmittelbar nach der Freisetzung der Neutronen werden sie thermisch. Formal kann das durch $D_s = 0$ oder $\Sigma^b_{(s\to t)} \to \infty$ erreicht werden. Gemäß (3.2.14) wird dann die Bremslänge gleich Null. Es diffundieren nur

4*

thermische Neutronen. (3.2.66) wird zu einer Gleichung für die thermische Neutronenflußdichte Φ_t:

$$\Delta\Phi_t - \frac{1}{L^2}\Phi_t = 0\,. \tag{3.2.72}$$

Aus diesen Grenzfällen folgt im Zusammenhang mit dem Ergebnis (3.2.69): $\sqrt{\tau}$ ist ein Maß für die Entfernung, die ein Neutron von der Freisetzung bis zum Thermischwerden zurücklegt. L ist ein Maß für die Entfernung, die ein Neutron vom Thermischwerden bis zur Absorption zurücklegt. M ist ein Maß für die Entfernung, die ein Neutron von der Freisetzung bis zur Absorption zurücklegt.

In der Hauptflußgleichung (3.2.66) erscheinen L_c^2 und τ_c. Folglich berücksichtigt sie das Neutronenschicksal von der Entstehung bis zur Absorption.

3.2.10. Kritischer Zustand, Eigenwert, effektiver Multiplikationsfaktor, Reaktivität

Der stationäre (der kritische) Zustand eines Reaktors wird nach (3.2.62) durch

$$\Delta\Phi_\mu + \frac{k_\infty - 1}{\tau_c + L_c^2(1 - k_s)}\Phi_\mu = 0$$

beschrieben. Zur Vereinfachung der Schreibweise werden im folgenden die Indices „c“ und „μ“ weggelassen und abkürzend wird

$$M^2 = \tau_c + L_c^2(1 - k_s) \tag{3.2.73}$$

gesetzt. So entsteht aus (3.2.62)

$$\Delta\Phi + \frac{k_\infty - 1}{M^2}\Phi = 0\,. \tag{3.2.74}$$

Gemäß (3.2.74) ist ein homogener Reaktor dann kritisch, wenn

$$k_\infty = 1 - M^2 \cdot \frac{\Delta\Phi}{\Phi} \tag{3.2.75}$$

bzw.

$$\frac{k_\infty}{1 - M^2\dfrac{\Delta\Phi}{\Phi}} = 1 \tag{3.2.76}$$

gilt. Für einen unendlichen Reaktor ($\Delta\Phi = 0$) geht (3.2.75) über in

$$k_\infty = 1 \,. \tag{3.2.77}$$

Die Bedeutung des Terms $-M^2 \, \Delta\Phi/\Phi$ in (3.2.75), (3.2.76) erkennt man einfach, wenn man analog zu (3.2.14) und (3.2.15) für die Migrationsfläche

$$M^2 = \frac{D^{\text{eff}}}{\Sigma^{a,\,\text{eff}}} \tag{3.2.78}$$

schreibt. Dann erhält man mit (3.1.37), (3.1.38)

$$-M^2 \, \frac{\Delta\Phi}{\Phi} = \frac{-D^{\text{eff}}\Delta\Phi}{\Sigma^{a,\,\text{eff}}\Phi} = \frac{\text{Leckrate (= Austrittsverluste)}}{\text{Absorptionsrate}} \,. \tag{3.2.79}$$

Der Ausdruck

$$B_g^2 = -\frac{\Delta\Phi}{\Phi} \tag{3.2.80}$$

wird als *geometrisches Buckling* bezeichnet. Mit (3.2.80) geht (3.2.76) über in

$$\frac{k_\infty}{1 + B_g^2 M^2} = 1 \,. \tag{3.2.81}$$

Nach (3.2.81) wird für die Neutronenmultiplikation im Reaktor nicht k_∞, sondern nur der Bruchteil

$$k_{\text{eff}} = \frac{k_\infty}{1 + B_g^2 M^2} \tag{3.2.82}$$

wirksam. k_{eff} wird *effektiver Multiplikationsfaktor* genannt. Mit (3.2.82) geht die kritische Bedingung (3.2.76) über in

$$k_{\text{eff}} = 1 \,. \tag{3.2.83}$$

Die Gleichung (3.2.74) beschreibt den kritischen Reaktor. Bei reaktorphysikalischen Berechnungen im Zusammenhang mit dem Betrieb von Leistungsreaktoren sind die Kassettenanordnung, d. h. $k_\infty(\vec{r})$ und $M^2(\vec{r})$, und die Spaltzonengeometrie vorgegeben. Mit diesen Verteilungen ist (3.2.74) im allgemeinen nicht erfüllt. Die Rechnung soll vor allem zwei Fragen beantworten:

1. Wie groß ist bei vorgegebenen Bedingungen die Abweichung vom kritischen Zustand?
2. Wie müssen Borsäurekonzentration oder Regelkassettenstellung gewählt werden damit der Reaktor kritisch ist?

In einem nicht-kritischen Reaktor läßt sich Kritizität formal dadurch erreichen, daß man die Spaltausbeuten ν_s und ν_t mit einem geeignet gewählten Faktor $1/k$ multipliziert. Multiplikation von ν_s und ν_t mit $1/k$ ist gleichbedeutend mit der Multiplikation von k_s und k_t mit $1/k$ (s. (3.2.6), (3.2.7)). Mit diesen Gedankengängen und (3.2.73) geht (3.2.74) über in

$$\Delta\Phi + \frac{(1/k)\,k_\infty - 1}{\tau + L^2\big(1 - (1/k)\,k_s\big)}\,\Phi = 0\,. \tag{3.2.84}$$

Wegen

$$\tau \gg L^2\,, \qquad 1 > k_s\,, \qquad 1/k \approx 1 \tag{3.2.85}$$

darf man im Nenner von (3.2.84) $1/k$ durch 1 ersetzen. Aus (3.2.84) entsteht so die Gleichung (3.2.2)

$$\Delta\Phi + \frac{(1/k)\,k_\infty - 1}{M^2}\,\Phi = 0\,. \tag{3.2.2.}$$

Sie wurde im Kap. 3.2.2. als Grundgleichung für die Berechnung von Reaktoren des Typs WWER eingeführt. Ihre Begründung war ein wesentliches Ziel des Kap. 3.2.

Die physikalische Bedeutung von k wird klar, wenn man für einen homogenen Reaktor (3.2.2) nach k auflöst:

$$k = \frac{k_\infty}{1 - M^2\dfrac{\Delta\Phi}{\Phi}} \tag{3.2.86}$$

und dieses Ergebnis mit (3.2.82) vergleicht. Berücksichtigt man dabei (3.2.82), dann erkennt man, daß

$$k = k_{\text{eff}} \tag{3.2.87}$$

gilt. Der Zusammenhang (3.2.87) ist nicht auf homogene Reaktoren beschränkt.

k erweist sich somit als eine Größe, die zur Beschreibung des Reaktorzustandes geeignet ist:

$$k \begin{cases} < 1: \text{unterkritischer Reaktor} \\ = 1: \text{kritischer Reaktor} \\ > 1: \text{überkritischer Reaktor} . \end{cases} \tag{3.2.88}$$

Neben k bzw. k_{eff} wird zur Beschreibung der Multiplikationseigenschaften der Spaltzone die *Reaktivität* verwendet. Sie ist definiert durch

$$\varrho = \frac{k_{\text{eff}} - 1}{k_{\text{eff}}} = \frac{k - 1}{k} = 1 - \frac{1}{k} . \tag{3.2.89}$$

k_{eff} ist das Verhältnis von Produktionsrate zu Absorptionsrate, bezogen auf die gesamte Spaltzone. Deshalb ist

$$\varrho = \frac{\text{Produktionsrate} - \text{Absorptionsrate}}{\text{Produktionsrate}} \tag{3.2.90}$$

die relative Überschußproduktion von Neutronen.

Zur numerischen Behandlung von (3.2.2) wird diese Differentialgleichung in eine Differenzengleichung überführt. Es wird der Eigenwert k berechnet. Die zum Eigenwert $k = 1$ gehörende Flußverteilung ist die kritische Flußverteilung.

Der kritische Zustand der Spaltzone wird erzeugt, indem ein freier Parameter — entweder die Regelkassettenstellung oder die Borsäurekonzentration — so lange verändert wird, bis $k = 1$ erreicht ist. Die Parameterwerte im kritischen Zustand heißen kritische Werte.

3.2.11. Regelstäbe im Reaktor

Die Anordnung der Regelstäbe in den Reaktoren des Typs WWER-2 und des Typs WWER-440 und ihre Zusammenfassung zu Regelgruppen ist in den Bildern 2.3 und 5.4.2 zu erkennen. Für die Betriebsführung der Reaktoren ist vorgeschrieben, in welcher Reihenfolge die Regelstabgruppen aus- bzw. einzufahren sind. In dieser Reihenfolge werden die Stabgruppen auch bei der Messung von Stabwirksamkeiten bewegt; denn die Stabwirksamkeiten hängen von der Reihenfolge der Bewegung der Stabgruppen ab.

Wegen des starken Einflusses der Stellung der Regelstäbe auf die axiale Leistungsdichteverteilung ist reglementiert, welche maximalen Eintauch-

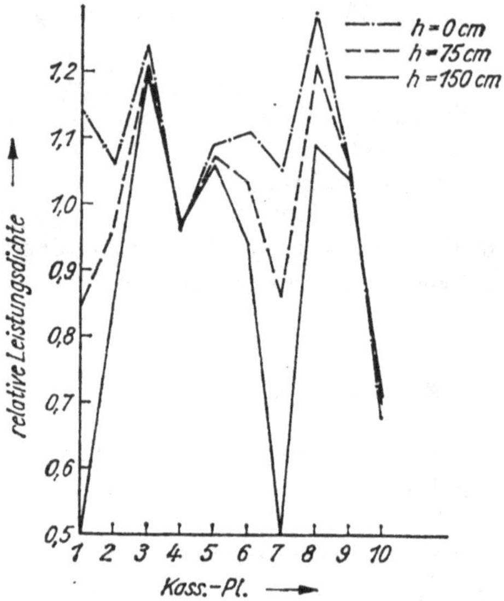

Bild 3.2.3
Verteilung der relativen Leistungsdichte entlang einer radialen Kassettenreihe in Abhängigkeit von der Eintauchtiefe h der Absorber der Regelgruppe $K6$ (s. Bild 5.4.2)

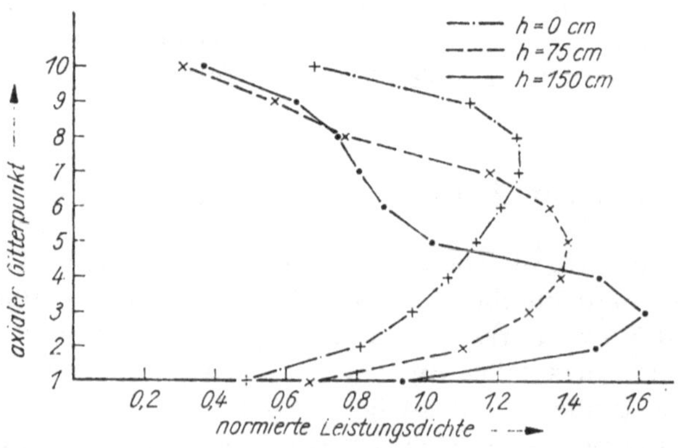

Bild 3.2.4
Axiale Leistungsdichteverteilung in Abhängigkeit von der Eintauchtiefe h der Absorber der Regelgruppe K6 (s. Bild 5.4.2)

tiefen der einzelnen Regelstabgruppen in Abhängigkeit von der Reaktorleistung zulässig sind. Auf diese Weise wird erreicht, daß einzelne Brennelementabschnitte nicht unzulässig hoch belastet werden. Die analytische Beschreibung des Einflusses der Regelstäbe auf den Reaktivitätszustand des Reaktors und auf die Leistungsdichteverteilung im Reaktor ist nur für einfachste Modelle und auch dort nur mit z. T. recht unübersichtlichen Lösungsformeln möglich. Deshalb werden zur Demonstration des Einflusses von Regelstäben im folgenden numerische Ergebnisse verwendet, die auf der Grundlage des in Kap. 3.2. dargestellten Modells errechnet wurden. In Bild 3.2.3 ist für einen Abbrandzustand eines WWER-440 am Beginn einer Kampagne der Einfluß der Stellung der Regelgruppe K6 auf die Leistungsdichteverteilung in einer radialen Kassettenreihe dargestellt. Bild 3.2.4 zeigt, wie die axiale Leistungsdichteverteilung in einer Nachbarkassette einer Regelkassette von der Stellung der Regelkassette abhängt. Die Ergebnisse beziehen sich auf den kritischen Reaktor bei Nennleistung. Beide Bilder lassen erkennen, in welch komplizierter Weise die Regelstäbe die Leistungsdichteverteilung in einer Spaltzone beeinflussen. Da zwischen der Beeinflussung der Leistungsdichte- bzw. Neutronenflußverteilung durch die Regelstabstellung und der Änderung des Reaktivitätszustandes der Spaltzone infolge der Änderung der Regelstabstellung ein enger Zusammenhang besteht, kann man schließen, daß die Zusammenhänge zwischen Regelstabstellung und Reaktivität ebenso kompliziert zu berechnen sind wie die Zusammenhänge zwischen Regelstabstellung und Leistungsdichteverteilung. Deshalb kommt dem Vergleich zwischen experimentellen und berechneten Werten für Regelstabwirksamkeiten eine besondere Bedeutung bei der Einschätzung der Qualität eines Rechenmodells und bei der Aufdeckung seiner Schwachstellen zu.

3.2.12. Berechnung von Reaktivitätskoeffizienten

Der *Reaktivitätskoeffizient* der Spaltzone bezüglich des Parameters x_i (x_i = Moderatortemperatur oder Brennstofftemperatur oder Leistung oder Borsäurekonzentration oder . . .) ist definiert als

$$\alpha_{x_i} = \frac{\partial \varrho(x_1, x_2, \dots, x_i, \dots, x_n)}{\partial x_i}, \tag{3.2.91}$$

der *Reaktivitätseffekt* der Spaltzone bezüglich des Parameters x_i im Bereich von x_{i0} bis x_{i1} als

$$\Delta\varrho_{xi} = \int\limits_{x_{i0}}^{x_{i1}} \frac{\partial \varrho}{\partial x_i}\, \mathrm{d}x_i = \varrho(x_{i1}) - \varrho(x_{i0}) \,. \tag{3.2.92}$$

Aus den Gln. (3.2.91) und (3.2.92) ergibt sich die Vorschrift, nach der Reaktivitätskoeffizienten und -effekte mit Hilfe von (3.2.2) und (3.2.89) zu berechnen sind: Gl. (3.2.2) wird für Datensätze gelöst, die sich nur dadurch unterscheiden, daß sie unterschiedlichen Werten des Parameters x_i zugeordnet sind. Man erhält z. B. $k(x_{i0})$, $k(x_{i0} + \Delta x_i)$ und $k(x_{i1})$. Mit diesen geht man in (3.2.91) und (3.2.92) ein, wobei (3.2.89) berücksichtigt wird:

$$\alpha_{x_i} \approx \frac{\varrho(x_{i0} + \Delta x_i) - \varrho(x_{i0})}{\Delta x_i} = \frac{[k(x_{i0})]^{-1} - [k(x_{i0} + \Delta x_i)]^{-1}}{\Delta x_i}, \tag{3.2.93}$$

$$\Delta\varrho_{x_i} = \varrho(x_{i1}) - \varrho(x_{i0}) = [k(x_{i0})]^{-1} - [k(x_{i1})]^{-1}. \tag{3.2.94}$$

Auf ein Problem sei an dieser Stelle hingewiesen, das später (Kap. 5.5.4.) ausführlicher behandelt wird. Es ist dies der Unterschied zwischen den experimentellen und den rechnerischen Möglichkeiten der Bestimmung der Reaktivitätskoeffizienten.

Die Definition (3.2.91) der Reaktivitätskoeffizienten enthält die partielle Ableitung nach x_i. Bei der Bestimmung des Anstiegs der Funktion $\varrho(x, x_2, \ldots, x_i, \ldots, x_n)$ müssen alle anderen Variablen $x_j, j \neq i$, konstant gehalten werden. Dieser Definition kann rechnerisch gut entsprochen werden. Lediglich der Differentialquotient muß durch den Differenzenquotienten ersetzt werden.

Bei reaktorphysikalischen Experimenten (s. Kap. 5.) zur Bestimmung von α_{x_i} ist man gezwungen, den Reaktor stets in der Nähe des kritischen Zustands zu halten. Das ist jedoch nur möglich, wenn gleichzeitig mit x_i ein anderer Parameter so geändert wird, daß die durch x_i bewirkte Reaktivitätsänderung kompensiert wird. Deshalb ist es unmöglich, im Experiment $\alpha_{x_i}(x_i)$ entsprechend der Definition (3.2.91) zu bestimmen.

3.3. Das Zeitverhalten des Reaktors bei Berücksichtigung der verzögerten Neutronen

Der weitaus größte Teil der Neutronen (etwa 99,3% bei ^{235}U-Spaltungen) wird unmittelbar beim Spaltungsprozeß freigesetzt (prompte Neutronen), der restliche Teil zeitverzögert aus den Spaltungsbruchstücken bei deren Zerfall (verzögerte Neutronen). Auf diesen Sachverhalt wurde bereits kurz in Kap. 3.1.5. hingewiesen.

Die verzögerten Neutronen beeinflussen wesentlich das Zeitverhalten des Reaktors, wurden jedoch bei der Formulierung der Diffusionsgleichungen in Kap. 3.1.7. nicht berücksichtigt; denn die Kap. 3.1.7.—3.1.11. hatten die

Beschreibung des stationären Zustands zum Ziel. Im Zusammenhang mit reaktorphysikalischen Experimenten ist es besonders wichtig, das Zeitverhalten des Reaktors bei kleinen Abweichungen vom kritischen Zustand zu beschreiben. In diesem Kapitel werden die Gleichungen bereitgestellt, die dafür benötigt werden. Das Zeitverhalten wird weniger detailliert beschrieben, als die Berechnung des kritischen Zustands in den vorangehenden Kapiteln. Dadurch vereinfachen sich einige Rechnungen wesentlich. Die Ergebnisse bleiben jedoch aussagekräftig.

3.3.1. 1-Gruppen-Diffusionsgleichung ohne Berücksichtigung verzögerter Neutronen

Es soll eine 1-Gruppen-Diffusionsgleichung für die Orts-Zeit-Abhängigkeit der thermischen Neutronenflußdichte aus den 2-Gruppen-Gleichungen (3.1.39) abgeleitet werden. Dazu werden der Zusammenhang (3.1.40) berücksichtigt und ein *effektiver Produktionsquerschnitt*

$$\Sigma^{\nu,\mathrm{eff}} = \frac{1}{\Phi_t}(\nu_s \Sigma_s^f \Phi_s + \nu_t \Sigma_t^f \Phi_t), \tag{3.3.1}$$

sowie ein *effektiver Absorptionsquerschnitt*

$$\Sigma^{a,\mathrm{eff}} = \frac{1}{\Phi_t}(\Sigma_s^a \Phi_s + \Sigma_t^a \Phi_t) \tag{3.3.2}$$

eingeführt. Mit (3.2.5) und (3.2.18) läßt sich (3.3.2) auch in der Form

$$\Sigma^{a,\mathrm{eff}} = \frac{1}{p}\Sigma_t^a \tag{3.3.3}$$

darstellen. Im Anschluß an (3.2.23) ergibt sich aus (3.3.1) und (3.3.2) der unendliche Multiplikationsfaktor zu

$$k_\infty = \frac{\Sigma^{\nu,\mathit{eff}}}{\Sigma^{a,\mathrm{eff}}}. \tag{3.3.4}$$

(3.1.40) geht über in

$$D_s\,\Delta\Phi_s - \Sigma_s^r \Phi_s + \Sigma^{\nu,\mathrm{eff}}\Phi_t = \frac{1}{v_s}\frac{\partial \Phi_s}{\partial t}, \tag{3.3.5}$$

$$D_t\,\Delta\Phi_t - \Sigma_t^a \Phi_t + \Sigma_{(s\to t)}^b \Phi_s = \frac{1}{v_t}\frac{\partial \Phi_t}{\partial t}. \tag{3.3.6}$$

Stationär ($\partial\Phi_s/\partial t = 0$) ergibt sich aus (3.3.5) der Zusammenhang

$$\Phi_s = \frac{1}{\Sigma_s^r} (\Sigma^{\nu,\mathrm{eff}} \Phi_t + D_s\, \Delta\Phi_s)\,. \tag{3.3.7}$$

Es wird angenommen, daß er in guter Näherung auch bei Übergangsprozessen gilt. Mit (3.3.7) entsteht aus (3.3.6)

$$D_t\, \Delta\Phi_t - \Sigma_t^a \Phi_t + \frac{\Sigma_{(s\to t)}^b}{\Sigma_s^r} (\Sigma^{\nu,\mathrm{eff}} \Phi_t + D_s\, \Delta\Phi_s) = \frac{1}{v_t} \frac{\partial\Phi_t}{\partial t}. \tag{3.3.8}$$

Gemäß (3.2.5) ist der Quotient vor dem Klammerausdruck die Resonanzentkommwahrscheinlichkeit p. Der zweite Summand wird umgeformt:

$$\begin{aligned} D_s\, \Delta\Phi_s &= D_s \Phi_s \frac{\Delta\Phi_s}{\Phi_s} \\ &= \frac{D_s}{\Sigma_s^r} (\Sigma^{\nu,\mathrm{eff}} \Phi_t + D_s\, \Delta\Phi_s) \frac{\Delta\Phi_s}{\Phi_s} && \text{(wegen (3.3.7))} \\ &\approx \frac{D_s}{\Sigma_s^r} \Sigma^{\nu,\mathrm{eff}} \Phi_t \frac{\Delta\Phi_s}{\Phi_s} && (\text{wegen } \Delta\Phi_s \cdot \Delta\Phi_s \approx 0) \\ &= \Sigma^{\nu,\mathrm{eff}} \Phi_t \tau \frac{\Delta\Phi_s}{\Phi_s} && \text{(wegen (3.2.14))} \\ &= -\Sigma^{\nu,\mathrm{eff}} \Phi_t \tau B_g^2\,. && \text{(wegen (3.2.80))} \end{aligned}$$

Der letzte Ausdruck überführt (3.3.8) in

$$D_t\, \Delta\Phi_t - \Sigma_t^a \Phi_t + p \cdot \frac{1}{1 + B_g^2 \tau} \Sigma^{\nu,\mathrm{eff}} \Phi_t = \frac{1}{v_t} \frac{\partial\Phi_t}{\partial t}\,. \tag{3.3.9}$$

Dabei wurde

$$\frac{1}{1+x} \approx 1 - x\,, \qquad x \ll 1 \tag{3.3.10}$$

berücksichtigt.

In (3.3.9) erscheint der Ausdruck

$$P = p \cdot \frac{1}{1 + B_g^2 \tau}\,. \tag{3.3.11}$$

Die Resonanzentkommwahrscheinlichkeit p gibt die Wahrscheinlichkeit dafür an, daß ein schnelles Neutron während des Abbremsens nicht absorbiert wird. Der zweite Faktor in (3.3.11) ist die Wahrscheinlichkeit dafür, daß ein schnelles Neutron während des Abbremsens nicht aus der Spaltzone entweicht. Deshalb ist P die Wahrscheinlichkeit dafür, daß ein schnelles Neutron den thermischen Energiebereich erreicht.

3.3.2. Berücksichtigung der verzögerten Neutronen

Die Spaltungsbruchstücke, aus denen die verzögerten Neutronen freigesetzt werden, heißen *Mutterkerne*. Der Begriff „verzögerte Neutronen" wird im folgenden sowohl für die latent in den Mutterkernen vorhandenen Neutronen als auch für die freigesetzten Neutronen verwendet. Begriffliche Schwierigkeiten dürften trotzdem nicht auftreten.

Die verzögerten Neutronen werden nach Zeiten freigesetzt, die groß sind gegenüber der Lebensdauer eines Neutrons im Moderator: Die Lebensdauer der verzögerten Neutronen beträgt 0,1 s bis 55 s, die der Neutronen im Moderator (H_2O) 10^{-3} s bis 10^{-4} s. Entsprechend ihrer Lebensdauer bzw. der Zerfallskonstanten λ_i der Mutterkerne werden die verzögerten Neutronen im allgemeinen in 6 Gruppen eingeteilt (s. Tab. 3.2). Zu jeder Gruppe i gehört eine Spaltausbeute β_i. β_i ist die Anzahl der verzögerten Neutronen der Gruppe i bezogen auf die Gesamtzahl der bei Spaltung freigesetzten Neutronen. Zwar ist die Energie der verzögerten Neutronen bei ihrer Freisetzung

Tabelle 3.2:

Daten verzögerter Neutronen für ^{235}U-Spaltung mit thermischen Neutronen, nach [8]
(β_i berechnet mit $\nu = 2{,}54$)

Gruppe	$T_{i\,1/2}$ in s	λ_i in s^{-1}	β_i	Energie in keV
1	55,72	0,0124	0,000205	250
2	22,72	0,0305	0,00136	560
3	6,22	0,111	0,00122	430
4	2,30	0,301	0,00246	620
5	0,610	1,14	0,000717	420
6	0,230	3,01	0,000260	—

$\Sigma\beta_i = 0{,}0062$

(s. Tab. 3.2) geringer als die der prompten Neutronen (im Mittel 2 MeV), jedoch gehören beide Neutronen„arten“ zu den schnellen Neutronen.

Die orts- und zeitabhängige Dichte der Mutterkerne der i-ten Gruppe wird mit C_i bezeichnet. Pro Zeit- und Volumeneinheit werden folglich $\lambda_i C_i$ verzögerte Neutronen der i-ten Gruppe freigesetzt. Um den gleichen Wert nimmt pro Zeiteinheit die Dichte der Mutterkerne ab.

Die Bildungsrate für schnelle Neutronen (prompte und verzögerte) ist $\Sigma^{\nu,\mathrm{eff}}\Phi_t$. Deshalb ist gemäß der Bedeutung von β_i die Bildungsrate für Mutterkerne der i-ten Gruppe $\beta_i \Sigma^{\nu,\mathrm{eff}}\Phi_t$.

Aus diesen Betrachtungen folgt als Bilanzgleichung für die Mutterkerne der i-ten Gruppe

$$\frac{\partial C_i}{\partial t} = \beta_i \Sigma^{\nu,\mathrm{eff}}\Phi_t - \lambda_i C_i , \qquad i = 1, \ldots, 6 . \tag{3.3.12}$$

Mitunter ist es ausreichend, die 6 Gruppen verzögerter Neutronen zu einer Gruppe zusammenzufassen. Dazu addieren wir zunächst die 6 Gleichungen (3.3.12):

$$\frac{\partial \sum_i C_i}{\partial t} = \sum_i \beta_i \Sigma^{\nu,\mathrm{eff}}\Phi_t - \sum_i \lambda_i C_i . \tag{3.3.13}$$

Mit

$$\beta = \sum_i \beta_i . \tag{3.3.14}$$

$$C = \sum_i C_i \tag{3.3.15}$$

geht (3.3.13) über in

$$\begin{aligned} \frac{\partial C}{\partial t} &= \beta\, \Sigma^{\nu,\mathrm{eff}}\Phi_t - \sum_i \lambda_i C_i \\ &= \beta \Sigma^{\nu,\mathrm{eff}}\Phi_t - \lambda C . \end{aligned} \tag{3.3.16}$$

Die *effektive Zerfallskonstente* λ, die der einen Gruppe zugeordnet werden muß, bestimmt sich aus (3.3.12) und (3.3.16) für stationäre Zustände:

$$\beta_i \Sigma^{\nu,\mathrm{eff}}\Phi_t = \lambda_i C_i ,$$

$$\sum_i \frac{\beta_i}{\lambda_i} \Sigma^{\nu,\mathrm{eff}}\Phi_t = \sum_i C_i = C , \tag{3.3.17}$$

$$\frac{\beta}{\lambda} \cdot \Sigma^{\nu,\mathrm{eff}}\Phi_t = C . \tag{3.3.18}$$

Der Vergleich von (3.3.17) und (3.3.18) liefert

$$\lambda = \frac{\beta}{\sum \frac{\beta_i}{\lambda_i}} . \tag{3.3.19}$$

Die Daten von Tab. 3.1 führen zu $\beta = 0{,}0062$ und $\lambda = 0{,}077\ \mathrm{s}^{-1}$.

Nun soll auch in der Gleichung (3.3.9) zwischen prompten und verzögerten Neutronen unterschieden werden. Wenn die Produktionsrate für schnelle Neutronen $\Sigma^{\nu,\mathrm{eff}}\Phi_t$ ist, dann ist $(1-\beta)\cdot\Sigma^{\nu,\mathrm{eff}}\Phi_t$ die Produktionsrate für prompte Neutronen. Die Produktionsrate für verzögerte Neutronen infolge des Zerfalls der Mutterkerne ist $\sum_i \lambda_i C_i$. Obwohl prompte und verzögerte Neutronen mit unterschiedlichen Energien freigesetzt werden, nehmen wir an, daß für beide die gleichen Resonanzentkomm- und Entweichwahrscheinlichkeiten gelten. Mit diesen Überlegungen und P aus (3.3.11) geht (3.3.9) über in

$$D_t\, \Delta\Phi_t - \Sigma_t^a \Phi_t + P\left[(1-\beta)\, \Sigma^{\nu,\mathrm{eff}}\Phi_t + \sum_i \lambda_i C_i\right] = \frac{1}{v_t}\cdot\frac{\partial\Phi_t}{\partial t} . \tag{3.3.20}$$

Hängt in einer Spaltzone der Diffusionskoeffizient stark vom Ort ab, dann erhält man mit (3.1.36)

$$\nabla D_t\, \nabla\Phi_t - \Sigma_t^a \Phi_t + P\left[(1-\beta)\, \Sigma^{\nu,\mathrm{eff}}\Phi_t + \sum_i \lambda_i C_i\right] = \frac{1}{v_t}\cdot\frac{\partial\Phi_t}{\partial t} . \tag{3.3.21}$$

Zur Beschreibung des Zeitverhaltens des Reaktors muß das Gleichungssystem (3.3.12), (3.3.21) gelöst werden. Im allgemeinen sind die Materialparameter Orts- und Zeitfunktionen. Die Materialparameter können auch noch von der Lösungsfunktion $\Phi_t(\vec{r}, t)$ abhängen (Rückkopplungseffekte).

3.3.3. Quasistationäre Reaktorzustände

In Kap. 3.2. wurde begründet, weshalb stationäre Reaktorzustände mit Hilfe der 1-Gruppen-Diffusionsgleichung (3.2.2) beschrieben werden können. Diese Gleichung kann jedoch auch angewandt werden, um *quasistationäre* Zustände, d. h. langsam ablaufende Vorgänge, zu untersuchen. Um zu erkennen, was „langsam ablaufend" in diesem Zusammenhang bedeutet, muß von den Ergebnissen des Kap. 3.3. ausgegangen werden.

Es wird untersucht, welcher zeitliche Verlauf der Größen $C_i(t)$ zu erwarten ist, wenn die thermische Neutronenflußdichte Φ_t — ausgehend von einem stationären Wert — zeitlinear geändert wird. Die Spaltzone sei unendlich ausgedehnt und homogen. Rückkopplungseffekte bleiben unberücksichtigt. Es wird mit einer Gruppe verzögerter Neutronen gerechnet.

Die zeitabhängige Neutronenflußdichte ist

$$\Phi_t(t) = \Phi_0(1 + \varphi t) \,. \tag{3.3.22}$$

Gl. (3.3.16) liefert für die Konzentration $C_0 = C\ (t = 0)$, die sich stationär bei der Flußdichte Φ_0 einstellt,

$$C_0 = \frac{\beta \cdot \Sigma_{\nu,\,\mathrm{eff}}}{\lambda} \Phi_0 \,. \tag{3.3.23}$$

Unter diesen Voraussetzungen hat Gl. (3.3.16) die Lösung

$$C(t) = C_0\{1 + \varphi[t - \lambda^{-1}(1 - \exp(-\lambda t))]\} \,. \tag{3.3.24}$$

Mit $\lambda = 0{,}077\ \mathrm{s}^{-1}$ ist für $t \geqq 100$ s der Beitrag der Exponentialfunktion zu vernachlässigen $\left(\exp(-\lambda t) \leqq 5 \cdot 10^{-4} \text{ für } t \geqq 100\ \mathrm{s}\right)$. Deshalb gilt

$$C(t) = C_0\{1 + \varphi(t - \lambda^{-1})\} \,, \qquad t \geqq 100\ \mathrm{s} \,. \tag{3.3.25}$$

(3.3.25) kann so interpretiert werden: Wenn eine zeitlineare Neutronenflußdichteänderung erfolgt, dann existiert zum Zeitpunkt t eine Konzentration $C(t)$ verzögerter Neutronen, die einer stationären Neutronenflußdichte mit dem Wert

$$\Phi_t(t - \lambda^{-1}) = \Phi_0[1 + \varphi(t - \lambda^{-1})]$$

entspricht. Da $\lambda^{-1} \approx 13$ s ist, hinkt demzufolge die Konzentration $C(t)$ der Neutronenflußdichte $\Phi_t(t)$ um etwa 13 s nach.

Somit kann die am Anfang dieses Kapitels gestellte Frage nach dem Begriff „langsam ablaufender Vorgang" beantwortet werden: „langsam ablaufend" bedeutet, daß sich die Neutronenflußdichte in Zeiten der Größenordnung 100 s vernachlässigbar wenig (z. B. um weniger als 1%) ändert.

Für die Anwendung der stationären Diffusionsgleichung zur Beschreibung quasistationärer Zustände bedeuten die abgeleiteten Ergebnisse: Wenn man einen Zustand mit Parametern berechnet, die zum Zeitpunkt t gelten, dann trat dieser Zustand irgendwann im Zeitbereich $(t - 100\ \mathrm{s}) \ldots t$ auf.

Damit ist gesichert, daß die zeitliche Entwicklung der Abbrandverteilung im Reaktor bei stationärem Leistungsbetrieb quasistationär berechnet werden darf; denn dabei überschreiten die Neutronenflußdichtänderungen, die infolge des örtlich unterschiedlichen Abbrandverhaltens des Kernbrennstoffs auftreten, nicht den Wert von 5% pro 10 Tage!

Ein weiteres zeitabhängiges Problem, das quasistationär behandelt werden darf, ist die *Vergiftung* des Reaktors.

3.3.4. Vergiftung

Bei der Kernspaltung entstehen Spaltprodukte, die einen sehr großen Absorptionsquerschnitt gegenüber thermischen Neutronen haben (s. Tab. 3.3). Sie bewirken deshalb eine deutliche Verringerung des Multiplikationsfaktors. Dieser Effekt wird Vergiftung genannt.

Tabelle 3.3:
Daten zur Berechnung der Spaltproduktvergiftung
(die Spaltausbeuten γ gelten für ^{235}U-Spaltungen)

Nuklid	γ	λ in s^{-1}	λ in h^{-1}	$T_{1/2}$ in h	$\sigma_{a,2200}$ in barn
^{135}J	0,061	$2{,}87 \cdot 10^{-5}$	0,1035	6,70	7
^{135}Xe	0,003	$2{,}09 \cdot 10^{-5}$	0,0753	9,21	$2{,}7 \cdot 10^{6}$
^{149}Pm	0,0113	$3{,}56 \cdot 10^{-6}$	0,0128	54,12	$1{,}4 \cdot 10^{3}$
^{149}Sm	0	0	0	∞	$4{,}08 \cdot 10^{4}$

Für das zeitliche Verhalten der Reaktoren bei Leistungsänderungen sind die Spaltprodukte Xenon-135 und Samarium-149 entscheidend. Einige wichtige Eigenschaften dieser Nuklide sind in Tab. 3.3 angegeben.

^{135}Xe entsteht nur zu einem Teil direkt bei der Spaltung. Der Rest wird beim Zerfall von ^{135}J gebildet. Für Nuklide mit der Massenzahl 135 gilt folgende Zerfallsreihe:

$$^{135}\mathrm{Te} \xrightarrow{2\,\mathrm{min}} {}^{135}\mathrm{J} \xrightarrow{6{,}7\,\mathrm{h}} {}^{135}\mathrm{Xe} \xrightarrow{9{,}2\,\mathrm{h}} {}^{135}\mathrm{Cs} \xrightarrow{2\cdot 10^{6}\,\mathrm{a}} {}^{135}\mathrm{Ba}\ \text{(stabil)}.$$

Die Umwandlung erfolgt durch β-Zerfall. Über den Pfeilen sind die Halbwertszeiten angegeben. ^{135}Te wandelt sich wesentlich schneller in ^{135}J um als ^{135}J in ^{135}Xe. Deshalb rechnet man im allgemeinen so, als würde bei der Spaltung nur ^{135}J entstehen, dieses jedoch mit einer entsprechend höheren Spaltausbeute.

Für die Konzentration der ^{135}J-Kerne gilt die Bilanzgleichung (die Ortsabhängigkeit wird nicht angegeben):
zeitliche Änderung = Bildungsrate infolge Spaltung
— Vernichtungsrate infolge Neutronenabsorption
— Zerfallsrate;

$$\frac{\mathrm{d}J}{\mathrm{d}t} = \gamma_J \Sigma^{f,\mathrm{eff}} \Phi_t - \sigma_J^a J \Phi_t - \lambda_J J \,. \tag{3.3.26}$$

Der effektive Spaltquerschnitt ist definiert als

$$\Sigma^{f,\mathrm{eff}} = \frac{1}{\Phi_t} (\Sigma_s^f \Phi_s + \Sigma_t^f \Phi_t) \,, \tag{3.3.27}$$

so daß $\Sigma^{f,\mathrm{eff}}\Phi_t$ die Gesamtzahl der pro Zeit- und Volumeneinheit stattfindenden Spaltungen ist. γ_J ist die Spaltausbeute für ^{135}J, σ_J^a der mikroskopische thermische Absorptionsquerschnitt für ^{135}J($\sigma_J^a \cdot J$ = makroskop. Absorptionsquerschnitt), und λ_J ist die Zerfallskonstante von ^{135}J. Der zweite Term auf der rechten Seite von (3.3.26) ist vernachlässigbar klein. Aus (3.3.26) ergibt sich die stationäre ^{135}J-Konzentration zu

$$J_{\mathrm{stat}} = \frac{\gamma_J \cdot \Sigma^{f,\mathrm{eff}} \Phi_t}{\lambda_J} \,. \tag{3.3.28}$$

Für die Konzentration X der ^{135}Xe-Kerne gilt die Bilanzgleichung:
zeitl. Änderung = Bildungsrate infolge Spaltung
+ Bildungsrate infolge ^{135}J-Zerfalls
— Vernichtungsrate infolge Neutronenabsorption
— Zerfallsrate;

$$\frac{\mathrm{d}X}{\mathrm{d}t} = \gamma_x \Sigma^{f,\mathrm{eff}} \Phi_t + \lambda_J J - \sigma_x^a X \Phi_t - \lambda_x X \,. \tag{3.3.29}$$

Mit der stationären ^{135}J-Konzentration aus (3.3.28) erhält man aus (3.3.29) für die stationäre ^{135}Xe-Konzentration

$$X_{\mathrm{stat}} = \frac{(\gamma_J + \gamma_x)\, \Sigma^{f,\mathrm{eff}} \Phi_t}{\sigma_x^a \Phi_t + \lambda_x} . \tag{3.3.30}$$

Das Verhältnis der stationären ^{135}J- zur stationären ^{135}Xe-Konzentration ist

$$\frac{J_{\mathrm{stat}}}{X_{\mathrm{stat}}} = \frac{\gamma_J}{\gamma_J + \gamma_x} \cdot \frac{\sigma_x^a \Phi_t + \lambda_x}{\lambda_J} \,. \tag{3.3.31}$$

Mit den Werten aus Tab. 3.3 erkennt man, daß für $\Phi > 4 \cdot 10^{11}$ cm^{-2} s^{-1}

$$\frac{J_{\text{stat}}}{X_{\text{stat}}} > 1 \tag{3.3.32}$$

gilt.

Aus den Gln. (3.3.26) und (3.3.27) läßt sich qualitativ der Verlauf der ^{135}Xe-Konzentration nach Abschaltungen ($\Phi_t = 0$) erschließen: Die Bildung aus der Spaltung und die Vernichtung infolge Absorption entfallen wegen $\Phi_t = 0$. Für die zeitliche Änderung sind allein $\lambda_J J$ und $\lambda_x X$ bestimmend. Da $\lambda_J > \lambda_x$ und für Leistungsreaktoren ($\Phi_t > 10^{13}$ cm^{-2} s^{-1}) $J_{\text{stat}} > X_{\text{stat}}$ ist, wird in der ersten Zeit nach dem Abschalten mehr ^{135}J in ^{135}Xe umgewandelt als ^{135}Xe in ^{135}Cs. Es kommt deshalb zur Bildung eines ^{135}Xe-*Berges*. Er wird erst dann wieder abgebaut, wenn die ^{135}J-Konzentration so weit abgenommen hat, daß pro Zeiteinheit mehr ^{135}Xe in ^{135}Cs umgewandelt wird als ^{135}J in ^{135}Xe. Das Maximum des Xe-Berges tritt zwischen 8 h und 12 h nach dem Abschalten auf. Dabei kann eine derartige Verschlechterung der Multiplikationseigenschaften auftreten, daß bei geringem Reaktivitätsvorrat (z. B. am Ende einer Betriebsperiode) der Reaktor für eine gewisse Zeit nach dem Abschalten nicht mehr in den Leistungszustand überführt werden kann.

^{149}Sm beeinflußt die Multiplikationseigenschaften eines Reaktors wesentlich geringer als ^{135}Xe. Es wird nicht direkt bei Spaltungen gebildet. ^{149}Sm entsteht beim Zerfall des Spaltproduktes ^{149}Nd:

$$^{149}\text{Nd} \xrightarrow{2\,\text{h}} {}^{149}\text{Pm} \xrightarrow{54\,\text{h}} {}^{149}\text{Sm (stabil)}.$$

Da ^{149}Nd wesentlich schneller in ^{149}Pm zerfällt als ^{149}Pm in ^{149}Sm, darf man annehmen, daß ^{149}Pm direkt bei der Spaltung gebildet wird.

Analog zu den Betrachtungen, die im Zusammenhang mit ^{135}Xe angestellt wurden, ergibt sich die ^{149}Sm-Konzentration aus folgendem Gleichungssystem:

$$\frac{dP}{dt} = \gamma_p \Sigma^{f,\text{eff}} \Phi_t - \lambda_p P\,, \tag{3.3.33}$$

$$\frac{dS}{dt} = \lambda_p P - \sigma_s^a S \Phi_t\,. \tag{3.3.34}$$

Aus (3.3.33) und (3.3.34) erhält man die stationäre ^{149}Pm-Konzentration

$$P_{\text{stat}} = \frac{\gamma_p \Sigma^{f,\text{eff}} \Phi_t}{\lambda_p} \tag{3.3.35}$$

und die stationäre ^{149}Sm-Konzentration

$$S_{\text{stat}} = \frac{\gamma_p \Sigma^{f,\text{eff}}}{\sigma_s^a} . \tag{3.3.36}$$

Die stationäre ^{149}Sm-Konzentration ist also — im Gegensatz zur stationären ^{135}Xe-Konzentration (3.3.30) — unabhängig vom Wert der Neutronenflußdichte.

Nun wird das zeitliche Verhalten der ^{149}Sm-Konzentration bei Abschaltungen betrachtet. Da ^{149}Sm stabil ist, bleibt das bis zum Zeitpunkt des Abschaltens gebildete ^{149}Sm erhalten. Nach dem Abschalten erhöht sich jedoch seine Konzentration, da das zum Zeitpunkt des Abschaltens vorhandene ^{149}Pm zu ^{149}Sm zerfällt. Wenn das gesamte ^{149}Pm zerfallen ist, dann erreicht die ^{149}Sm-Konzentration den Maximalwert

$$S_{\max} = S_{\text{stat}} + P_{\text{stat}} = \gamma_p \Sigma^{f,\text{eff}} \left(\frac{1}{\sigma_s^a} + \frac{\Phi_t}{\lambda_p} \right). \tag{3.3.37}$$

Dieser abschalt-stationäre Wert ist — im Gegensatz zum stationären Wert (3.3.36) bei Leistungsbetrieb — von der Neutronenflußdichte Φ_t vor dem Abschalten abhängig; denn letzterer bestimmt die stationäre ^{149}Pm-Konzentration, die für die Nachlieferung von ^{149}Sm nach dem Abschalten verantwortlich ist.

Anschließend wird das Zeitverhalten von ^{135}Xe und ^{149}Sm nach dem Abschalten verglichen. Die ^{135}Xe-Konzentration sinkt nach dem Überschreiten des Xe-Berges für $t \to \infty$ auf Null, die ^{149}Sm-Konzentration steigt stetig für $t \to \infty$ auf den Wert (3.3.37) an. In den Bildern 3.3.1 bis 3.3.8 ist der zeitliche Verlauf der Konzentrationen von ^{135}J, ^{135}Xe, ^{149}Pm und ^{149}Sm sowie der entsprechenden makroskopischen thermischen Absorptionsquerschnitte Σ_x^a und Σ_s^a aufgetragen. Das Verhältnis der Wirkungsquerschnitte $\Sigma_s^a/(\Sigma_x^a + \Sigma_s^a)$, das in den Bildern 3.3.7 und 3.3.8 angegeben ist, ist ein Maß für den Anteil der ^{149}Sm-Vergiftung an der Gesamtvergiftung.

Die Kurvenverläufe, die in den Bildern 3.3.1 bis 3.3.8 aufgetragen sind, wurden berechnet für promptes Aufschalten der thermischen Neutronenflußdichte Φ_t von 0 auf $5 \cdot 10^{13}$ cm^{-2} s^{-1} und für promptes Abschalten von dem stationären Zustand, der sich für $\Phi_t = 5 \cdot 10^{13}$ cm^{-2} s^{-1} einstellt, auf $\Phi_t = 0$. Dabei wurden die Konstanten verwendet, die in Tab. 3.3 angegeben sind. Für den markoskopischen effektiven Spaltquerschnitt wurde $\Sigma^{f,\text{eff}} = 0{,}1$ cm^{-1} gewählt.

Bei der experimentellen Ermittlung der Vergiftung wird der Reaktor von einem stationären Anfangszustand in einen Zustand geänderter Leistung

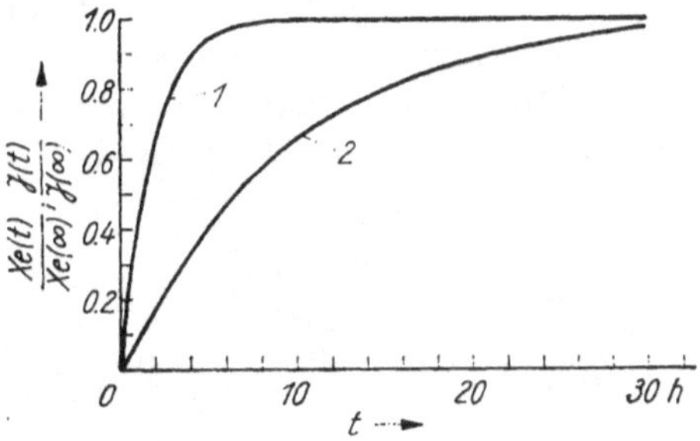

Bild 3.3.1
^{135}J- und ^{135}Xe-Konzentrationsverläufe bei sprunghafter Erhöhung des Neutronenflusses von $\Phi_t = 0\ \text{cm}^{-2}\ \text{s}^{-1}$ auf $5 \cdot 10^{13}\ \text{cm}^{-2}\ \text{s}^{-1}$

1: $\frac{\text{Xe}(t)}{\text{Xe}(\infty)}$, $\text{Xe}(\infty) = 2{,}05 \cdot 10^{15}\ \text{cm}^{-3}$

2: $\frac{J(t)}{\text{J}(\infty)}$, $\text{J}(\infty) = 1{,}05 \cdot 10^{16}\ \text{cm}^{-3}$

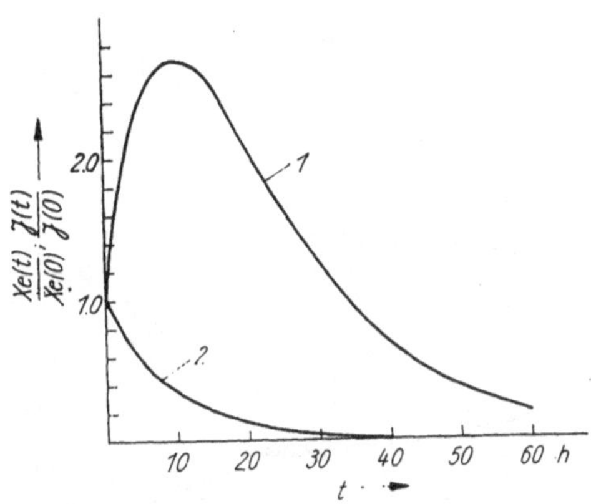

Bild 3.3.2
^{135}J- und ^{135}Xe-Konzentrationsverläufe bei sprunghafter Absenkung des Neutronenflusses von $\Phi_t = 5 \cdot 10^{13}\ \text{cm}^{-2}\ \text{s}^{-1}$ auf $0\ \text{cm}^{-2}\ \text{s}^{-1}$

1: $\frac{\text{Xe}(t)}{\text{Xe}(0)}$, $\text{Xe}(0) = 2{,}05 \cdot 10^{15}\ \text{cm}^{-3}$

2: $\frac{\text{J}(t)}{\text{J}(0)}$, $\text{J}(0) = 1{,}05 \cdot 10^{16}\ \text{cm}^{-3}$

überführt. Diese Leistung wird konstant gehalten. Der sich ändernde Vergiftungszustand wird reaktivitätsmäßig durch Bewegen der Regelstäbe kompensiert. Ausführlich ist die Messung in Kap. 5 beschrieben. Auf dem eingestellten Leistungsniveau ändern sich die Gift- und Neutronenfluß-

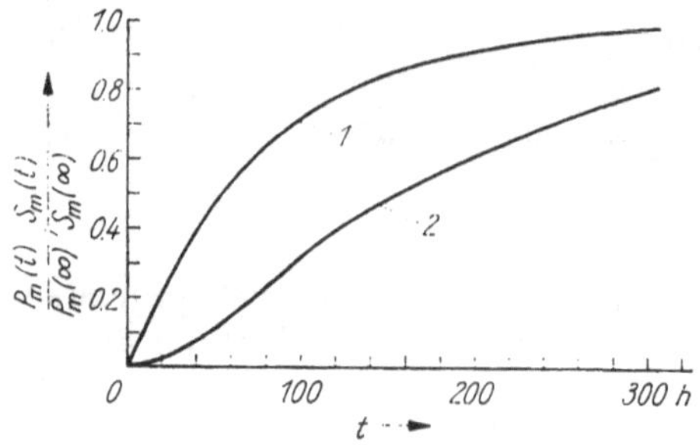

Bild 3.3.3
^{149}Pm- und ^{149}Sm-Konzentrationsverläufe bei sprunghafter Erhöhung des Neutronenflusses von $\Phi_t = 0 \cdot \text{cm}^{-2}\,\text{s}^{-1}$ auf $5 \cdot 10^{13}\,\text{cm}^{-2}\,\text{s}^{-1}$

1: $\frac{\text{Pm}(t)}{\text{Pm}(\infty)}$, $\text{Pm}(\infty) = 1{,}59 \cdot 10^{16}\,\text{cm}^{-3}$

2: $\frac{\text{Sm}(t)}{\text{Sm}(\infty)}$, $\text{Sm}(\infty) = 2{,}77 \cdot 10^{16}\,\text{cm}^{-3}$

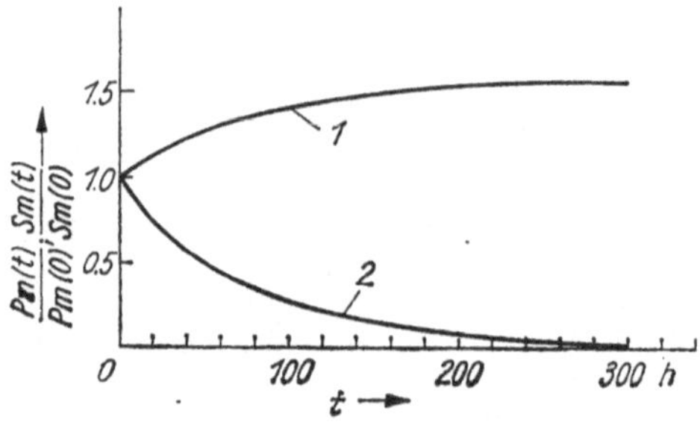

Bild 3.3.4
^{149}Pm- und ^{149}Sm-Konzentrationsverläufe bei sprunghafter Absenkung des Neutronenflusses von $\Phi_t = 5 \cdot 10^{13}\,\text{cm}^{-2}\,\text{s}^{-1}$ auf $0\,\text{cm}^{-2}\,\text{s}^{-1}$

1: $\frac{\text{Pm}(t)}{\text{Pm}(0)}$, $\text{Pm}(0) = 1{,}59 \cdot 10^{16}\,\text{cm}^{-3}$

2: $\frac{\text{Sm}(t)}{\text{Sm}(0)}$, $\text{Sm}(0) = 2{,}77 \cdot 10^{16}\,\text{cm}^{-3}$

dichteverteilungen im Reaktor, die mittlere Neutronenflußdichte in der Spaltzone ändert sich voraussetzungsgemäß nicht. Die Zeitkonstanten für diese Gift- und Neutronenflußdichte-Umverteilungsprozesse sind durch die Halbwertszeiten der Giftnuklide und ihrer Vorläufer bestimmt, liegen also im Stundenbereich. An dieser Aussage ändert sich nichts, wenn man die Mitwirkung der Neutronenflußdichte an der ^{135}Xe-Vernichtung berücksichtigt; denn die „Zerfallskonstante" für diesen Prozeß, $\sigma_x^a \cdot \Phi_t$, ist nur um etwa eine

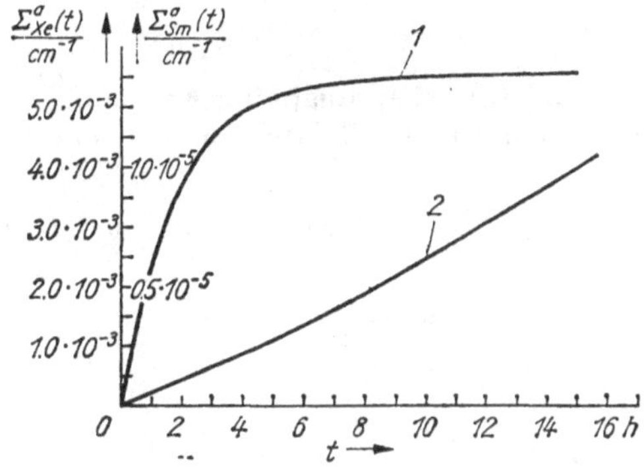

Bild 3.3.5
$\Sigma_{Xe}^a(t)$ und $\Sigma_{Sm}^a(t)$ bei sprunghafter Erhöhung des Neutronenflusses von $\Phi_t = 0\ cm^{-2}\ s^{-1}$ auf $5 \cdot 10^{13}\ cm^{-2}\ s^{-1}$
1: $\Sigma_{Xe}^a(t)$, 2: $\Sigma_{Sm}^a(t)$,

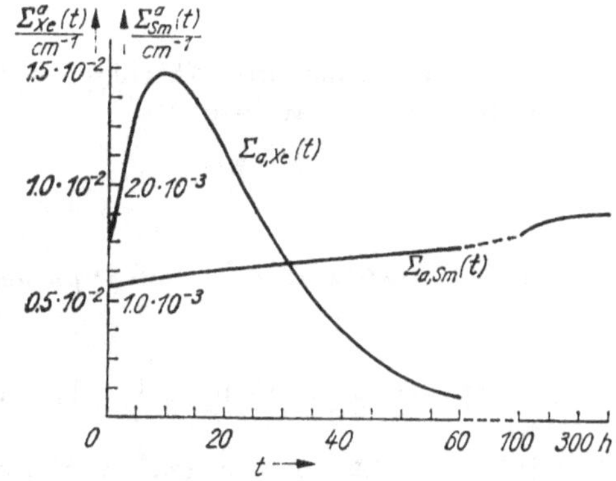

Bild 3.3.6
$\Sigma_{Xe}^a(t)$ und $\Sigma_{Sm}^a(t)$ bei sprunghafter Absenkung des Neutronenflusses von $\Phi_t = 5 \cdot 10^{13}\ cm^{-2}\ s^{-1}$ auf $0\ cm^{-2}\ s^{-1}$ Wendepunkt in $\Sigma_{Sm}^a(t)$ bei $t \approx 100$ h

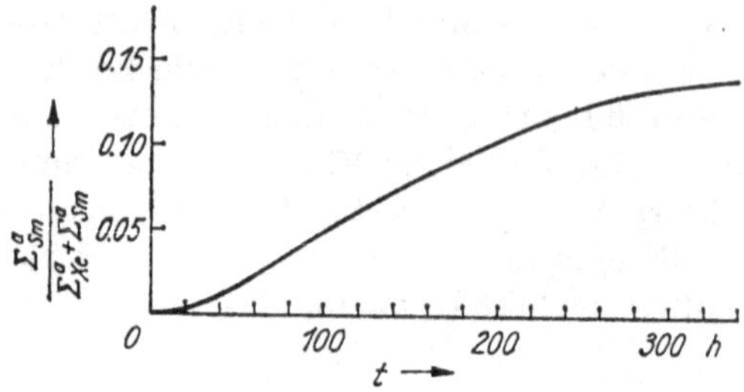

Bild 3.3.7
$\Sigma^a_{\text{Sm}}(t)/\left(\Sigma^a_{\text{Sm}}(t) + \Sigma^a_{\text{Xe}}(t)\right)$ bei sprunghafter Erhöhung des Neutronenflusses von $\Phi_t = 0\ \text{cm}^{-2}\ \text{s}^{-1}$ auf $5 \cdot 10^{13}\ \text{cm}^{-2}\ \text{s}^{-1}$ im frischen Reaktor

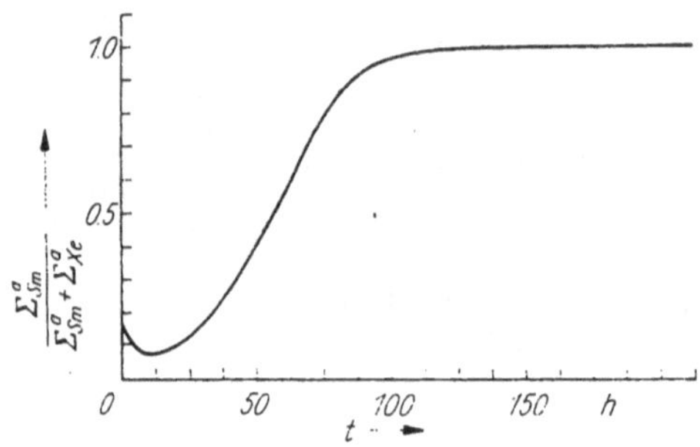

Bild 3.3.8
$\Sigma^a_{\text{Sm}}(t)/\left(\Sigma^a_{\text{Sm}}(t) + \Sigma^a_{\text{Xe}}(t)\right)$ bei sprunghafter Absenkung des Neutronenflusses von $\Phi_t = 5 \cdot 10^{13}\ \text{cm}^{-2}\ \text{s}^{-1}$ auf $0\ \text{cm}^{-2}\ \text{s}^{-1}$

Größenordnung größer als die Zerfallskonstante λ_x. Ein typischer Wert für $\sigma^a_x \cdot \Phi_t$ ist

$$\sigma^a_x \Phi_t = 3{,}4 \cdot 10^4 \cdot 10^{-24}\ \text{cm}^2 \cdot 5 \cdot 10^{13}\ \text{cm}^{-2}\,\text{s}^{-1} = 1{,}7 \cdot 10^{-4}\ \text{s}^{-1}\,.$$

λ_x hat den Wert $\lambda_x = 2{,}1 \cdot 10^{-5}\ \text{s}^{-1}$. Die entsprechenden Halbwertszeiten sind 1,1 h bzw. 9,2 h. Somit ist die Bedingung, die für die quasistationäre Behandlung von instationären Vorgängen abgeleitet wurde, erfüllt: Die Änderungen erfolgen so langsam, daß die Konzentrationsverteilung der verzögerten Neutronen praktisch immer die ist, die sich stationär bei der aktuellen Neutronenflußdichteverteilung einstellen würde. Man berechnet deshalb den zeitlichen Reaktivitätsverlauf so, daß man ausgehend vom stationären Anfangszustand für hinreichend kleine Zeitschritte die Gln. (3.3.26), (3.3.29), (3.3.33), (3.3.34) löst, mit den erhaltenen Giftkonzentrationen — sie beeinflussen vor allem k_∞ — den Eigenwert und die Neutronenflußdichteverteilung mittels der stationären 1-Gruppen-Diffusionsgleichung (3.2.2) berechnet, den Reaktor mit Regelstäben in den kritischen Zustand überführt, mit der zugehörigen kritischen Neutronenflußdichteverteilung die Gift-Gleichungen für den nächsten Zeitschritt löst usw.

3.4. Einige Kriterien für die Auswahl der Brennstoffanordnung im Reaktor

Die physikalischen Eigenschaften von Leistungsreaktoren hängen nicht nur von der Anreicherung des verwendeten Brennstoffs, sondern auch von der Verteilung desselben im Reaktor ab. Deshalb werden einige Gesichtspunkte, die im Zusammenhang mit der Auswahl der Beladung für WWER zu beachten sind, am Beispiel des WWER-440 kurz erläutert. Auf die für den Betreiber von Reaktoren wichtigen ökonomischen Probleme, die in Form von Nebenbedingungen in den Prozeß der Auswahl von Beladungen eingehen, wird dabei nicht eingegangen; es werden ausschließlich die übergeordneten Aspekte, denen sich jede ökonomische Zielstellung unterordnen muß, dargestellt.

Nach jeder Betriebsperiode — etwa 260 bis 300 Tage effektiver Betriebszeit — wird etwa 1/3 des Brennstoffs durch frischen Brennstoff ersetzt. Ein kontinuierlicher Austausch von Brennstoff ist nicht möglich. Der Umladeanteil kann nicht kleiner als 1/3 sein, da die maximal zulässige Standzeit der Brennstoffkassetten im Reaktor etwa drei Betriebsperioden beträgt. Größere Umladeanteile werden u. a. wegen schlechter Neutronenökonomie (hinsichtlich der Neutronenökonomie ist der kontinuierliche Brennstoffaustausch am günstigsten!) und wegen des möglicherweise positiven Moderatortemperaturkoeffizienten der Reaktivität bei Betriebsbedingungen infolge der notwendigen hohen Borsäurekonzentration zur Kompensation der Überschußreaktivität vermieden.

Genau kann der Umladeanteil 1/3 wegen des Aufbaues der Spaltzone jedoch nicht eingehalten werden. Deshalb werden die zentrale Kassette und sechs symmetrische Kassetten gemäß Projekt nicht in Umsetzoperationen bei Umladungen einbezogen und nach zwei Betriebsperioden durch frische Kassetten ersetzt.

Die Zusammensetzung des zugeladenen Brennstoffs, d. h. das Verhältnis der Anzahl der 2,4%-Kassetten zur Anzahl der 3,6%-Kassetten bei vorgegebener Gesamtzahl für die einzuladenden frischen Kassetten kann den betrieblichen Forderungen hinsichtlich der vorgegebenen Vollasttage für die folgende Betriebsperiode angepaßt werden (1,6%-Kassetten werden nur bei der Erstbeladung eingesetzt). Dabei wird jedoch darauf geachtet, daß die Symmetrie im Core nicht gestört wird und alle Randplätze mit 3,6%-Kassetten besetzt werden. Ersteres ist u. a. im Interesse einer einfachen Auswertbarkeit der Ergebnisse der im Reaktor installierten Meßtechnik wünschenswert, letzteres ist wegen der Einhaltung des vorgegebenen Grenzwertes für den maximalen radialen Ungleichmäßigkeitsfaktor $k_{r,\max}$ der Leistungsdichteverteilung erforderlich. Der radiale Ungleichmäßigkeitsfaktor für eine Kassette ist definiert als das Verhältnis der mittleren Leistungsdichte in dieser Kassette zur mittleren Leistungsdichte im Core.

Für Reaktoren des Typs WWER-440 ist $k_{r,\max} = 1{,}35$ vorgegeben. Die Erfahrungen beim Betrieb von Kernreaktoren zeigen, daß sich ein streng periodisches Betriebsregime, bei dem nach einer gewissen Übergangsperiode entweder eine Betriebsperiode (Kampagne) so abläuft wie die andere oder bei dem bestimmte Folgen von Betriebsperioden sich wiederholen, nicht verwirklichen läßt. Einige Gründe dafür sind:

(1) Die Betriebsweise der Reaktoren muß mitunter kurzfristig an die aktuelle Situation des Landesnetzes angepaßt werden. Das kann dazu führen, daß Reaktoren unplanmäßig in strech-out Fahrweise betrieben werden müssen.

(2) Die Beladung hängt vom Ergebnis der Brennelementenkontrolle ab. Wird eine Kassette, die für den erneuten Einsatz vorgesehen war, als defekt erkannt, so wird man im allgemeinen Fall aus Symmetriegründen auch die fünf symmetrischen Kassetten ausladen und an deren Stelle für die neue Beladung andere Kassetten mit gleichem Abbrand $\geqq$ 0 MWd/kg einsetzen müssen.

(3) Die Einhaltung der Instandhaltungspläne erfordert die Außerbetriebnahme von Reaktoren am Ende einer Betriebsperiode zu vorgegebenen Terminen. Es kann folglich nicht garantiert werden, daß am Ende jeder Betriebsperiode der gleiche Reaktivitätszustand und damit die (näherungsweise) gleiche Anfangsbedingung für die folgende Beladung herrscht. Mit anderen Worten: Unregelmäßigkeiten in der Fahrweise einer Kampagne (z. B. ungeplante Reparaturen) und die Ungenauigkeiten bei der Berechnung des Verlaufes einer Betriebsperiode können nicht durch entsprechende Wahl des Termins der Außerbetriebnahme (Betreiben der Reaktoren bis zur Reaktivitätsreserve Null) ausgeglichen werden und beeinflussen somit die nachfolgende Betriebsperiode in nicht vorhersehbarer Art. Deshalb ist es unmöglich, eine allgemeingültige Vorschrift für die Anordnung der Kassetten

im Core anzugeben, deren Befolgung die Einhaltung eines vorgegebenen $k_{r,\max}$-Wertes (z. B. $k_{r,\max} \leqq 1{,}35$) garantiert.

Die Ermittlung der Beladung im Zusammenhang mit Brennstoffumladungen mit dem Ziel, einen vorgegebenen $k_{r,\max}$-Wert einzuhalten bzw. zu unterschreiten, muß für jeden Reaktor und jede Umladung von neuem entsprechend dem Endabbrandzustand der vorangegangenen Betriebsperiode und der Zusammensetzung des frischen Brennstoffes (bestimmt durch die Vorgabe für die Energieerzeugung in der folgenden Betriebsperiode) erfolgen.

Außerdem wird von der Beladung gefordert, daß das Verhältnis k der mittleren Leistungsdichte im maximal belasteten Brennelement (öfters auch Brennstab genannt) zur mittleren Leistungsdichte im Core bei Nennleistung den Wert 1,55 nicht überschreitet. Zur Konstruktion von Beladungen, die diese Anforderungen erfüllen, wird z. Z. in der DDR das Programm VELS eingesetzt. Dieses Programm ist eine Weiterentwicklung des Programms VERGL [7].

VELS ist ein 2-dimensionales Programm. Entsprechend der Symmetrie der Reaktoren des Typs WWER-440 werden die Rechnungen auf ein Coresechstel beschränkt, um den Rechenzeitaufwand nicht unnötig hoch werden zu lassen. Für die Rechnungen werden die Typen (Anreicherungen) und die Abbrände der einzusetzenden Kassetten sowie der höchste zulässige Wert des radialen Ungleichmäßigkeitsfaktors $k_{r,\max}$ vorgegeben. VELS konstruiert daraus nach vorgegebenen Austauschregeln in Anlehnung an [9] eine Kassettenanordnung, die zu einer Leistungsdichteverteilung mit $k_r \leqq k_{r,\max}$ führt. Die Austauschregeln sorgen dafür, daß die Anzahl von Versuchen des Austausches jeweils zweier Kassetten, die mit dem Ziel der Glättung der Leistungsdichteverteilung probeweise durchgeführt werden, sinnvoll eingeschränkt werden. Da das Ergebnis eines jeden Austauschversuchs durch eine Leistungsdichteverteilungs-Berechnung geprüft werden muß — es muß festgestellt werden, ob der probeweise Austausch zweier Kassetten zu einer Glättung der Leistungsdichteverteilung führte und endgültig durchgeführt werden kann oder ob er zu einer Erhöhung des Ungleichmäßigkeitsfaktors führte und demzufolge rückgängig gemacht werden muß —, wird erst durch die Austauschregeln die Anzahl der aufwendigen Leistungsdichteberechnungen so weit eingeschränkt, daß solch ein systematisches Suchverfahren zur Konstruktion einer zulässigen Beladung praktikabel wird.

Mit der ermittelten Beladung wird eine Abbrandrechnung für eine Betriebsperiode durchgeführt, um deren Dauer zu ermitteln. Außerdem werden die Mikroleistungsdichteverteilungen für ausgewählte Kassetten berechnet, um zu überprüfen, ob der Ungleichmäßigkeitsfaktor k für das höchstbelastete Brennelement $\leqq 1{,}55$ ist. Wird diese Forderung nicht erfüllt, dann können andere Beladungen mit $k_r \leqq k_{r,\max}$ hinsichtlich der relativen Belastung k des höchstbelasteten Brennelements überprüft werden.

VELS bietet u. a. auch die Möglichkeit, vorzugeben, welche Kassetten nicht in Austauschoperationen einbezogen werden sollen. Dann versucht das Verfahren $k_r \leqq k_{r,\max}$ zu erzielen, ohne diese Kassetten umzusetzen. Erst wenn sich das als unmöglich erweist, werden auch die „verbotenen“ Kassetten bei den Austauschoperationen berücksichtigt. Auf diese Weise ist es möglich, die Anzahl der Umsetzoperationen bei Umladungen gering zu halten.

Die Beladung, die mittels 2-dimensionaler Rechnungen als zulässig ermittelt wurde, wird 3-dimensional mit dem Programm PYTHIA überprüft. Mit PYTHIA wird auch eine Reihe von Größen, insbesondere Reaktivitätskoeffizienten, berechnet, die für die Betriebsunterlagen benötigt werden.

4. Theoretische Grundlagen der Bestimmung von Reaktivitätseffekten mittels Reaktivitätsmessungen

4.1. Ziele der Messungen

Experimente an Leistungsreaktoren werden durchgeführt, um die Abhängigkeit der Reaktivität der Spaltzone von den Zustandsparametern der Spaltzone kennenzulernen. Diese Kenntnis ist erforderlich, um das Betriebsverhalten des Reaktors bei unterschiedlichen Bedingungen vorhersagen und jederzeit die Reaktorsicherheit gewährleisten zu können. Prinzipiell können die benötigten Werte auch rechnerisch bestimmt werden. Zur Betriebsführung können Rechenwerte jedoch erst dann herangezogen werden, wenn sie experimentell überprüft worden sind.

4.2. Bestimmung von Reaktorparametern aus dem dynamischen Verhalten bei Nulleistung

Aus der Neutronenflußdichte und aus ihrer zeitlichen Änderung, die bei der Änderung des Reaktorzustands auftritt, lassen sich Reaktorparameter bestimmen. Der Reaktorzustand kann geändert werden durch

(1) Bewegung von Regelstäben. Dabei ändern sich die materielle Zusammensetzung (Änderung von Absorber- und Brennstoffanteil) und die Geometrie der Spaltzone. (Die Grenzen zwischen Brennstoff- und Absorbervolumen verschieben sich und damit auch die Oberflächenbereiche, an denen die Erfüllung gewisser Randbedingungen bei Rechnungen gefordert werden muß.)

(2) Änderung der Konzentration des flüssigen Absorbers. Dabei werden alle Materialparameter der Spaltzone — z. T. indirekt über die Änderung des Neutronenspektrums — und die Randbedingungen beeinflußt (Extrapolationslängen sind von der Konzentration des flüssigen Absorbers abhängig).

(3) Änderung der Kühlmitteltemperatur und damit auch der Brennstofftemperatur (bei Nulleistung sind beide Temperaturen gleich!). Dabei werden — wie bei (2) — alle Materialparameter und Randbedingungen geändert

(Temperaturabhängigkeit der Materialdichten, der Geometrie und der mikroskopischen Wirkungsquerschnitte).

Experimentell werden Reaktorparameter aus dem dynamischen Verhalten folgendermaßen ermittelt:

Eine Größe x (z. B. die Borsäurekonzentration) wird gleitend (kontinuierlich) geändert. Gemessen werden die Zeitabhängigkeit dieser Größe, d. h. $x(t)$, und die Zeitabhängigkeit der Neutronenflußdichte $\Phi(t)$. $\Phi(t)$ wird in einem Meßgerät, dem *Reaktivitätsmesser*, in die Reaktivität $\varrho(t)$ umgerechnet. Deshalb kann man auch $\varrho(t)$ als Meßgröße ansehen. Die Regelstabstellung wird in größeren Zeitabständen (abhängig von $\mathrm{d}x/\mathrm{d}t$, typischer Wert: 15 min) so geändert, daß die relativen Änderungen der Neutronenflußdichte klein bleiben und der zeitliche Mittelwert der Neutronenflußdichte sich nicht ändert. Der Reaktor befindet sich also abwechselnd in Zuständen positiver und negativer Reaktivität. Für den Zeitpunkt des Nulldurchganges der Reaktivität werden

$$\left.\frac{\mathrm{d}x}{\mathrm{d}t}\right|_{\varrho=0}, \quad \left.\frac{\partial\varrho}{\partial t}\right|_{\varrho=0}, \quad x[t(\varrho=0)] \tag{4.2.1}$$

bestimmt und daraus der Reaktorparameter (Reaktivitätskoeffizient)

$$\left.\frac{\partial\varrho}{\partial x}\right|_{x=x[t(\varrho=0)]} = \left.\left(\frac{\dfrac{\partial\varrho}{\partial t}}{\dfrac{\mathrm{d}x}{\mathrm{d}t}}\right)\right|_{\varrho=0} \tag{4.2.2}$$

berechnet.
Genauer wird die Durchführung reaktorphysikalischer Experimente bei Nulleistung in Kap. 5 beschrieben.

4.3. Probleme des Vergleichs von Meßwerten mit Rechenwerten

Meßwerte, die an Leistungsreaktoren mit Hilfe *dynamischer Reaktivitätsmessungen* gewonnen werden, sind

(1) *Moderatortemperaturkoeffizienten* und *-effekte*,
(2) *differentielle* und *integrale Stabwirksamkeiten*,
(3) *Borsäurekoeffizienten* und *-wirksamkeiten*,
(4) *Vergiftungseffekte*.

Unmittelbar mit den Meßwerten sind die differentiellen Größen (Koeffizienten) verbunden. Die Effekte und integralen Wirksamkeiten werden durch Integration aus den differentiellen Größen gewonnen. Zur Ermittlung der Koeffizienten bzw. differentiellen Wirksamkeiten wird in jedem Falle der Reaktivitäts-Zeitverlauf (Kap. 4.2.) ausgewertet. Bei der Berechnung der Reaktivitätskoeffizienten und -effekte mit Rechenprogrammen — die in diesem Buch dargestellten Ergebnisse wurden überwiegend mit dem Programm PYTHIA gewonnen — wird von dem kleinsten Eigenwert des stationären Problems ausgegangen. Die Kritizität wird in PYTHIA auf der Grundlage einer $1^1/_2$-Gruppentheorie durch Lösung einer Eingruppen-Diffusionsgleichung berechnet (s. auch Kap. 3).

Es ergibt sich die Frage: Inwieweit stimmen die Reaktivitätswerte, die aus dynamischen Messungen gewonnen werden, mit denen überein, die sich aus stationären Rechnungen ergeben? Die Reaktivität ist eine integrale Größe. Sie ist das Verhältnis des Neutronenüberschusses (Differenz zwischen Gesamtproduktion und Gesamtabsorption) zur Gesamtproduktion von Neutronen. Bei Messungen ist der Neutronenfluß jedoch nur an einigen Stellen — überwiegend außerhalb des Reaktors — zugänglich. Daraus ergibt sich ein weiteres Problem: Läßt sich aus lokalen Neutronenflußmessungen auf die globale Größe Reaktivität schließen?

Es soll in den nächsten Kapiteln auf der Grundlage eines einfachen Modells der Zusammenhang zwischen den Materialeigenschaften der Spaltzone, der Reaktivität und der Meßgröße dargestellt werden. Primäre neutronenphysikalische Meßgröße ist die thermische Neutronenflußdichte $\Phi_t(t)$. Deshalb wird den Untersuchungen dieses Kapitels das Gleichungssystem (3.3.21), (3.3.12) für das Zeitverhalten der thermischen Neutronenflußdichte zugrunde gelegt.

In Kap. 3.2. wurde abgeleitet, daß die praktische Berechnung der Kritizität der Spaltzone am zweckmäßigsten auf der Grundlage der Differentialgleichung (3.2.2) für die weitreichende Komponente der schnellen Neutronenflußdichte, den μ-Fluß, durchgeführt wird. Trotzdem setzen wir für die folgenden Betrachtungen voraus, daß man auch mit der stationären Form von (3.3.21) die Kritizität der Spaltzone berechnen kann. Wegen dieses Vorgehens braucht der Zusammenhang zwischen der Rechengröße „μ-Fluß" und der physikalischen Größe „thermische Neutronenflußdichte" nicht betrachtet zu werden.

Zur Vereinfachung der Schreibweise werden im folgenden der Index „t" zur Kennzeichnung der thermischen Neutronenflußdichte und der thermischen Wirkungsquerschnitte und die Bezeichnung „eff" für den effektiven Produktionsquerschnitt nicht mehr mit angegeben.

4.3.1. Die stationäre Reaktivität

Für den stationären, kritischen Reaktor geht das Gleichungssystem (3.3.12), (3.3.21) über in

$$\nabla D_0 \nabla \Phi_0 + (P_0 \Sigma_0^\nu - \Sigma_0^a)\, \Phi_0 = 0\,. \tag{4.3.1}$$

Der Index „0“ zeigt an, daß der Reaktor mit den vorgegebenen Parametern exakt kritisch ist. (4.3.1) ist z. B. erfüllt, wenn der kritische Zustand beim kritischen Experiment (s. Kap. 5.2.4.) erreicht ist. Für diesen Zustand haben die Parameter Moderatortemperatur, Leistung (Nulleistung), Materialverteilung im Reaktor, Borsäurekonzentration und Stabstellung ganz bestimmte, experimentell prinzipiell ermittelbare Werte angenommen.

Nun werden die Materialeigenschaften geändert:

$$\begin{aligned} D_0 &\to D_0 + \delta D = D\,, \\ P_0 \Sigma_0^\nu &\to P_0 \Sigma_0^\nu + \delta(P\Sigma^\nu) = P\Sigma^\nu\,, \\ \Sigma_0^a &\to \Sigma_0^a + \delta\Sigma^a = \Sigma^a\,. \end{aligned} \tag{4.3.2}$$

Die zugehörige *stationäre Reaktivität*

$$\varrho = 1 - \frac{1}{k} \tag{4.3.3}$$

ergibt sich aus der Lösung von

$$\nabla D \nabla \Phi_s + \left(\frac{1}{k}\, P\Sigma^\nu - \Sigma^a\right) \Phi_s = 0\,. \tag{4.3.4}$$

Der Index „*s*“ kennzeichnet den stationären Zustand, der durch geeignete Wahl von k ($k \neq 1$) mathematisch erzwungen wird.

Es ist möglich, die Reaktivität als Funktion der Eigenfunktionen Φ_0 und Φ_s und der Störungen δD, $\delta(P\Sigma^\nu)$ und $\delta\Sigma^a$ darzustellen. Dazu werden (4.3.1) mit Φ_s und (4.3.4) mit Φ_0 multipliziert, und die aus (4.3.1) entstehende Gleichung wird von der aus (4.3.4) entstehenden Gleichung subtrahiert. Anschließend wird die Differenz über das Spaltzonen-Volumen V (genauer: Spaltzonenabmessungen + Exptrapolationslängen) integriert. Man erhält:

$$\begin{aligned} &\int_V [\Phi_0 \nabla (D_0 + \delta D)\, \nabla \Phi_s - \Phi_s \nabla \Delta D_0 \nabla \Phi_0]\, \mathrm{d}V \\ &\qquad + \int_V \left(\frac{1}{k} - 1\right) P\Sigma^\nu \Phi_0 \Phi_s\, \mathrm{d}V \\ &\qquad + \int_V [\delta(P\Sigma^\nu) - \delta\Sigma^a]\, \Phi_0 \Phi_s\, \mathrm{d}V = 0\,. \end{aligned} \tag{4.3.5}$$

Mit Hilfe des Gaußschen Satzes kann das 1. Integral in (4.3.5) umgeformt werden:

$$\int_V [\Phi_0 \nabla (D_0 \nabla \Phi_s) - \Phi_s \nabla (D_0 \nabla \Phi_0)]\, \mathrm{d}V$$
$$= \int_V \nabla [\Phi_0 (D_0 \nabla \Phi_s) - \Phi_s (D_0 \nabla \Phi_0)]\, \mathrm{d}V$$
$$= \int_A [\Phi_0 D_0 \nabla \Phi_s - \Phi_s D_0 \nabla \Phi_0]\, \mathrm{d}\vec{A}\,. \tag{4.3.6}$$

Nimmt man an, daß Φ_0 und Φ_s auf der gleichen Oberfläche verschwinden, dann gilt wegen (4.3.6)

$$\int_V [\Phi_0 \nabla (D_0 \nabla \Phi_s) - \Phi_s \nabla (D_0 \nabla \Phi_0)]\, \mathrm{d}V = 0\,. \tag{4.3.7}$$

Im allgemeinen ist (4.3.7) nicht erfüllt; denn eine Änderung der Reaktorparameter ändert die Extrapolationslängen, und eine Regelstabbewegung ändert die Spaltzonengeometrie. (4.3.5) wird mit (4.3.6) umgeformt:

$$\varrho = 1 - \frac{1}{k} = \int_V [\Phi_0 \nabla \delta D \nabla \Phi_s + (\delta(P\Sigma^\nu) - \delta\Sigma^a)\, \Phi_0 \Phi_s\, \mathrm{d}V$$
$$\cdot \left(\int_V P\Sigma^\nu \Phi_0 \Phi_s\, \mathrm{d}V\right)^{-1}$$
$$+ \int_A [\Phi_0 D_0 \nabla \Phi_s - \Phi_s D_0 \nabla \Phi_0]\, \mathrm{d}\vec{A}$$
$$\cdot \left(\int_V P\Sigma^\nu \Phi_0 \Phi_s\, \mathrm{d}V\right)^{-1}. \tag{4.3.8}$$

Das Oberflächenintegral in (4.3.8) wird eingeführt, um besser sichtbar zu machen, daß dieses Integral unter bestimmten Bedingungen verschwindet.

Gl. (4.3.8) ist zwar für die experimentelle Bestimmung der Reaktivität ohne jede Bedeutung, wird jedoch für die Diskussion des folgenden Kapitels benötigt.

4.3.2. Die dynamische Reaktivität

Bei Reaktivitätsmessungen werden Vorgänge ausgewertet, deren zeitlicher Ablauf wesentlich durch das Verhalten der verzögerten Neutronen bestimmt wird. Zur Beschreibung des Zeitverhaltens wird das Gleichungssystem

$$\frac{1}{v}\frac{\partial \Phi}{\partial t} = \nabla D \nabla \Phi - \Sigma^a \Phi + P\Big[(1-\beta)\, \Sigma^\nu \Phi + \sum_i \lambda_i C_i\Big], \tag{4.3.9}$$

$$\frac{\partial C_i}{\partial t} = \beta_i \Sigma^\nu \Phi - \lambda_i C_i\,, \qquad i = 1, \dots, 6 \tag{4.3.10}$$

verwendet. Es wurde in Kap. 3.3.2. hergeleitet.

Am Beginn der Messung befindet sich der Reaktor im stationären Zustand (wie in Kap. 4.3.1.), beschrieben durch

$$\nabla D_0 \nabla \Phi_0 + (P_0 \Sigma_0^\nu - \Sigma_0^a)\, \Phi_0 = 0 \,. \tag{4.3.1}$$

Mit dem im Kap. 4.3.1. angewandten Vorgehen läßt sich aus (4.3.1) und (4.3.9) der Zusammenhang

$$\begin{aligned}
&\int\limits_V \frac{1}{v} \Phi_0 \frac{\partial \Phi}{\partial t} \,\mathrm{d}V \cdot \left(\int\limits_V P\Sigma^\nu \Phi_0 \Phi \,\mathrm{d}V \right)^{-1} \\
&= \int\limits_V [\Phi_0 \nabla \delta D \nabla \Phi + (\delta(P\Sigma^\nu) - \delta\Sigma^a)\, \Phi_0 \Phi] \,\mathrm{d}V \left(\int\limits_V P\Sigma^\nu \Phi_0 \Phi \,\mathrm{d}V \right)^{-1} \\
&+ \int\limits_A [\Phi_0 D_0 \nabla \Phi - \Phi D_0 \nabla \Phi_0] \,\mathrm{d}\vec{A} \cdot \left(\int\limits_V P\Sigma^\nu \Phi_0 \Phi \,\mathrm{d}V \right)^{-1} \\
&- \left[\int\limits_V P\Sigma^\nu \beta \Phi_0 \Phi \,\mathrm{d}V + \int\limits_V P\Phi \sum_i \lambda_i C_i \,\mathrm{d}V \right] \\
&\cdot \left(\int\limits_V P\Sigma^\nu \Phi_0 \Phi \,\mathrm{d}V \right)^{-1}
\end{aligned} \tag{4.3.11}$$

ableiten. Der Faktor $(...)^{-1}$ wurde eingeführt, um die Verbindung zwischen (4.3.8) und (4.3.11) herzustellen.

Zur Diskussion von (4.3.11) ist es zweckmäßig, Φ durch das Produkt

$$\Phi(\vec{r}, t) = n(t) \cdot \varphi(\vec{r}, t) \tag{4.3.12}$$

darzustellen.

$n(t)$ wird *Amplitudenfunktion* genannt und stellt den wesentlichsten Teil der Zeitabhängigkeit der Neutronenflußdichte dar. Häufig ist es zweckmäßig, $n(t)$ als mittlere Neutronendichte zu interpretieren. $\varphi(\vec{r}, t)$ wird als *Formfunktion* bezeichnet, bringt die Ortsabhängigkeit der Neutronenflußdichte zum Ausdruck und ist nur schwach zeitabhängig. Der Ansatz (4.3.12) wird in (4.3.11) eingeführt:

$$\begin{aligned}
&\int\limits_V \frac{1}{v} \Phi_0 (\dot{n}\varphi + n\dot{\varphi}) \,\mathrm{d}V \cdot \left(n \int\limits_V P\Sigma^\nu \Phi_0 \varphi \,\mathrm{d}V \right)^{-1} \\
&= \int\limits_V [\Phi_0 \nabla \delta D \nabla \varphi + (\delta(P\Sigma^\nu) - \delta\Sigma^a)\, \Phi_0 \varphi] \,\mathrm{d}V \cdot \left(\int\limits_V P\Sigma^\nu \Phi_0 \varphi \,\mathrm{d}V \right)^{-1} \\
&+ \int\limits_A [\Phi_0 D_0 \nabla \varphi - \varphi D_0 \nabla \Phi_0] \,\mathrm{d}\vec{A} \cdot \left(\int\limits_V P\Sigma^\nu \Phi_0 \varphi \,\mathrm{d}V \right)^{-1} \\
&- \int\limits_V P\Sigma^\nu \beta \Phi_0 \varphi \,\mathrm{d}V \cdot \left(\int\limits_V P\Sigma^\nu \Phi_0 \varphi \,\mathrm{d}V \right)^{-1} \\
&+ \int\limits_V P\Phi_0 \sum_i \lambda_i C_i \,\mathrm{d}V \cdot \left(\int\limits_V P\Sigma^\nu \Phi_0 \varphi \,\mathrm{d}V \right)^{-1} .
\end{aligned} \tag{4.3.13}$$

Um die Schreibweise zu vereinfachen und um die physikalischen Aussagen von (4.3.13) in allgemein üblicher Form darzustellen, werden folgende Größen definiert:

$$F = \int_V P\Sigma^\nu \Phi_0 \varphi \, \mathrm{d}V \,, \tag{4.3.14}$$

$$\bar{\beta}_i = \frac{1}{F} \int_V P\Sigma^\nu \beta_i \Phi_0 \varphi \, \mathrm{d}V \,, \tag{4.3.15}$$

$$\bar{\beta} = \sum_i \bar{\beta}_i \,, \tag{4.3.16}$$

$$\varrho_d = \frac{1}{F} \int_V [\Phi_0 \nabla \delta D \nabla \varphi + (\delta(P\Sigma^\nu) - \delta\Sigma^a)\, \Phi_0 \varphi]\, \mathrm{d}V + \frac{1}{F} \int_A [\Phi_0 D_0 \nabla \varphi - \varphi D_0 \nabla \Phi_0]\, \mathrm{d}\vec{A} \,, \tag{4.3.17}$$

$$\Lambda = \frac{1}{F} \int_V \frac{1}{v} \Phi_0 \varphi \, \mathrm{d}V \,, \tag{4.3.18}$$

$$c_i = \int_V PC_i \Phi_0 \, \mathrm{d}V \,. \tag{4.3.19}$$

Mit den Größen (4.3.14)—(4.3.19) geht (4.3.13) über in

$$\dot{n} + \frac{n \int_V \frac{1}{v} \Phi_0 \dot{\varphi} \, \mathrm{d}V}{\Lambda F} = \frac{\varrho_d - \bar{\beta}}{\Lambda} n + \frac{\sum_i \lambda_i c_i}{\Lambda F} \,, \tag{4.3.20}$$

und (4.3.10) kann überführt werden in

$$\frac{\mathrm{d}c_i}{\mathrm{d}t} = F \bar{\beta}_i n - \lambda_i c_i \,. \tag{4.3.21}$$

Dabei wurde zwecks Vereinfachung der Schreibweise $\dot{P}C_i \ll P\dot{C}_i$ vorausgesetzt. ϱ_d wird *dynamische Reaktivität* genannt.

4.3.3. Vergleich von stationärer und dynamischer Reaktivität

Für die stationäre Reaktivität wurde in Kap. 4.3.1. der Ausdruck (4.3.8)

$$\varrho = \int_V [\Phi_0 \nabla \delta D \nabla \Phi_s + (\delta(P\Sigma^\nu) - \delta\Sigma^a)\, \Phi_0 \Phi_s]\, \mathrm{d}V$$
$$\cdot \left(\int_V P\Sigma^\nu \Phi_0 \Phi_s \,\mathrm{d}V\right)^{-1}$$
$$+ \int_A [\Phi_0 D_0 \nabla \Phi_s - \Phi_s D_0 \nabla \Phi_0]\, \mathrm{d}\vec{A} \cdot \left(\int_V P\Sigma^\nu \Phi_0 \Phi_s \,\mathrm{d}V\right)^{-1} \quad (4.3.8)$$

und für die dynamische Reaktivität in Kap. 4.3.2. der Ausdruck (4.3.17)

$$\varrho_d = \int_V [\Phi_0 \nabla \delta D \nabla \varphi + (\delta(P\Sigma^\nu) - \delta\Sigma^a)\, \Phi_0 \varphi]\, \mathrm{d}V$$
$$\cdot \left(\int_V P\Sigma^\nu \Phi_0 \varphi \,\mathrm{d}V\right)^{-1}$$
$$+ \int_A [\Phi_0 D_0 \nabla \varphi - \varphi D_0 \nabla \Phi_0]\, \mathrm{d}\vec{A}$$
$$\cdot \left(\int_V P\Sigma^\nu \Phi_0 \varphi \,\mathrm{d}V\right)^{-1} \quad (4.3.17)$$

abgeleitet.

Der Vergleich von (4.3.8) und (4.3.17) zeigt: Die stationäre Reaktivität ϱ stimmt dann mit der dynamischen Reaktivität ϱ_d überein, wenn sich Φ_s und φ lediglich um einen konstanten Faktor unterscheiden.

Φ_s ist die Eigenfunktion, die zum Eigenwert k der stationären Diffusionsgleichung (4.3.4) gehört. Im Reaktor besteht dabei eine Materialparameterverteilung, die sich von der stationären Verteilung $D_0(\vec{r})$, $P_0(\vec{r}) \cdot \Sigma_0^\nu(\vec{r})$, $\Sigma_0^a(\vec{r})$ um $\delta D(\vec{r})$, $\delta(P(\vec{r}) \cdot \Sigma^\nu(r))$, $\delta\Sigma^a(\vec{r})$ unterscheidet. φ beschreibt die Ortsabhängigkeit der Neutronenflußdichte, die sich im Verlaufe eines instationären Vorganges bis zum betrachteten Zeitpunkt herausgebildet hat. Der Vorgang begann im stationären Zustand mit der Materialparameterverteilung $D_0(\vec{r})$, $\Sigma_0^\nu(\vec{r})$, $\Sigma_0^a(\vec{r})$. Im Verlaufe der Zeit ändert sich diese Verteilung und erreicht im betrachteten Zeitpunkt die Werte $D_0(\vec{r}) + \delta D(\vec{r})$, $P_0(\vec{r}) \cdot \Sigma_0^\nu(\vec{r}) + \delta(P(\vec{r}) \cdot \Sigma^\nu(\vec{r}))$, $\Sigma_0^a(\vec{r}) + \delta\Sigma^a(\vec{r})$.

Für die folgenden Betrachtungen ist es zweckmäßig, noch einmal kurz den Ablauf dynamischer Messungen darzustellen.

Im Ausgangszustand sei der Reaktor stationär: $\varrho = 0$, Neutronenflußdichteverteilung $\Phi_0(\vec{r})$, beschrieben durch (4.3.1). Dann wird die gleitende Änderung einer reaktivitätsbeeinflussenden Größe (z. B. Moderatortemperatur) eingeleitet. Alle anderen reaktivitätsbeeinflussenden Größen werden dabei konstant gehalten. Das bedeutet z. B., daß die Änderung der Moderatortemperatur nicht mit Hilfe der Reaktorleistung bewirkt wird, sondern durch eine dem Reaktor zugeführte Leistung (z. B. Pumpenleistung). Man greift so lange nicht in den Vorgang ein, bis die Abweichung vom stationären Zustand einen vorgegebenen Wert erreicht hat. Die Abweichung kann am Reaktivitätsmesser abgelesen werden. Wenn der vorgegebene Wert erreicht ist, wird mittels einer Regelkassettenverstellung der Reaktivitätsänderung, die durch gleitende Änderung der rekativitätsbeeinflussenden Größe verursacht wurde, entgegengewirkt. Die Größe der Regelkassettenverstellung wird so gewählt, daß während des Versuchsablaufs die Neutronenflußdichte um einen festen Wert schwankt. Der Reaktor befindet sich also abwechselnd in Zuständen positiver und negativer Reaktivität (s. Bild 5.2.2). Innerhalb der Zeitintervalle Δt zwischen zwei Regelkassettenverstellungen (s. Bild 5.2.2) verursacht die gleitende Größe die Änderungen δD, $\delta(P\Sigma^{\nu})$, $\delta\Sigma^{a}$ der Materialparameter der Diffusionsgleichung. Bei der Änderung der Regelkassettenstellung werden die Geometrie und die Materialverteilung geändert: Es verschieben sich die Grenzen zwischen multiplizierenden und nichtmultiplizierenden Gebieten, d. h. die Größe und die Zusammensetzung des multiplizierenden Volumens ändert sich.

Die typische Länge des Zeitintervalls Δt beträgt etwa 15 min, die Änderung der Regelkassettenstellung wenige Zentimeter. Eine Änderung der Regelkassettenstellung beeinflußt die örtliche Verteilung der Neutronenflußdichte wesentlich stärker als die Änderungen der Materialparameter, die durch die gleitende Größe während des Zeitintervalls Δt verursacht werden. Weil aber die Regelkassettenstellung nur wenig geändert wird, ist sogar die dadurch bewirkte Störung der Neutronenflußdichteverteilung nur gering. Berücksichtigt man die Zerfallskonstanten der verzögerten Neutronen (der geringste Wert beträgt $\lambda_1 = 0{,}0124\,\mathrm{s}^{-1}$, die Ausbeute für die zugehörige Gruppe hat den geringsten Wert!), dann kommt man zu dem Ergebnis, daß etwa 3 min nach der Stabverstellung die Neutronenflußdichteverteilung in der Spaltzone die ist, die sich stationär für die Stabstellung ergibt. Für die Zeiten t bis zur anschließenden Regelkassettenverstellung darf man wegen der langsamen Änderung der gleitenden Größe annehmen, daß die Neutronenflußdichteverteilungen so sind, wie sie durch stationäre Rechnungen mit (4.3.4) bei Verwendung der entsprechenden Materialparameterverteilungen $D_0(\vec{r}) + \delta D(\vec{r}, t)$, $P_0(\vec{r}) \cdot \Sigma_0^{\nu}(\vec{r}) + \delta(P(\vec{r}, t) \cdot \Sigma^{\nu}(\vec{r}, t)$, $\Sigma_0^{a}(\vec{r}) + \delta\Sigma^{a}(\vec{r}, t)$ geliefert werden würden. In diesem Zeitbereich stimmen stationäre und dynamische Reaktivität sehr gut überein, da in ihm die Proportionalität $\Phi_s \sim \varphi$ vorausgesetzt werden kann. Zur Auswertung von Messungen sollte vor allem der Bereich in der Umgebung des Nulldurchganges der Reaktivität herangezogen werden. In diesem Bereich ist $\Phi_s \sim \varphi$ am besten erfüllt.

Es liegt in der Natur des Zeitverhaltens der Reaktoren begründet, daß dynamische Messungen nur in der Umgebung von stationären Zuständen durchgeführt werden können. Deshalb sind die aus den Messungen ermittelten Reaktivitätskoeffizienten auch stets mit dem Zusatz „im kritischen Zustand" versehen.

Zum Vergleich von Rechnung und Experiment ist es erforderlich, in der Rechnung den Verlauf des Experiments nachzubilden, d. h. es sollten möglichst die Reaktivitätskoeffizienten zu den experimentellen kritischen Regelkassettenstellungen berechnet werden. Da im Normalfall die Rechnungen aus programmtechnischen Gründen nur für einige diskrete fest vorgegebene Stabstellungen durchgeführt werden können, müssen die Meßwerte auf die rechnerisch möglichen Stabstellungen interpoliert werden.

4.4. Meßbarkeit der dynamischen Reaktivität und kinetisches Verhalten eines Reaktors

4.4.1. Meßbarkeit der dynamischen Reaktivität

In diesem Kapitel wird untersucht, auf welche Weise aus dem Gleichungssystem (4.3.20) und (4.3.21) ein technisch realisierbares Verfahren zur Bestimmung der dynamischen Reaktivität ϱ_d abgeleitet werden kann. Dabei setzen wir solche Reaktorzustände voraus, für die eine Übereinstimmung von stationärer und dynamischer Reaktivität erwartet werden kann. Entsprechend den Betrachtungen in Kap. 4.3.3. sind diese Zustände durch

$$\dot{\varphi} = 0 \tag{4.4.1}$$

und

$$\varphi \sim \Phi_s \tag{4.4.2}$$

charakterisiert. Mit (4.4.1) geht (4.3.20) über in

$$\Lambda \dot{n} = (\varrho_d - \bar{\beta})\, n + \frac{1}{F} \Sigma \lambda_i c_i \,. \tag{4.4.3}$$

Die Funktionen c_i werden aus (4.3.21)

$$\frac{\partial c_i}{\partial t} = F \bar{\beta}_i n - \lambda_i c_i \tag{4.3.21}$$

errechnet. Integriert man (4.3.21), dann erhält man

$$c_i = c_{i0} \exp\,(-\lambda_i t) + \int_0^t F \bar{\beta}_i n \exp\,\big(-\lambda_i (t - \tau)\big)\, \mathrm{d}\tau \,. \tag{4.4.4}$$

Befindet sich der Reaktor zu Beginn der Messung im stationären Zustand, so folgt aus (4.3.21) für c_{i0}

$$c_{i0} = \frac{F_0 \bar{\beta}_{i0} n_0}{\lambda_i} . \tag{4.4.5}$$

Der Index „0“ kennzeichnet den stationären Zustand zum Zeitpunkt $t = 0$. (4.4.4) wird durch partielle Integration umgeformt:

$$\begin{aligned} c_i &= \frac{F_0 \bar{\beta}_{i0} n_0}{\lambda_i} \exp(-\lambda_i t) + \int_0^t \underbrace{F\bar{\beta}_i n}_{u} \underbrace{\exp\left(-\lambda_i (t-\tau)\right)}_{v'} \mathrm{d}\tau \\ &= \frac{F\bar{\beta}_i n}{\lambda_i} - \frac{1}{\lambda_i} \int_0^t \exp\left(-\lambda_i (t-\tau)\right) \frac{\mathrm{d}}{\mathrm{d}\tau} (F\bar{\beta}_i n) \,\mathrm{d}\tau . \end{aligned} \tag{4.4.6}$$

Mit c_i aus (4.4.6) entsteht aus (4.4.3) bei Berücksichtigung von (4.3.14) bis (4.3.16)

$$\varrho_d = \Lambda \frac{\dot{n}}{n} + \frac{1}{Fn} \int_0^t \sum_i \exp\left(-\lambda_i (t-\tau)\right) \frac{\mathrm{d}}{\mathrm{d}\tau} (F\bar{\beta}_i n) \,\mathrm{d}\tau . \tag{4.4.7}$$

(4.4.7) bildet die Grundlage der experimentellen Bestimmung von ϱ_d. In der angegebenen Form kann sie jedoch nicht verwendet werden, da die Volumenintegrale

$$F(t) = \int_V P\Sigma^{\nu}(\vec{r}, t)\, \Phi_0(\vec{r})\, \varphi(\vec{r})\, \mathrm{d}V \tag{4.3.14}$$

und

$$I_i(t) = \bar{\beta}_i F = \int_V \beta_i(\vec{r})\, \Sigma^{\nu}(\vec{r}, t)\, \Phi_0(\vec{r})\, \varphi(\vec{r})\, \mathrm{d}V \tag{4.4.8}$$

einer Messung nicht zugänglich sind. Meßbar ist allein $n(t)$. (4.4.7) wird schrittweise in die Form überführt, die für die ϱ_d-Bestimmung praktikabel ist. Die einzelnen Schritte sollen verdeutlichen, wodurch Abweichungen zwischen ϱ_d aus (4.4.7) und der meßbaren Reaktivität verursacht werden können.

(1). Die Ortsabhängigkeit der Spaltausbeuten β_i für die verzögerten Neutronen wird vernachlässigt. Sie wird durch die Ortsabhängigkeit der Nuklidzusammensetzung, bedingt durch Brennstofftyp und Abbrandzustand, verursacht. Z. B. gilt für eine 3,6% angereicherte Kassette für die Gesamtausbeute β verzögerter Neutronen in zwei unterschiedlichen Abbrandzuständen: β(0 MWd/kg) = 7,03 · 10^{-3}, β(25 MWd/kg) = 5,08 · 10^{-3}. Für ortsunabhängige β_i geht (4.4.7) über in

$$\varrho_d = \Lambda \frac{\dot{n}}{n} + \frac{1}{Fn} \int_0^t \sum_i \beta_i \exp\left(-\lambda_i(t-\tau)\right) \frac{\mathrm{d}}{\mathrm{d}\tau}(Fn)\,\mathrm{d}\tau\,. \tag{4.4.9}$$

(2). Da die Größe F der Messung nicht zugänglich ist, muß man sie aus (4.4.9) entfernen. Das ist möglich, wenn F als zeitunabhängig angenommen wird. Dann entsteht aus (4.4.9)

$$\varrho_m(t) = \Lambda \frac{\dot{n}}{n} + \frac{1}{n} \int_0^t \sum_i \beta_i \exp\left(-\lambda_i(t-\tau)\right) \frac{\mathrm{d}n}{\mathrm{d}\tau}\,\mathrm{d}\tau\,. \tag{4.4.10}$$

(4.4.10) gestattet es, aus dem gemessenen Zeitverlauf der Neutronenflußdichte die *meßbare Reaktivität* ϱ_m zu bestimmen; denn wegen (4.3.12) und (4.4.1) gilt

$$\Phi(\vec{r}, t) = n(t) \cdot \varphi(\vec{r})\,. \tag{4.4.11}$$

Deshalb darf man in (4.4.10) anstelle von $n(t)$ auch Φ verwenden. Wenn bei der Beschreibung eines Reaktors die Gültigkeit von (4.4.11) vorausgesetzt wird, dann spricht man von *punktkinetischer* Behandlung. Die Gleichungen, die auf der Grundlage von (4.4.11) aus den Grundgleichungen der Reaktorphysik abgeleitet werden — z. B. (4.4.10) —, heißen *punktkinetische Gleichungen.* Zur Auswertung von (4.4.10) werden die Größen Λ und β_i benötigt. Die Bedeutung Λ ergibt sich auf einfache Weise, wenn man die Definitionsgleichung (4.3.18) für Λ auf eine homogene, unendlich ausgedehnte, kritische Spaltzone ($\Sigma^{\nu} = \Sigma^{a}$) anwendet:

$$\Lambda = \frac{\int_V (1/v)\, \Phi_0 \varphi\,\mathrm{d}V}{\int_V P \Sigma^{\nu} \Phi_0 \varphi\,\mathrm{d}V} = \frac{1}{v\Sigma^{\nu}} = \frac{1}{v\Sigma^{a}}\,. \tag{4.4.12}$$

$1/\Sigma^a$ ist die mittlere freie Weglänge, die ein Neutron von dem Ort, an dem es thermische Energie erreicht, bis zu dem Ort, an dem es absorbiert wird, zurücklegt (s. Kap. 3.1.3.). Λ aus (4.4.12) ist deshalb die *mittlere Lebensdauer* der thermischen Neutronen.

Für so langsam ablaufende Vorgänge, wie sie bei dynamischen Reaktivitätsmessungen untersucht werden, spielt der Term $\Lambda(\dot{n}/n)$ nur die Rolle eines sehr kleinen Korrekturgliedes. Deshalb genügt für Λ ein guter Näherungswert.

Demgegenüber gehen die Fehler der β_i direkt in die Bestimmung von ϱ_m nach (4.4.10) ein: Der absolute Fehler von ϱ_m ist so groß wie der absolute Fehler der β_i, vorausgesetzt $n(t)$ wird fehlerfrei gemessen und nach (4.4.10) in einem fehlerfreiem Meßgerät ausgewertet.

Bisher haben wir bei den Rechnungen angenommen, daß Spaltneutronen und verzögerte Neutronen bei ihrer Freisetzung die gleiche Energie haben. Da jedoch die durch Zerfall freigesetzten Neutronen tatsächlich eine geringere Energie besitzen als die prompten Spaltneutronen, müssen die prompten Spaltneutronen einen größeren Energiebereich überwinden und somit auch einen längeren Weg zurücklegen als die durch Zerfall freigesetzten Neutronen, um thermisch zu werden. Somit ist für prompte Neutronen die Wahrscheinlichkeit, während des Abbremsens aus der Spaltzone zu entweichen, größer. Die aus dem Zerfall freigesetzten Neutronen (verzögerte Neutronen) besitzen demzufolge eine höhere Wirksamkeit als Spaltneutronen. Diese höhere Wirksamkeit kann durch formale Erhöhung der Ausbeuten $\bar{\beta}_i$ auf den Wert $\bar{\beta}_{i,\text{eff}}$ berücksichtigt werden. $\bar{\beta}_{i,\text{eff}}$ kann in kleinen Reaktoren bis zu 20% größer sein als $\bar{\beta}_i$ [2]. Einfache Methoden zur näherungsweisen Berechnung $\bar{\beta}_{i,\text{eff}}$ werden z. B. in [3] und [4] erwähnt. Nach [3] kann man $\bar{\beta}_i$ korrigieren, indem man zu

$$\bar{\beta}_{i,\text{eff}} = \bar{\beta}_i \exp\left(B^2(\tau_T - \tau_i)\right) \tag{4.4.13}$$

übergeht. B^2 ist das geometrische Buckling des Reaktors, τ_T ist das Fermi-Alter der prompten Neutronen, τ_i das Fermi-Alter der verzögerten Neutronen der Gruppe i. Durch einfache Umformung gelangt man zu der Form (4.4.14), die in [4] angegeben ist:

$$\begin{aligned}
\bar{\beta}_{i,\text{eff}} &= \bar{\beta}_i \exp\left(B^2(\tau_T + L^2) - B^2(\tau_i + L^2)\right) \\
&= \bar{\beta}_i \exp\left(B^2(\tau_T + L^2)\right) \cdot \exp\left(-B^2(\tau_i + L^2)\right) \\
&= \bar{\beta}_i \cdot \frac{\exp(B^2M^2)}{\exp(B^2M_i^2)} \\
&\approx \bar{\beta}_i \cdot \frac{1 + B^2M^2}{1 + B^2M_i^2}\,.
\end{aligned} \tag{4.4.14}$$

Die Umformung setzt voraus, daß

$$B^2M^2 \ll 1\,, \qquad B^2M_i^2 \ll 1 \tag{4.4.15}$$

gilt. Dann darf (3.3.10) angewendet werden. L ist die Diffusionslänge für thermische Neutronen. M^2 bzw. M_i^2 sind die Migrationsflächen für prompte bzw. verzögerte Neutronen der Gruppe i.

Der Einfluß der Korrektur wird nun für WWER-440 grob abgeschätzt. Dazu werden in der Beziehung ([3], S. 190)

$$\tau(E) = \tau(E_0 \to E) = \int\limits_E^{E_0} \frac{D(E)}{\xi\Sigma^s(E)} \frac{\mathrm{d}E}{E}\,, \tag{4.4.16}$$

D = Diffusionskoeffizient,
ξ = mittlerer Lethargiezuwachs pro Stoß,
Σ^s = Streuquerschnitt,

für die Berechnung der Bremsfläche τ die Materialparameter als energieunabhängig angesehen:

$$\tau(E) = \frac{D}{\xi\Sigma^s} \int\limits_E^{E_0} \frac{\mathrm{d}E}{E} = \frac{D}{\xi\Sigma^s} \ln \frac{E_0}{E}\,. \tag{4.4.17}$$

Setzt man für E_0 die mittlere Spaltenergie 2 MeV und verwendet für τ(0,625 eV) die in [5] angegebenen Werte, dann läßt sich zunächst $D/(\xi\Sigma^s)$ bestimmen und damit schließlich der Wert $\tau_i = \tau(E_0 \to E_i)$, der in (4.4.13) benötigt wird, berechnen. Die E_i-Werte liegen zwischen 0,25 MeV und 0,62 MeV. Für T = 50 °C gilt τ (0,625 eV) = 46 cm², für T = 250 °C gilt τ (0,625 eV) = 58 cm². Mit diesen Werten erhält man:

$$\begin{aligned}
&\tau_1(50\,°\mathrm{C};\,0{,}25\,\mathrm{MeV} \to 0{,}625\,\mathrm{eV}) = 39{,}6\,\mathrm{cm}^2\\
&\tau_2(250\,°\mathrm{C};\,0{,}25\,\mathrm{MeV} \to 0{,}625\,\mathrm{eV}) = 49{,}9\,\mathrm{cm}^2\\
&\tau_3(50\,°\mathrm{C};\,0{,}62\,\mathrm{MeV} \to 0{,}625\,\mathrm{eV}) = 42{,}4\,\mathrm{cm}^2\\
&\tau_4(250\,°\mathrm{C};\,0{,}62\,\mathrm{MeV} \to 0{,}625\,\mathrm{eV}) = 53{,}4\,\mathrm{cm}^2\,.
\end{aligned} \tag{4.4.18}$$

Ein guter Näherungswert für B^2 ist $B^2 = 4 \cdot 10^{-4}\,\mathrm{cm}^{-2}$. Mit den o. g. Zahlenwerten erhält man für den Korrekturfaktor

$$C_i = \exp\left(B^2(\tau_T - \tau_i)\right) \tag{4.4.19}$$

in (4.4.13) die Werte

$$\begin{aligned} &C_1(50\,°\mathrm{C};\ 0{,}25\ \mathrm{MeV} \to 0{,}625\ \mathrm{eV}) = 1{,}00256,\\ &C_2(250\,°\mathrm{C};\ 0{,}25\ \mathrm{MeV} \to 0{,}625\ \mathrm{eV}) = 1{,}00324,\\ &C_3(50\,°\mathrm{C};\ 0{,}62\ \mathrm{MeV} \to 0{,}625\ \mathrm{eV}) = 1{,}00144,\\ &C_4(250\,°\mathrm{C};\ 0{,}62\ \mathrm{MeV} \to 0{,}625\ \mathrm{eV}) = 1{,}00184. \end{aligned} \tag{4.4.20}$$

Man kann folglich feststellen: $\bar{\beta}_{i,\mathrm{eff}}$ und $\bar{\beta}_i$ unterscheiden sich in Reaktoren vom Typ WWER-440 um weniger als 1%.

4.4.2. Reaktivität und stabile Reaktorperiode

Ausgehend von einem stationären Zustand ($\varrho = 0$) möge in einem Reaktor die Stellung von Regelstäben geringfügig (um wenige cm) geändert werden. In diesem Fall darf man annehmen, daß die Reaktivitätsänderung näherungsweise sprungartig erfolgt und daß für die infolge der Regelstabbewegung eingebrachte Reaktivität $|\varrho| \ll \beta$ gilt. Das Zeitverhalten des Reaktors kann unter diesen Bedingungen auf der Grundlage von Gleichung (4.4.10) berechnet werden. Dazu wird für längere Zeiten ($t \gg \lambda_i^{-1}$; bei Experimenten ist diese Bedingung für $t > 120$ s gut erfüllt) nach der Reaktivitätsänderung der Ansatz

$$n(t) = n_0 \cdot \exp(\alpha \cdot t) \tag{4.4.21}$$

gemacht. Mit diesem Ansatz erhält man aus (4.4.10)

$$\varrho_m = \alpha \cdot \Lambda + \alpha \left[\sum_i \frac{\beta_i}{\alpha + \lambda_i} \left(1 - \exp\left(-(\lambda_i + \alpha)\, t\right)\right)\right]. \tag{4.4.22}$$

Voraussetzungsgemäß bezieht sich der Ansatz (4.4.21) nur auf große Zeiten. Deshalb dürfen die Exponentialfunktionen in (4.4.22) als abgeklungen angesehen werden:

$$\varrho_m = \alpha\Lambda + \alpha \sum_i \frac{\beta_i}{\alpha + \lambda_i}\,. \tag{4.4.23}$$

Für die Zeitverläufe, die hier betrachtet werden, ist die Zeitkonstante α gegenüber den λ_i vernachlässigbar:

$$\varrho_m = \alpha\Lambda + \alpha \sum_i \frac{\beta_i}{\lambda_i}\,. \tag{4.4.24}$$

Aus (4.4.24) läßt sich ϱ_m als Funktion von α berechnen. Man erhält

$$\alpha = \frac{\varrho_m}{\Lambda + \sum_i \frac{\beta_i}{\lambda_i}} . \tag{4.4.25}$$

Mit (3.3.19) nimmt (4.4.25) die übersichtlichere Form

$$\alpha = \frac{\varrho_m}{\Lambda + \frac{\beta}{\lambda}} \tag{4.4.26}$$

an. λ, β und Λ können als bekannte reaktorspezifische Größen angesehen werden, und α ist eine experimentell zugängliche Größe. Deshalb kann (4.4.26) zur Bestimmung der Reaktivität ϱ_m herangezogen werden. Dieses Verfahren wird jedoch kaum noch angewendet, da leistungsfähigere Methoden entwickelt wurden (s. Kap. 5.2.).

Häufig wird anstelle der Zeitkonstanten α die reziproke Größe

$$\tau = \frac{1}{\alpha} = \frac{\Lambda + \frac{\beta}{\lambda}}{\varrho_m} \tag{4.4.27}$$

verwendet, so daß (4.4.21) die Form

$$n(t) = n_0 \cdot \exp\left(\frac{t}{\tau}\right) \tag{4.4.28}$$

annimmt. τ wird als *stabile* (*asymptotische*) *Reaktorperiode* bezeichnet.

Für den normalen Reaktorbetrieb werden nur solche zeitlichen Neutronenflußdichteerhöhungen zugelassen, die durch die oben dargestellten Zusammenhänge beschrieben werden. Schnellere Neutronenflußdichteerhöhungen erfordern eine andere Art der Beschreibung (s. Kap. 4.4.2.), die zeigt, daß unter bestimmten Bedingungen die Neutronenflußdichte — und damit verbunden die Reaktorleistung — unbeherrschbar schnell anwachsen kann. Um eine Gefährdung des Reaktors zu vermeiden, erfolgt automatisch eine Schnellabschaltung, wenn die Reaktorperiode τ einen vorgegebenen Wert (bei Reaktoren des Typs WWER $\tau = 10$ s) unterschreitet. Daraus folgt, daß bei der Bestimmung der Reaktivität aus der stabilen Reaktorperiode auch aus technologischen Gründen — wie oben vorausgesetzt — $\alpha \ll \lambda$ gelten muß.

4.4.3. Das kinetische Verhalten des Reaktors bei sprunghafter Reaktivitätsänderung

Um den Aufwand für die Ableitung qualitativer Aussagen gering zu halten, wird von Gleichung (4.4.10) — spezialisiert für nur eine Gruppe verzögerter Neutronen — ausgegangen; der Index „m“ an ϱ wird nicht mitgeführt:

$$\dot{n} = \frac{\varrho}{\Lambda} n - \frac{\beta}{\Lambda} \cdot \int_0^t \exp\left(-\lambda(t-\tau)\right) \cdot \frac{\mathrm{d}n}{\mathrm{d}\tau} \cdot \mathrm{d}\tau \,. \tag{4.4.29}$$

Diese Gleichung läßt gut erkennen, wie die verzögerten Neutronen das Zeitverhalten der Neutronenflußdichte beeinflussen. Bei einer Zufuhr positiver Reaktivität wäre der Anstieg des Neutronenflusses ohne verzögerte Neutronen (Spaltausbeute $\beta = 0$) durch den ersten Term der rechten Seite von (4.4.29) gegeben. Mit verzögerten Neutronen ($\beta > 0$) verringert sich der Anstieg der Neutronenflußdichte, denn wegen $\beta > 0$, $\Lambda > 0$, $(\mathrm{d}n/\mathrm{d}\tau) > 0$ ist der Subtrahend in (4.4.29) positiv. Diskutiert man analog zur Zufuhr positiver Reaktivität die Zufuhr negativer Reaktivität, so erkennt man, daß in diesem Falle die verzögerten Neutronen dem schnellen Absinken der Neutronenflußdichte entgegen wirken.

Auf Grund des Vorhandenseins verzögerter Neutronen kann somit der Neutronenfluß nur zeitverzögert einer Reaktivitätsänderung folgen. Die Größe der Verzögerung hängt vom Verhältnis β/ϱ ab.

Weshalb die verzögerten Neutronen trotz ihrer geringen Spaltausbeute das kinetische Verhalten eines Reaktors wesentlich beeinflussen können, wird anschaulich klar, wenn man das Verhältnis der Dichte der prompten Neutronen n zur Dichte der verzögerten Neutronen C betrachtet. Dieses Verhältnis ergibt sich aus (3.3.18)

$$\frac{\beta}{\lambda} \Sigma^{\nu,\mathrm{eff}} \Phi_t = C \,,$$

indem man mit (3.1.11) Φ_t durch $n \cdot v_t$ ausdrückt:

$$\frac{\beta}{\lambda} \Sigma^{\nu,\mathrm{eff}} n v_t = C \,.$$

v_t wird gemäß (4.4.12) durch $(\Sigma^{\nu,\mathrm{eff}}\Lambda)^{-1}$ ersetzt:

$$\frac{\beta}{\lambda\Lambda} n = C \,,$$

und die entstandene Gleichung umgeordnet:

$$\frac{n}{C} = \frac{\lambda\Lambda}{\beta} \,. \tag{4.4.30}$$

Mit den realistischen Werten $\lambda \approx 0{,}1\,\text{s}^{-1}$, $\Lambda \approx 5 \cdot 10^{-4}\,\text{s}$ und $\beta \approx 0{,}0065$ erhält man

$$\frac{n}{C} \approx 8 \cdot 10^{-3}\,, \tag{4.4.31}$$

d. h., nur etwa 1% der im Reaktor vorhandenen Neutronen sind prompte Neutronen. Bei einer Leistungserhöhung müssen folglich die wenigen prompten Neutronen, die überdies auch noch eine geringe „Wirksamkeit" β bezüglich der Erzeugung verzögerter Neutronen besitzen, eine große Zahl verzögerter Neutronen erzeugen, um die Konzentration der verzögerten Neutronen an den neuen Reaktorzustand anzupassen; bei einer Leistungseinsenkung andererseits muß sich die hohe Konzentration der latenten verzögerten Neutronen durch radioaktiven Zerfall mit der Zeitkonstanten λ dem neuen Zustand anpassen, wobei ständig Neutronen freigesetzt werden.

Aus (4.4.29) läßt sich eine Differentialgleichung für $n(t)$ gewinnen, indem man nach t differenziert und dabei die Beziehung

$$\frac{\mathrm{d}}{\mathrm{d}x} \int\limits_{y=a}^{y=x} K(x, y)\, \varphi(y)\, \mathrm{d}y = \int\limits_{y=a}^{y=x} \frac{\partial K(x, y)}{\partial x}\, \varphi(y)\, \mathrm{d}y + K(x, x)\, \varphi(x) \tag{4.4.32}$$

berücksichtigt. Für konstante Reaktivität ϱ entsteht

$$\ddot{n} - \frac{\varrho}{\Lambda}\dot{n} = \frac{\lambda\beta}{\Lambda} \int\limits_0^t \exp\left(-\lambda(t - \tau)\right) \frac{\mathrm{d}n}{\mathrm{d}\tau}\, \mathrm{d}\tau + \dot{n}\,. \tag{4.4.33}$$

Die Integrale in (4.4.29) und (4.4.33) sind identisch. Löst man (4.4.29) nach dem Integral auf und setzt diesen Ausdruck in (4.4.33) ein, dann erhält man für $n(t)$ die Differentialgleichung

$$\ddot{n} - \left(\frac{\varrho - \beta}{\Lambda} - \lambda\right)\dot{n} - \frac{\varrho \cdot \lambda}{\Lambda}\, n = 0\,. \tag{4.4.34}$$

Die Lösung $n(t)$ muß die Anfangsbedingungen

$$n(t = 0) = n_0 \tag{4.4.35}$$

und (wegen (4.4.29))

$$\dot{n}(t = 0) = \frac{\varrho}{\Lambda}\, n_0 \tag{4.4.36}$$

erfüllen.

Kleine ϱ-Werte, d. h. $|\varrho| \ll \beta$, führen einige Zeit nach Zufuhr der Reaktivität zu so langsamen Neutronenflußdichteänderungen, daß $\ddot{n} \approx 0$ angenommen werden kann. In diesem Falle ist

$$n(t) = n_0 \cdot \exp(\alpha t) \tag{4.4.21}$$

mit

$$\alpha = \frac{-\varrho}{\frac{\varrho - \beta}{\lambda} - \Lambda} \approx \frac{\varrho}{\Lambda + \frac{\beta}{\lambda}} \tag{4.4.37}$$

die Lösung von (4.4.34). Das gleiche Ergebnis wurde in Kap. 4.4.1. hergeleitet.

Die Lösung von (4.4.34), die den Anfangsbedingungen (4.4.35) und (4.4.36) genügt, lautet

$$n(t) = A\left(\exp(\alpha_1 t) - \exp(\alpha_2 t)\right) + n_0 \exp(\alpha_2 t)\,, \tag{4.4.38}$$

mit

$$\alpha_{1,2} = \frac{1}{2}\left(\frac{\varrho - \beta}{\Lambda} - \lambda\right) \pm \sqrt{\frac{1}{4}\left(\frac{\varrho - \beta}{\Lambda} - \lambda\right)^2 + \frac{\varrho \cdot \lambda}{\Lambda}}\,, \tag{4.4.39}$$

$$A = \frac{n_0}{2\sqrt{\frac{1}{4}\left(\frac{\varrho - \beta}{\Lambda} - \lambda\right)^2 + \frac{\varrho \cdot \lambda}{\Lambda}}} \cdot \left(\frac{\varrho}{\Lambda} - \alpha_2\right). \tag{4.4.40}$$

Übersichtliche Ausdrücke für $n(t)$ erhält man, wenn man die Lösung (4.4.38) für solche Zeiten untersucht, während der man die Konzentration der verzögerten Neutronen als konstant ansehen kann. Das bedeutet, daß man $\lambda = 0$ voraussetzt. Mit $\lambda = 0$ entsteht aus (4.4.38) für $\varrho = \beta$

$$n(t) = n_0\left(1 + \frac{\beta}{\Lambda} \cdot t\right) \tag{4.4.41}$$

und für $0 < |\varrho - \beta| \ll 1$

$$n(t) = n_0\left(1 + \frac{\varrho}{\beta - \varrho}\left(1 - \exp\left(\frac{\varrho - \beta}{\Lambda} \cdot t\right)\right)\right). \tag{4.4.42}$$

Für $\varrho > \beta$ ist der Exponent in (4.4.42) positiv. Daraus ergibt sich ein sehr schnelles Anwachsen der Neutronenflußdichte. Die Ursache dafür ist, daß in diesem Fall der Reaktor bereits ohne Berücksichtigung der verzögerten

Neutronen überkritisch ist. Deshalb wird die Reaktorkinetik überwiegend durch die kurze Lebensdauer der prompten Neutronen ($\Lambda = 10^{-3}$ s ... 10^{-4} s) bestimmt. Für $\varrho < \beta$ ist der Exponent in (4.4.42) negativ. Deshalb wächst $n(t)$ in diesem Falle langsamer an.

In den Lösungen (4.4.41), (4.4.42) ist durch $\varrho = \beta$ ein charakteristischer Grenzfall für das Zeitverhalten des Reaktors gegeben. Reaktorzustände mit $0 < \varrho < \beta$ werden als *verzögert kritisch* und Zustände mit $\beta \leqq \varrho$ als *prompt kritisch* oder als *prompt überkritisch* bezeichnet. Die besondere Bedeutung des Reaktivitätswertes $\varrho = \beta$ war Veranlassung dafür, β als eine Einheit für die Reaktivitätsmessung zu wählen. Es gilt: $\varrho = \beta = 1$ Dollar. Entsprechend heißt $\varrho = 0{,}01\beta$ 1 Cent. Mit der Reaktivität $\varrho = \beta$ ist jeder Reaktor definitionsgemäß prompt kritisch, unabhängig vom Zahlenwert von β, der von Spaltstoff und vom Spaltzonenzustand abhängig ist.

In Bild 4.4.1 sind die Funktionsverläufe $n(t)$ für $\varrho = \beta$, $\varrho - \beta = 5 \cdot 10^{-4}$ und $\varrho - \beta = -5 \cdot 10^{-4}$ dargestellt, wobei $\beta = 6{,}5 \cdot 10^{-3}$, $\Lambda = 5 \cdot 10^{-4}$ s und $\lambda = 10^{-1}$ s^{-1} gewählt wurden. Dazu wurde die Lösung (4.4.38) ausgewertet, nicht die Lösungen (4.4.41) und (4.4.42)!

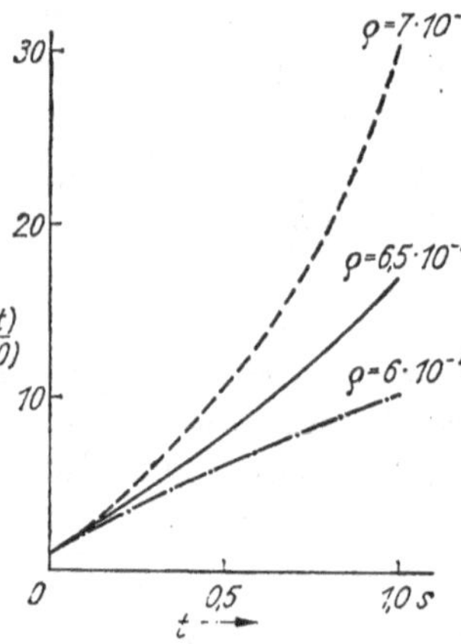

Bild 4.4.1
Zeitverläufe des relativen Neutronenflusses für $0 < |\varrho - \beta| \ll 1$, $\beta = 6{,}5 \cdot 10^{-3}$

Berücksichtigt man, daß beim Reaktorbetrieb im Leistungsbereich mit einer Leistungserhöhung eine deutliche Erhöhung von Brennstoff- und Moderatortemperatur verbunden ist, und daß diese Temperaturänderungen wegen der im allgemeinen negativen Temperaturkoeffizienten zu einem Abbau der zugeführten Reaktivität führen (Rückkopplungseffekte), dann ergeben sich für den Realfall bedeutend geringere Neutronenflußdichteexkursionen als im Bild dargestellt. Der Einfluß der Reaktivitätsrückkopplung auf den zeitlichen Verlauf der Neutronenflußdichte ist in den numerischen Ergebnissen des Kap. 4.6. gut zu erkennen (Bilder 4.6.4–4.6.6).

Es soll nun noch das Verhalten des Reaktors bei Zufuhr eines großen negativen Reaktivitätsbetrages untersucht werden. Aus den Ergebnissen läßt sich eine Methode ableiten, mit der man aus dem Verlauf der Neutronenflußdichte den Wert der zugeführten negativen Reaktivität bestimmen kann. Da große negative Reaktivitäten im allgemeinen durch Einfallen von Absorberstäben in die Spaltzone zugeführt werden, wird diese Methode *Stabfallmethode* (engl. *rod drop method*) genannt. Sie wird am leistungslosen Reaktor angewendet, um den Einfluß von Rückkopplungseffekten auf den Neutronenflußverlauf auszuschalten.

Die Reaktivitätszufuhr möge sprungartig erfolgen. Dann kann man annehmen, daß die Konzentration der verzögerten Neutronen sich zunächst nur unwesentlich ändert und zur Beschreibung des Neutronenflußdichteverlaufes Gleichung (4.4.42) verwenden. Wegen der kurzen Lebensdauer Λ der prompten Neutronen ist bei Zufuhr großer negativer Reaktivitäten der Exponent der Exponentialfunktion betragsmäßig sehr groß und negativ. Deshalb sinkt die Neutronenflußdichte sehr schnell von stationären Anfangswerten n_0 auf den Wert

$$n_1 = n(\lambda = 0, t \to \infty) = n_0 \left(1 + \frac{\varrho}{\beta - \varrho}\right) \tag{4.4.43}$$

ab. Daraus ergibt sich die Reaktivität in Dollareinheiten zu

$$\frac{\varrho}{\beta} = 1 - \frac{n_0}{n_1}. \tag{4.4.44}$$

Man kann also aus der stationären Neutronenflußdichte des kritischen Reaktors und der Neutronenflußdichte n_1, auf die die Neutronenflußdichte n_0 nahezu sprunghaft absinkt (für $\Lambda = 0$ würde die Neutronenflußdichte sprunghaft absinken), die zugeführte Reaktivität bestimmen. Berücksichtigt man die zeitliche Änderung der Konzentration der verzögerten Neutronen, dann wird $n(t)$ durch (4.4.38) beschrieben. Ein Problem bei der Auswertung von Stabfallmessungen besteht in der Bestimmung des Wertes n_1, auf den n_0 bei $\Lambda = 0$ sprunghaft absinken würde. Denn zum einen haben die Absorberstäbe eine endliche Fallzeit und zum anderen muß der Einfluß der zeitlichen Änderung der Konzentration verzögerter Neutronen berücksichtigt werden. Im Bild 4.4.2 sind für den Fall (sprunghafter Zufuhr von $\varrho = -0{,}01 = -1\% \approx -1{,}54$ \$ ($\beta = 6{,}5 \cdot 10^{-3}$) die Zeitverläufe $n(t)/n_0$ für $\Lambda = 0$, $\lambda = 0$, für $\Lambda = 5 \cdot 10^{-4}$ s, $\lambda = 0$ und für $\Lambda = 5 \cdot 10^{-4}$ s, $\lambda = 0{,}1$ s^{-1} dargestellt. Auf die Anwendung der Stabfallmethode und die Probleme bei der Auswertung von Stabfallmessungen wird in Kap. 5.2.3. eingegangen.

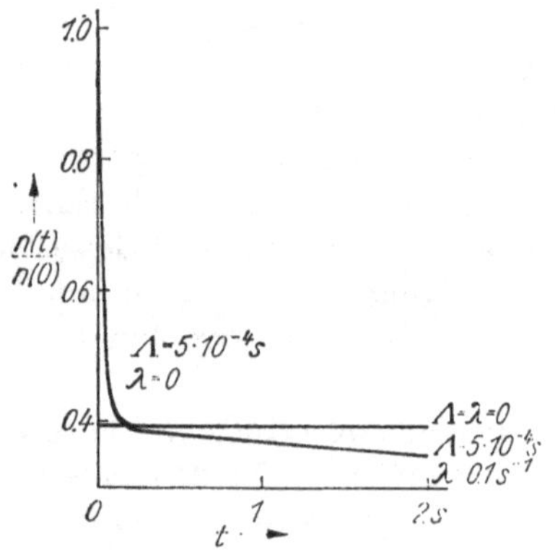

Bild 4.4.2
Zeitverläufe des relativen Neutronenflusses bei sprunghafter Zufuhr von $\varrho = -0{,}01$ $(\beta = 6{,}5 \cdot 10^{-3})$

Wertet man (4.4.38) für große negative Reaktivitäten und $\lambda \neq 0$ aus, dann entsteht ein Ergebnis, das wichtig für das Verständnis des Abschaltverhaltens eines Reaktors ist:

$$n(t) = \frac{n_0}{\beta - \varrho}\left[\beta \cdot \exp\left(-\frac{\varrho \cdot \lambda}{\varrho - \beta} \cdot t\right) - \varrho \cdot \exp\left(\frac{\varrho - \beta}{\Lambda} t\right)\right]. \tag{4.4.45}$$

Die Diskussion im Anschluß von Gleichung (4.4.42) zeigte, daß die zweite Exponentialfunktion von (4.4.45) sehr schnell abklingt (s. Bild 4.4.2). Für $t \gg |\Lambda/(\varrho - \beta)|$ — diese Bedingung ist im allgemeinen für $t > 1$s erfüllt — geht (4.4.45) über in

$$n(t) = n_0 \frac{\beta}{\beta - \varrho} \cdot \exp\left(-\frac{\varrho\lambda}{\varrho - \beta} \cdot t\right). \tag{4.4.46}$$

Die Zeitkonstante dieses Vorganges ist

$$\alpha = \frac{\varrho \cdot \lambda}{\varrho - \beta} = \frac{\lambda}{1 - \dfrac{\beta}{\varrho}}. \tag{4.4.47}$$

Man erkennt, daß auch für große negative Reaktivitäten $\alpha < \lambda$ gilt, d. h., die Neutronenflußdichte in einem Reaktor kann bei einem Abschaltvorgang für $t \gg |\Lambda/(\varrho - \beta)|$ niemals schneller abklingen, als die Mutterkerne der verzögerten Neutronen zerfallen. Berücksichtigt man mehrere Gruppen verzögerter Neutronen, dann ergibt sich, daß die Zerfallskonstante der langlebigsten Gruppe das Abklingen der Neutronenflußdichte bestimmt.

Beim Abschalten eines Reaktors aus dem Leistungszustand wirkt nicht nur die von außen zugeführte Abschaltreaktivität ϱ, sondern auch die innere Rückkopplungsreaktivität des Reaktors, die infolge der Änderung von Brennstoff- und Moderatortemperatur zustande kommt. Sinkt z. B. bei einem Abschaltvorgang die Brennstofftemperatur, dann kann wegen des negativen Brennstofftemperaturkoeffizienten der Reaktivität dabei soviel Reaktivität freigesetzt werden, daß die von außen zugeführte Abschaltreaktivität zu einem wesentlichen Teil kompensiert wird.

4.5. Numerisches und Schlußfolgerungen für den realen Reaktor

Für einen homogenen Reaktor bedeutet der Übergang von ϱ_d gemäß (4.4.9) zu ϱ_m gemäß (4.4.10), daß in (4.4.10) die Zeitabhängigkeit von $F = P\Sigma^\nu$ nicht berücksichtigt wird. Um die Rechnung zu vereinfachen, setzt man

$$\Lambda \frac{\dot{n}}{n} = 0\,, \tag{4.5.1}$$

$$P = 1 \tag{4.5.2}$$

und verwendet nur eine Gruppe verzögerter Neutronen. Mit diesen Annahmen gehen (4.4.9) und (4.4.10) über in

$$\varrho_d = \frac{1}{\Sigma^\nu n}\,\beta \int_0^t \exp\left(-\lambda(t-\tau)\right) \frac{\mathrm{d}}{\mathrm{d}\tau} (\Sigma^\nu n)\,\mathrm{d}\tau\,, \tag{4.5.3}$$

$$\varrho_m = \frac{1}{n}\,\beta \int_0^t \exp\left(-\lambda(t-\tau)\right) \mathrm{d}\tau\,. \tag{4.5.4}$$

Man stelle sich vor, der Zeitverlauf $\Sigma^\nu(t)$ sei bekannt und es werde ein Verlauf $n(t)$ gemessen. Somit können ϱ_d und ϱ_m bestimmt werden. Wie groß ist die relative Abweichung

$$\Delta = \frac{\varrho_d - \varrho_m}{\varrho_d} \tag{4.5.5}$$

der Ergebnisse?

Um die Frage zu beantworten, wird für die Rechnung

$$n(t) = n_0(1 + \sin \omega t)\,, \tag{4.5.6}$$

$$\Sigma^\nu(t) = \Sigma_0^\nu(1 + \nu t) \tag{4.5.7}$$

vorgegeben. Zwar ist (4.5.6) nicht die Lösung des instationären Problems, wenn $\Sigma^\nu(t)$ entsprechend (4.5.7) vorgegeben wird. Aus Bild 5.2.2 erkennt man jedoch, daß für eine Abschätzung der Ansatz (4.5.6) möglich ist. Δ soll für ein Meßintervall der Länge Δt ausgewertet werden. Folglich ist, da ein Meßintervall nur eine halbe Periode der Sinusfunktion umfaßt,

$$\omega = \frac{2\pi}{2\Delta t} = \frac{\pi}{\Delta t}\,. \tag{4.5.8}$$

Bei der Temperaturkoeffizientenmessung ist ein typischer Wert für ν

$$|\nu| = 1{,}5 \cdot 10^{-7}\,\mathrm{s}^{-1}\,,$$

für ein Meßintervall von 10 min gilt

$$\omega = \frac{\pi}{600}\,\mathrm{s}^{-1} \approx 5 \cdot 10^{-3}\,\mathrm{s}^{-1}\,. \tag{4.5.9}$$

Eine längere Rechnung, die hier nicht dargestellt wird und bei der nur lineare Glieder in ω und ν berücksichtigt werden, führt zu

$$\Delta = \frac{\varrho_d - \varrho_m}{\varrho_d} = \frac{\nu\left[\left(1 + \frac{2\omega}{\lambda}\right)\exp(\lambda\,\Delta t) + \Delta t\,\omega\right]}{\nu\left[\left(1 + \frac{2\omega}{\lambda}\right)\exp(\lambda\,\Delta t) + \Delta t \cdot \omega\right] + \frac{\omega}{\lambda}\exp(\lambda\,\Delta t)}\,. \tag{4.5.10}$$

Setzt man die angegebenen Zahlenwerte ein, dann erhält man mit $\lambda = 10^{-1}$ s

$$\Delta \approx 3 \cdot 10^{-6}\,. \tag{4.5.11}$$

Diese relative Abweichung ist vernachlässigbar klein.

Die Ergebnisse, die in den Kapiteln 4.4. und 4.5. abgeleitet wurden, lassen Schlußfolgerungen für Messungen am realen Reaktor zu:

(1). Die Vernachlässigung von $P(t) \cdot \Sigma^{\nu}(t)$ in ϱ_m ist ohne praktisch bedeutsame Auswirkung auf das Ergebnis. Selbst wenn die Abweichung zwischen ϱ_m und ϱ_d um 2 Größenordnungen größer wäre als in Kap. 4.5. errechnet, könnte sie noch vernachlässigt werden. Einen derartigen Einfluß kann auch die Berücksichtigung der Ortsabhängigkeit gemäß (4.3.14) nicht bewirken.

(2). Die Vernachlässigung der unterschiedlichen Energien von prompten und verzögerten Neutronen ist sowohl im homogenen als auch im realen Reaktor berechtigt.

(3). Die Abweichung zwischen ϱ_d und ϱ_m wird wesentlich durch die Ortsabhängigkeit der Spaltausbeuten verursacht. Man kann sie jedoch vernachlässigbar klein halten, wenn man mit Hilfe eines 3-dimensionalen Programms gute Näherungswerte für $\bar{\beta}_i$ entsprechend (4.3.15) berechnet und diese bei der Auswertung von (4.4.10) verwendet.

Berücksichtigt man (1) bis (3), dann ist die Aussage berechtigt, daß die Differenzen zwischen ϱ_m und ϱ_d innerhalb der Meßgenauigkeit der Gesamtmessung liegen.

Um die Probleme, die im Kap. 4.3.3. im Zusammenhang mit dem Vergleich von stationärer und dynamischer Reaktivität genannt wurden, einzuschätzen, wurde mit einem axial-eindimensionalen Rechenmodell [17] eine Temperaturkoeffizientenmessung nachgebildet und die für unterschiedliche Höhenkoordinaten berechneten Neutronenflußverläufe mit einem „Reaktivitätsmesser“, d. h. einem Rechenmodell [18], das entsprechend Gl. (4.4.10) den zeitlichen Verlauf des Neutronenflusses in den zeitlichen Verlauf der Reaktivität umrechnet, ausgewertet. Der Aufbau des Modellreaktors ist der gleiche, wie in Kap. 4.6.3. beschrieben. Als Moderatortemperaturkoeffizient wurde $-2{,}5 \cdot 10^{-4}\,\mathrm{K}^{-1}$, als Brennstofftemperaturkoeffizient $-4{,}9 \cdot 10^{-5}\,\mathrm{K}^{-1}$ vorgegeben. Die vorgegebene Leistung war so gering, daß Brennstoff- und Moderatortemperatur sich um weniger als 0,05 K unterschieden. Das Verfahren eines Regelstabes wurde durch zeitlineare Änderung des Absorptionsquerschnittes in einem Höhenbereich simuliert.

In Bild 4.5.1 sind die prinzipiellen Zeitverläufe von „Regelstabstellung“ und Moderatortemperatur (= Brennstofftemperatur) angegeben, Bild 4.5.2 zeigt den Verlauf des relativen Neutronenflusses (über die Reaktorhöhe gemittelt) und Bild 4.5.3 gibt den Reaktivitätsverlauf an, der sich aus dem in Bild 4.5.2 dargestellten Neutronenfluß ergibt. Die Reaktivitätsverläufe, die sich aus den Neutronenflußverläufen für unterschiedliche Höhenabschnitte ergeben, stimmen innerhalb der Zeichengenauigkeit mit dem in Bild 4.5.3 gezeigten überein. Nur während der Regelstabbewegung treten, wie die numerischen Ergebnisse zeigen, deutliche Abweichungen der Reaktivitäts-

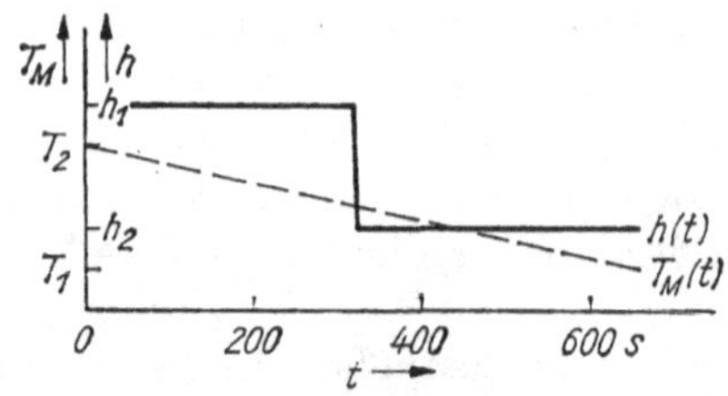

Bild 4.5.1
Zeitverläufe von Regelstabstellung $h(t)$ und Moderatortemperatur $T_M(t)$

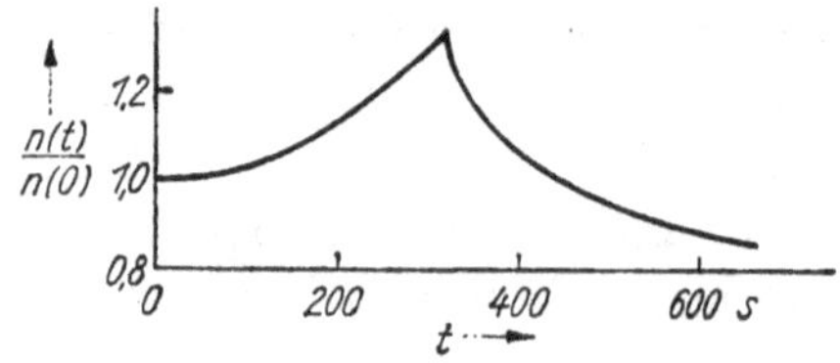

Bild 4.5.2
Zeitverlauf des örtlichen Mittelwertes der relativen Neutronenflußdichte

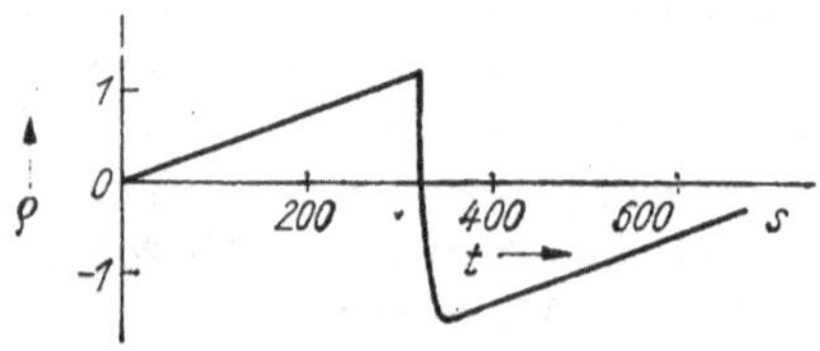

Bild 4.5.3
Zeitverlauf der Reaktivität $\varrho(t)$ (willkürliche Einheiten), berechnet aus dem Neutronenflußdichteverlauf von Bild 4.5.2

verläufe auf. Im Minimum der Reaktivität sind die Differenzen bereits so weit abgeklungen, daß die prozentuale Abweichung 3% nicht übersteigt. Ab 60 s nach Beendigung der Regelstabbewegung sind die Differenzen praktisch nicht mehr nachweisbar.

Die Auswertung der Modellrechnung ergibt:

1. Bei dynamischen Reaktivitätsmessungen, die unter ähnlichen Bedingungen ablaufen, wie sie in der Modellrechnung vorausgesetzt wurden, stimmen stationäre und dynamische Reaktivität für die Zeitbereiche überein, die nicht unmittelbar an Regelstabbewegungen anschließen.

2. Ortseffekte wirken sich nicht aus, wenn man die $\varrho(t)$-Verläufe nur für Zeitbereiche auswertet, die mehr als 120 s vom Zeitpunkt der Beendigung der Stabbewegung entfernt liegen (60 s entsprechend o. g. Ergebnis + 60 s Sicherheitszuschlag für ungünstige Versuchsbedingungen: lange Stabfahrzeiten, schrittweises Bewegen von Regelstäben).

4.6. Schnelle zeitliche Reaktivitätsänderungen am Beispiel der Störungsmessungen

4.6.1. Grundidee der Störungsmessungen

Reaktorphysikalische Experimente sollen die Verfügbarkeit der Kernkraftwerke so wenig wie möglich beeinflussen. Dynamische Messungen bei Nullast werden dieser Forderung nur wenig gerecht, denn sie sind sehr zeitaufwendig. Deshalb wurde versucht, die experimentelle Bestimmung reaktorphysikalischer Größen in den Leistungsbereich zu verlagern. Die Methode der *Störungsmessungen* ist ein Ergebnis dieser Bemühungen [16].

Zunächst wird die Grundidee dieser Methode dargestellt. Bei der Messung soll der Leistungszustand des Reaktors nur sowenig geändert werden, daß praktisch keine Änderung der Leistungsabgabe des Kraftwerks an das Landesnetz erfolgt. Deshalb wird durch kurzzeitiges Verstellen der Regelstäbe — ausgehend vom kritischen Zustand — eine Leistungsänderung um $\leqq 5\%$ herbeigeführt und unmittelbar danach durch Überführung der Regelstäbe in die Ausgangsstellung wieder rückgängig gemacht. In Bild 4.6.1 sind mögliche Zeitverläufe der Regelstabstellung angegeben. Infolge der Eigenschaften der Regelstabantriebe sind die Zeitverläufe (Störungen) der Formen *b* und *d* und solche, die sich aus diesen zusammensetzen lassen, am besten realisierbar. Am häufigsten werden *b* und *d* verwendet. Die Dauer der Störung beträgt 5 s ... 10 s, die Änderung der Stabstellung wenige Zentimeter.

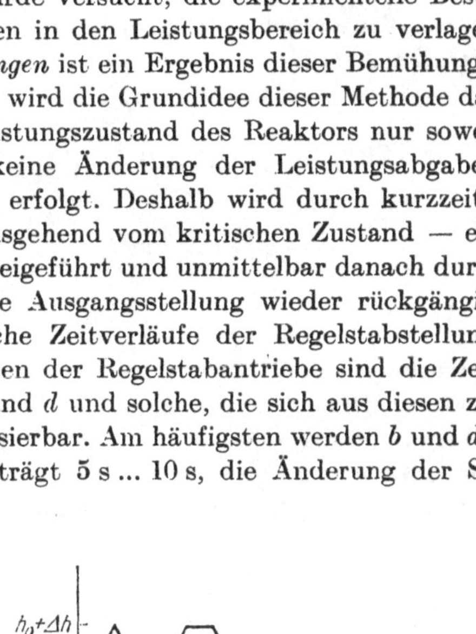

Bild 4.6.1
Änderung der Regelstabstellung bei Störungsmessungen

Primäre Meßgrößen sind die Zeitverläufe der Regelstabstellungen $h(t)$ und des Neutronenflusses $\Phi(t)$. Mit Hilfe eines Reaktivitätsmessers oder durch numerische Lösung der reaktorkinetischen Gleichungen (s. auch Kap. 4.4. und 5.1.) auf einem Digitalrechner wird aus $\Phi(t)$ der Zeitverlauf der Reaktivität $\varrho(t)$ ermittelt. Durch die Bewegung des Stabes wird dem Reaktor die Reaktivität

$$\Delta\varrho_h(t) = \alpha_h \, \Delta h(t) \tag{4.6.1}$$

zugeführt. α_h ist die differentielle Stabwirksamkeit, die im Bereich der geringen Änderung $\Delta h(t)$ der Regelstabstellung als konstant angesehen werden darf. Für kleine Werte $\Delta h(t)$ wirken sich die inneren Rückkopplungseffekte des Reaktors noch nicht auf den Verlauf von $\varrho(t)$ aus. Man kann deshalb mit einem linearen Verlauf von $\varrho(\Delta h(t))$ rechnen, dessen Anstieg gleich der differentiellen Stabwirksamkeit α_h ist.

Für größere Werte $\Delta h(t)$ (spätere Zeitpunkte) bewirken die Rückkopplungseffekte, daß sich die von außen aufgeprägte Reaktivität $\Delta\varrho_h(t)$ von der Gesamtreaktivität, die den Zeitverlauf des Neutronenflusses bestimmt, unterscheidet:

$$\varrho(t) = \alpha_h \, \Delta h(t) + \alpha_P \, \Delta P(t) + \alpha_{TM} \, \Delta T_M(t) , \tag{4.6.2}$$

bzw.

$$\varrho(t) = \alpha_h \, \Delta h(t) + \alpha_{TB} \, \Delta T_B(t) + \alpha_{TM} \, \Delta T_M(t) . \tag{4.6.3}$$

α_P = Leistungskoeffizient
$\Delta P(t)$ = Leistungsänderung
α_{TM} = Moderatortemperaturkoeffizient
α_{TB} = Brennstofftemperaturkoeffizient
ΔT_M = Moderatortemperaturänderung
ΔT_B = Brennstofftemperaturänderung.

Die Koeffizienten sind im Bereich der kleinen Änderungen konstant.

4.6.2. Auswertemodell für Störungsmessungen

Im Auswertemodell werden die wesentlichen Zusammenhänge zwischen den Meßwerten und den interessierenden Werten, die aus den Meßwerten gewonnen werden sollen, quantitativ erfaßt. Aus ihm ergibt sich eine Auswertevorschrift für die Meßwerte. Es gestattet, die für die Auswertung notwendigen Vernachlässigungen bzw. Vereinfachungen hinsichtlich ihrer Auswirkungen auf die Ergebnisse der Auswertung zu untersuchen. Bei der Auswertung von Störungsmessungen geht man von der vereinfachenden Annahme aus, daß sich während des Meßvorganges die Ortsabhängigkeit des Neutronenflusses nicht ändert (Punktmodell). Folglich kann man zur Ermittlung der Reaktivität Gl. (4.4.11) heranziehen. Mit (4.6.2) erhält man

$$\begin{aligned}\varrho(t) &= \alpha_h\, \Delta h(t) + \alpha_P\, \Delta P(t) + \alpha_{TM}\, \Delta T_M(t) \\ &= \Lambda \cdot \frac{\dot{n}(t)}{n(t)} + \frac{1}{n(t)} \cdot \int_0^t \sum_i \beta_i \exp\left(-\lambda_i(t-\tau)\right) \frac{\mathrm{d}n(\tau)}{\mathrm{d}\tau}\, \mathrm{d}\tau\,, \end{aligned} \tag{4.6.4}$$

$n(t)$ = Amplitudenfunktion des Neutronenflusses.

Meßgrößen sind der Neutronenfluß — ausgedrückt durch die Funktion $n(t)$ — und $\Delta h(t)$. Da (4.6.4) in einem Meßgerät ausgewertet wird, $\varrho(t)$ also als Anzeige zur Verfügung steht, soll in folgendem auch $\varrho(t)$ zu den Meßgrößen gezählt werden.

Zur Beschreibung des Zusammenhanges zwischen den Meßgrößen einerseits und $\Delta P(t)$ und $\Delta T_M(t)$ andererseits muß die Wärmebilanz des Reaktors untersucht werden.

Eine Änderung $\Delta P(t)$ der thermischen Reaktorleistung führt zu Änderungen von Brennstofftemperatur und Moderatortemperatur. Die Änderung der Wärmemenge, die pro Zeiteinheit vom Brennstoff zum Moderator übertragen wird, wird proportional der Änderung zwischen Brennstoff- und Moderatortemperatur angesetzt. Diese Überlegungen führen zu:

$$\Delta P(t) = c_B\, \frac{\mathrm{d}\Delta T_B}{\mathrm{d}t} + k_B(\Delta T_B - \Delta T_M)\,, \tag{4.6.5}$$

c_B = spezifische Wärme des Brennstoffs,
ΔT_B = Abweichung der Brennstofftemperatur $T_B(t)$ von der stationären Brennstofftemperatur T_{B0},
ΔT_M = Abweichung der Moderatortemperatur $T_M(t)$ von der stationären Moderatortemperatur T_{M0}.

Setzt man die Reaktorleistung als proportional zum Fluß $n(t)$ voraus, dann kann man schreiben:

$$\Delta P(t) = k_P \cdot \Delta n(t)\,. \tag{4.6.6}$$

Die Konstante k_B in (4.6.5) läßt sich aus der stationären Leistung P_0 und der zugehörigen Differenz zwischen Brennstoff- und Moderatortemperatur gewinnen:

$$P_0 = k_B \cdot (T_{B0} - T_{M0}) ,$$

$$k_B = \frac{P_0}{T_{B0} - T_{M0}} . \tag{4.6.7}$$

Durch Umstellen von (4.6.5) erhalten wir eine Differentialgleichung für ΔT_B:

$$\frac{\mathrm{d}\Delta T_B}{\mathrm{d}t} = -\frac{k_B}{c_B}(\Delta T_B - \Delta T_M) + \frac{\Delta P}{c_B} , \tag{4.6.8}$$

$$\frac{\mathrm{d}\Delta T_B}{\mathrm{d}t} = -\frac{\Delta T_B - \Delta T_M}{\tau_B} + \frac{\Delta P}{c_B} , \tag{4.6.9}$$

$$\tau_B = \frac{c_B}{k_B} . \tag{4.6.10}$$

Die zeitliche Änderung der im Moderator gespeicherten Wärmemenge ist gleich der Differenz zwischen der Wärmemenge, die dem Moderator pro Zeiteinheit aus den Brennelementen zugeführt wird, und der Wärmemenge, die pro Zeiteinheit vom Moderator aus dem Reaktor abgeführt wird. Wenn man annimmt, daß die pro Zeiteinheit aus dem Reaktor abgeführte Wärmemenge proportional der Aufwärmung ist, dann ergibt sich als Wärmebilanz

$$c_M \frac{\mathrm{d}\Delta T_M}{\mathrm{d}t} = k_B \cdot (\Delta T_B - \Delta T_M) - k_M \cdot 2(\Delta T_M - \Delta T_0) , \tag{4.6.11}$$

c_M = spezifische Wärme aller Materialien in der Spaltzone, deren Temperatur sich um ΔT_M ändert (Moderator und Konstruktionsmaterial),

ΔT_0 = Abweichung der Eintrittstemperatur $T_0(t)$ von der stationären Eintrittstemperatur $T_0(0)$,

$2(\Delta T_M - \Delta T_0)$ = Änderung der Aufwärmung gegenüber der stationären Aufwärmung.

Die Konstante k_M ergibt sich aus der Forderung, daß bei der stationären Eintrittstemperatur T_0 und der stationären mittleren Moderatortemperatur T_{M0} die stationäre Leistung P_0 aus dem Reaktor abgeführt wird:

$$P_0 = k_M \cdot 2 \cdot (T_{M0} - T_0) , \tag{4.6.12}$$

$$k_M = \frac{P_0}{2(T_{M0} - T_0)} . \tag{4.6.13}$$

Wir dividieren (4.6.10) durch c_M und erhalten

$$\frac{\mathrm{d}\Delta T_M}{\mathrm{d}t} = \frac{k_B}{c_M}(\Delta T_B - \Delta T_M) - \frac{k_M}{c_M} 2(\Delta T_M - \Delta T_0)\,, \tag{4.6.14}$$

$$\frac{\mathrm{d}\Delta T_M}{\mathrm{d}t} = \frac{\Delta T_B - \Delta T_M}{\tau_{BM}} - \frac{2(\Delta T_M - \Delta T_0)}{\tau_M}\,, \tag{4.6.15}$$

$$\tau_{BM} = \frac{c_M}{k_B}\,, \tag{4.6.16}$$

$$\tau_M = \frac{c_M}{k_M}\,. \tag{4.6.17}$$

Das Gleichungssystem (4.6.4), (4.6.14) und (4.6.15) beschreibt ein einfaches Modell für die Auswertung von Störungsmessungen.

Da die Störung in so kurzer Zeit abläuft, daß sich die während der Störung auftretende Moderatortemperaturänderung noch nicht am Reaktoreintritt auswirkt, kann $\Delta T_0 = 0$ gesetzt werden.

Bevor weitere Vernachlässigungen für die Verarbeitung des Gleichungssystems eingeführt werden, seien Werte für die Zeitkonstanten τ_B, τ_{BM} und τ_M genannt, die sich aus Daten des WWER-2 für den Nennleistungszustand ergeben:

$$\tau_B = 4{,}9\ \mathrm{s}\,, \tag{4.6.18}$$

$$\tau_{BM} = 10{,}9\ \mathrm{s}\,, \tag{4.6.19}$$

$$\tau_M = 1{,}6\ \mathrm{s}\,. \tag{4.6.20}$$

Unter Berücksichtigung von $\Delta T_0 = 0$ formen wir (4.6.9) und (4.6.15) um:

$$\frac{\mathrm{d}\Delta T_B}{\mathrm{d}t} + \frac{1}{\tau_B}\Delta T_B = \frac{\Delta T_M}{\tau_B} + \frac{\Delta P}{c_B}\,, \tag{4.6.21}$$

$$\frac{\mathrm{d}\Delta T_M}{\mathrm{d}t} + \left(\frac{1}{\tau_{BM}} + \frac{2}{\tau_M}\right)\Delta T_M = \frac{\Delta T_B}{\tau_{BM}}\,. \tag{4.6.22}$$

Das Modell, bestehend aus den Gleichungen (4.6.4), (4.6.21) und (4.6.22), enthält mit τ_B, τ_{BM}, τ_M, α_{TM}, α_P und α_h sechs Parameter. Gemessen werden jedoch nur der Neutronenfluß (und daraus abgeleitet die Leistungsänderung $\Delta P(t)$ und die Reaktivität $\varrho(t)$) und die Änderung der Stabstellung $\Delta h(t)$. Die Meßgrößen enthalten zuwenig Informationen, um daraus alle Parameter eindeutig zu bestimmen. Deshalb muß man zur Auswertung nach Vereinfachungen suchen. Folgende vereinfachende Annahme ist ausreichend, um zu einem auswertbaren Modell zu gelangen.

Auch während des Übergangsprozesses besteht zwischen der Moderatortemperaturänderung ΔT_M und der Brennstofftemperaturänderung ΔT_B der stationäre Zusammenhang, der sich aus (4.6.22) ergibt:

$$\Delta T_M = \left(\frac{1}{\tau_{BM}} + \frac{2}{\tau_M}\right)^{-1} \frac{1}{\tau_{BM}} \cdot \Delta T_B \,. \tag{4.6.23}$$

Schreibt man abkürzend

$$\tau = \left(\frac{1}{\tau_{BM}} + \frac{2}{\tau_M}\right)^{-1}, \tag{4.6.24}$$

$$\gamma = \frac{\tau}{\tau_{BM}}, \tag{4.6.25}$$

dann geht (4.6.23) über in

$$\Delta T_M = \gamma \cdot \Delta T_B \,. \tag{4.6.26}$$

Wegen der Kleinheit von τ (mit (4.6.18), (4.6.19) und (4.6.24) ergibt sich $\tau \approx 0{,}75$ s) und wegen der zu erwartenden langsamen und geringen Moderatortemperaturänderung erscheint der Ansatz (4.6.26) als gerechtfertigt.

Mit (4.6.26) entstehen aus (4.6.21) und (4.6.22) für ΔT_B und ΔT_M die Differentialgleichungen

$$\frac{\tau_B}{(1-\gamma)} \frac{\mathrm{d}\Delta T_B}{\mathrm{d}t} + \Delta T_B = \frac{1}{(1-\gamma)} \frac{\tau_B}{c_B} \Delta P \,. \tag{4.6.27}$$

$$\frac{\tau_B}{(1-\gamma)} \frac{\mathrm{d}\Delta T_M}{\mathrm{d}t} + \Delta T_M = \frac{\gamma}{(1-\gamma)} \frac{\tau_B}{c_B} \Delta P \,. \tag{4.6.28}$$

Um die Temperaturänderungen ΔT_B und ΔT_M mit den ihnen entsprechenden Reaktivitätsänderungen in Verbindung zu bringen, wird (4.6.27) mit dem Brennstofftemperaturkoeffizienten α_{TB} und (4.6.28) mit dem Moderatortemperaturkoeffizienten α_{TM} multipliziert. Anschließend werden die entstehenden Gleichungen addiert. Man erhält

$$\frac{\tau_B}{(1-\gamma)} \frac{\mathrm{d}}{\mathrm{d}t} (\alpha_{TB}\, \Delta T_B \alpha_{TM}\, \Delta T_M) + (\alpha_{TB}\, \Delta T_B + \alpha_{TM}\, \Delta T_M)$$

$$= \frac{\tau}{(1-\gamma) \cdot c_B} (\alpha_{TB} + \gamma \alpha_{TM})\, \Delta P \,. \tag{4.6.29}$$

Mit den Abkürzungen

$$\tau_1 = \frac{\tau_B}{(1-\gamma)}, \qquad (4.6.30)$$

$$\varrho_i = \alpha_{TB}\,\Delta T_B + \alpha_{TM}\,\Delta T_M, \qquad (4.6.31)$$

$$\alpha_P = \frac{\tau_B}{(1-\gamma)\cdot c_B}(\alpha_{TB} + \gamma\alpha_{TM}) \qquad (4.6.32)$$

geht (4.6.29) über in

$$\tau_1 \cdot \dot{\varrho}_i(t) + \varrho_i(t) = \alpha_P\,\Delta P(t)\,. \qquad (4.6.33)$$

$\varrho_i(t)$ ist die Rückkopplungsreaktivität des Reaktors, α_P der Leistungskoeffizient. Die Integration von (4.6.33) unter Berücksichtigung von $\varrho_i(t=0) = 0$ liefert

$$\varrho_i(t) = \frac{\alpha_P}{\tau_1}\int_0^t \exp\left(-(t-t')/\tau_1\right)\Delta P(t')\,\mathrm{d}t'\,. \qquad (4.6.34)$$

(Es bereitet formal keine Schwierigkeiten, eine Abweichung des Reaktorzustandes vom Zustand $\varrho = 0$ am Beginn der Messung zu berücksichtigen: Man braucht nur (4.6.33) unter Berücksichtigung von $\varrho_i(t = 0) = \varrho_0 \neq 0$ zu integrieren.)

Die Reaktivität des Reaktors ist die Summe von aufgeprägter Reaktivität und Rückkopplungsreaktivität:

$$\varrho(t) = \alpha_h\,\Delta h(t) + \varrho_i(t)\,. \qquad (4.6.35)$$

$\varrho_i(t)$ kann unterschiedlich beschrieben werden:

$$\varrho_i = \alpha_{TB}\,\Delta T_B + \alpha_{TM}\,\Delta T_M, \qquad (4.6.36)$$

$$\varrho_i = \alpha'_P\,\Delta P + \alpha_{TM}\,\Delta T_M, \qquad (4.6.37)$$

mit $\alpha'_P = \partial\varrho_i/\partial P$. Theoretisch befriedigender ist die Darstellung (4.6.36), denn die Ursache für den Brennstofftemperatureffekt der Reaktivität ist die Brennstofftemperaturänderung und nicht die Leistungsänderung.

Mit $\varrho_i(t)$ aus (4.6.34) erhält man aus (4.6.35)

$$\varrho(t) = \alpha_h\,\Delta h(t) + \frac{\alpha_P}{\tau_1}\int_0^t \exp\left(-(t-t')/\tau_1\right)\Delta P(t')\,\mathrm{d}t'\,. \qquad (4.6.38)$$

In diesem Modell sind nur noch die Parameter α_h (= differentielle Stabwirksamkeit), α_P (= Leistungskoeffizient) und τ_1 (= Zeitkonstante) zu bestimmen. Gemessen werden $\varrho(t)$, $\Delta h(t)$, $\Delta P(t)$. Das in diesem Abschnitt vorgestellte Modell und seine Auswertung sind in [16] enthalten.

4.6.3. Numerisches zu Störungsmessungen

Die Probleme, die insbesondere in Kap. 4.6.2. im Zusammenhang mit der Auswertung von Störungsmessungen qualitativ dargestellt wurden, werden in diesem Abschnitt quantitativ untersucht.

Für die Untersuchungen wird ein axial eindimensionales reaktordynamisches Rechenmodell [17] mit einer schnellen und einer thermischen Neutronengruppe verwendet. Es werden 6 Gruppen verzögerter Neutronen berücksichtigt. Die Rückwirkung der Brennstofftemperatur auf die Reaktivität wird durch einen Brennstofftemperaturkoeffizienten ($-0{,}5 \cdot 10^{-4}$ K^{-1}) beschrieben, die Rückwirkung der Moderatortemperatur auf die Reaktivität durch einen Moderatortemperaturkoeffizienten ($-2{,}5 \cdot 10^{-4}$ K^{-1}). Das Brennelement wird in 7 Zonen unterteilt: Hülle, Gasspalt und 5 Brennstoffzonen. Es wird eine Spaltzone der Höhe 240 cm betrachtet. Dieses Gebiet wird axial in 12 Bereiche mit je 5 Maschen unterteilt (s. Bild 4.6.2).

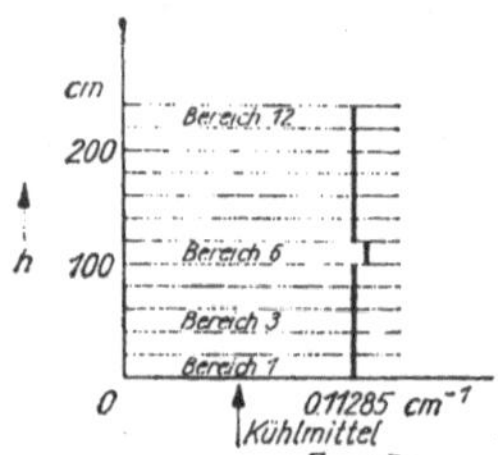

Bild 4.6.2
Modellreaktor

Innerhalb eines Bereiches sind die neutronenphysikalischen Materialparameter konstant. Die Homogenität der Spaltzone wird nur dadurch gestört, daß sich der Bereich 6 hinsichtlich des makroskopischen thermischen Absorptionsquerschnittes Σ^a von den anderen Bereichen unterscheidet (Σ^a [Bereich 6] = 0,11285 cm^{-1}, Σ^a [restliche Bereiche] = 0,11053 cm^{-1}).

Eine Störung der Spaltzone bei der Störungsmessung mittels einer Regelstabbewegung entsprechend Bild 4.6.1d wird dadurch simuliert, daß im Bereich 6 der makroskopische thermische Absorptionsquerschnitt Σ_6^a geändert wird. Die Größe $\Delta\Sigma_6^a$ der Störung wurde so gewählt, daß sich für den Fall, in dem Moderator- und Brennstofftemperaturrückkopplung unberücksichtigt blieben, eine Leistungsänderung von ca. 5% ergab. Der zeitliche Verlauf der Störung $\Delta\Sigma_6^a(t)$ ist in Bild 4.6.3 dargestellt.

Es wurden folgende Fälle rechnerisch untersucht:

a) keine Berücksichtigung von Rückkopplungseffekten, d. h. reine reaktorkinetische Rechnung,
b) Berücksichtigung allein der Brennstofftemperaturrückkopplung,
c) Berücksichtigung von Brennstofftemperatur- und Moderatortemperaturrückkopplung.

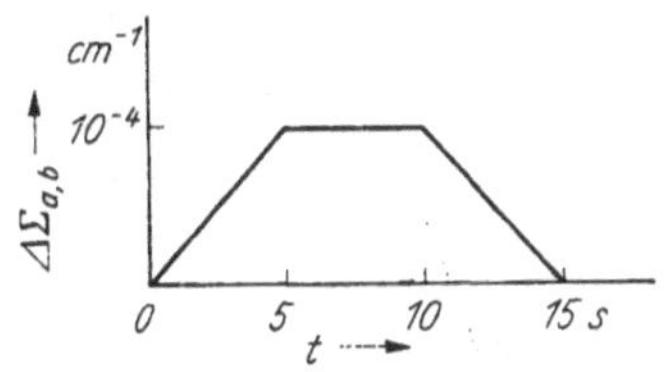

Bild 4.6.3
Zeitlicher Verlauf der Störung

Die Rechnung liefert für jede Masche die zeitlichen Verläufe von Neutronenflußdichte, Leistungsdichte, Moderatortemperatur, Hüllentemperatur, Brennstofftemperatur in den 5 Zonen und mittlerer Brennstofftemperatur. Man kann folglich ermitteln, wie das Signal eines Neutronenflußdetektors vom Ort abhängt. Die Auswertung dieser Neutronenflüsse mit einem „Reaktivitätsmesser", d. h. mit einem Rechenmodell [18], das entsprechend (4.4.10) den zeitlichen Verlauf des Neutronenflusses in den zeitlichen Verlauf der Reaktivität umrechnet, gestattet Aussagen über die zu erwartende Ortsabhängigkeit der Reaktivitätsmesseranzeige bei Störungsmessungen.

In den Bildern 4.6.4 bis 4.6.8 sind für die Rechnungen ohne Berücksichtigung der Rückkopplungseffekte, mit Berücksichtigung der Brennstofftemperaturrückkopplung und mit Berücksichtigung von Brennstoff- und Moderatortemperaturrückkopplung dargestellt:

(a) die zeitlichen Verläufe des thermischen Neutronenflusses $\Phi(t)$ (bezogen auf den stationären Wert $\Phi(t = 0)$) in unterschiedlichen Bereichen:
   (1) Bereich 1 : der Endbereich des Reaktors, der dem gestörten Bereich näher liegt,
   (2) Bereich 6 : der gestörte Bereich,
   (3) Bereich 12: der Endbereich des Reaktors, der vom gestörten Bereich weiter entfernt ist,

   sowie der zeitliche Verlauf des mittleren thermischen Neutronenflusses $\overline{\Phi}(t)$ (bezogen auf den stationären Wert $\overline{\Phi}(t = 0)$);

(b) die zeitlichen Verläufe der Reaktivität, die sich aus den unter (a) angegebenen Neutronenflußverläufen ergeben.

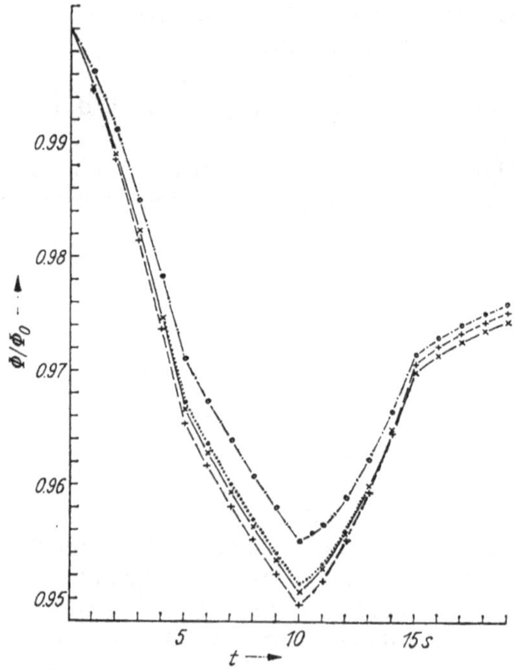

Bild 4.6.4
Neutronenflüsse in drei Bereichen und spaltzonengemittelt, berechnet ohne Berücksichtigung von Rückkopplungseffekten
● Bereich 1, + Bereich 6, ○ Bereich 12, × $\overline{\Phi}/\overline{\Phi}_0$

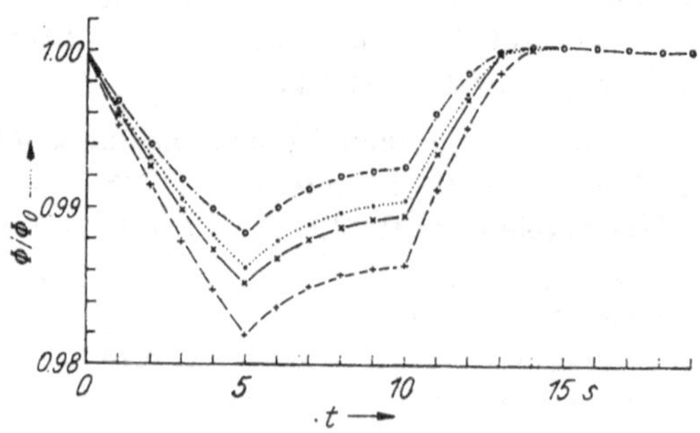

Bild 4.6.5
Neutronenflüsse in 3 Bereichen und spaltzonengemittelt, berechnet mit Brennstofftemperaturrückkopplung
● Bereich 1, + Bereich 6, ○ Bereich 12, × $\overline{\Phi}/\overline{\Phi}_0$

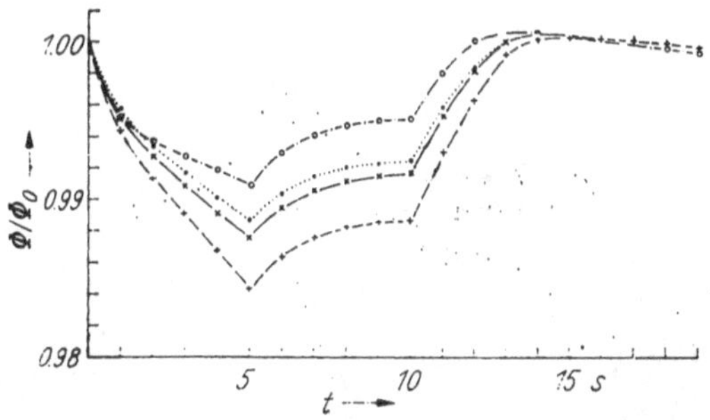

Bild 4.6.6
Neutronenflüsse in 3 Bereichen und spaltzonengemittelt, berechnet mit Brennstofftemperatur- und Moderatortemperaturrückkopplung
● Bereich 1, + Bereich 6, ○ Bereich 12, × $\overline{\Phi}/\overline{\Phi}_0$

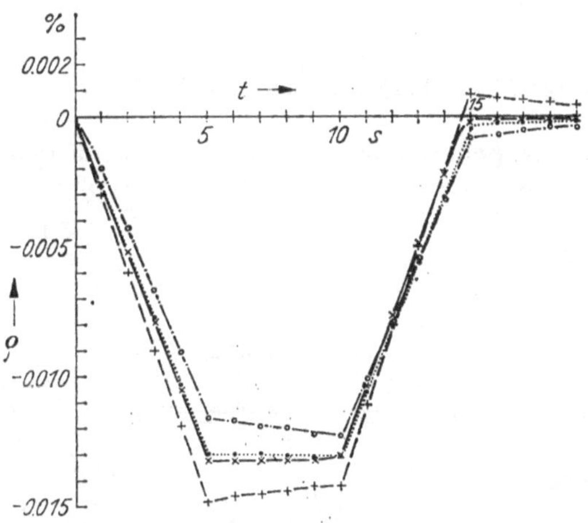

Bild 4.6.7
Reaktivitätsverläufe, berechnet aus den Neutronenflüssen des Bildes 4.6.4 (keine Berücksichtigung von Rückkopplungseffekten)
● Bereich 1, + Bereich 6, ○ Bereich 12, × $\overline{\Phi}/\overline{\Phi}_0$

Außerdem sind in Bild 4.6.9 die zeitlichen Verläufe der Reaktivität angegeben, die sich aus den Flußverläufen ergeben, die sich bei einer Störung im Bereich 3 in den einzelnen Bereichen ausbilden. Die Größe der Störung ist so, wie in Bild 4.6.3 angegeben.

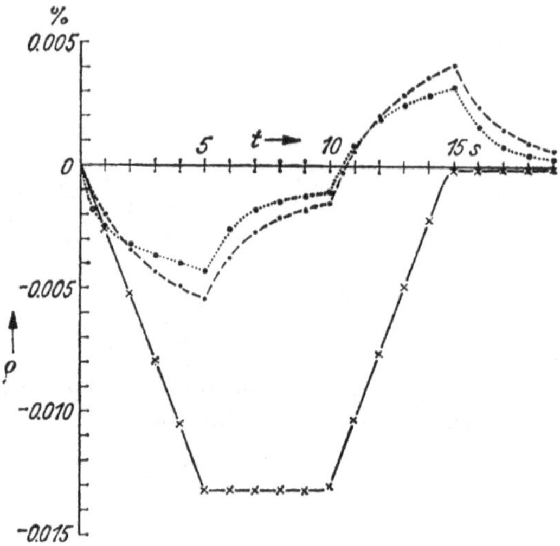

Bild 4.6.8
Reaktivitätsverläufe, berechnet aus $\overline{\Phi}/\overline{\Phi}_0$ für eine Störung im Bereich 6
× ohne Rückkopplungseffekte, ● mit Brennstofftemperaturrückkopplung, ○ mit Brennstoff- und Moderatortemperaturrückkopplung

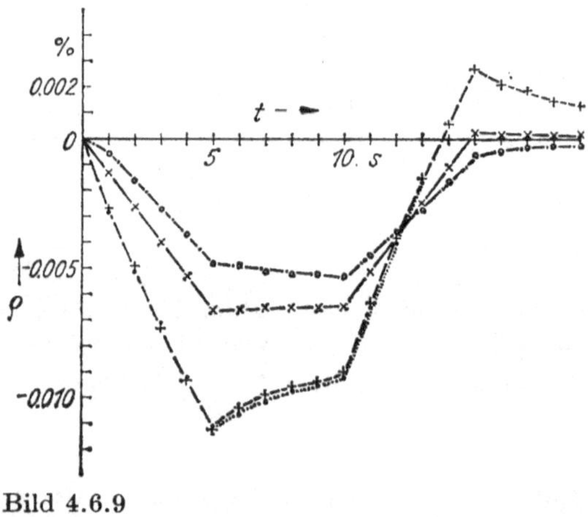

Bild 4.6.9
Reaktivitätsverläufe, berechnet für eine Störung in Zone 3 (keine Berücksichtigung von Rückkopplungseffekten)
● Bereich 1, + Bereich 3, ○ Bereich 12, × $\overline{\Phi}/\overline{\Phi}_0$

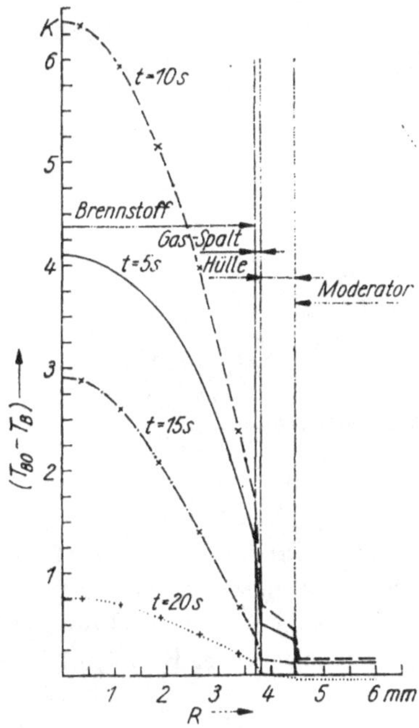

Bild 4.6.10
$T_{B0}(R) - T_B(R)$ im maximal belasteten Brennelementquerschnitt für unterschiedliche Zeiten

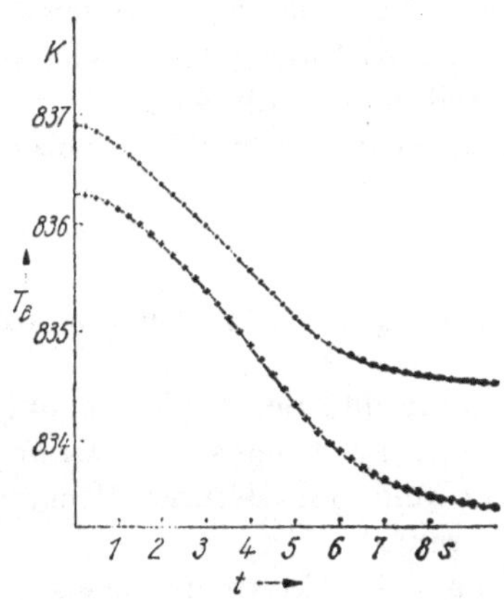

Bild 4.6.11
Zeitlicher Verlauf der mittleren Brennstofftemperatur
× Brennstofftemperaturrückkopplung, ● Brennstoff- und Moderatortemperaturrückkopplung

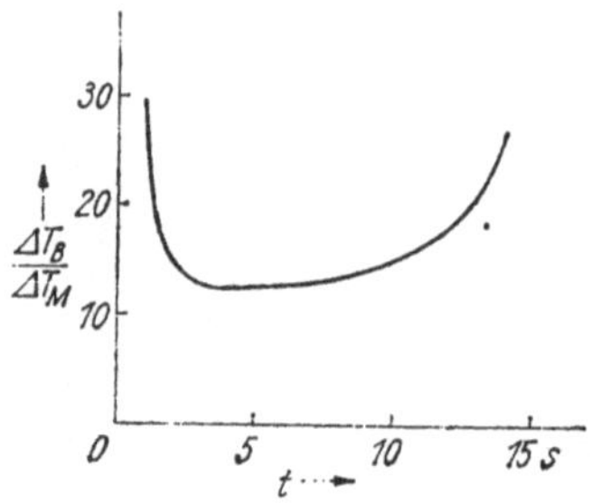

Bild 4.6.12

Zeitlicher Verlauf des Verhältnisses $\frac{\Delta T_B(t)}{\Delta T_M(t)}$

In Bild 4.6.10 ist die zeitliche Entwicklung der Temperaturverteilung im maximal belasteten Querschnitt des Brennelementes für eine Störung im Bereich 6 dargestellt, in Bild 4.6.11 die zeitliche Entwicklung der über Brennelementlänge und -radius gemittelten Temperatur. Bild 4.6.12 stellt den zeitlichen Verlauf des Verhältnisses

$$\frac{\Delta T_B}{\Delta T_M} = \frac{\overline{T}_B(t) - \overline{T}_B(0)}{\overline{T}_M(t) - \overline{T}_M(0)} \tag{4.6.39}$$

dar. Dieser Quotient bringt den Zusammenhang zwischen der Änderung der mittleren Brennstofftemperatur und der Änderung der mittleren Moderatortemperatur zum Ausdruck. Die Darstellung enthält $\Delta T_B/\Delta T_M$ nur für solche Zeiten, für die die Bildung der Quotienten (4.6.39) von Differenzen annähernd gleicher großer Zahlen sinnvoll ist.

4.6.4. Probleme bei der Auswertung von Störungsmessungen

4.6.4.1. Gleichzeitig mit der Flußänderung bei der Bewegung der Regelstäbe ändert sich die Wärmequelldichte im Brennstoff. Damit ändert sich aber auch die Brennstofftemperatur und der Brennstofftemperatureffekt (Doppler-, Leistungseffekt) wird wirksam.

Die Brennstofftemperaturverteilung gehorcht in homogenen Substanzen der Wärmediffusionsgleichung

$$\frac{\partial T_B}{\partial t} = a \cdot \Delta T_B + \frac{Q(\vec{r}, t)}{\mu \cdot c}, \qquad a = \frac{\lambda}{\mu \cdot c}, \tag{4.6.40}$$

a = Wärmediffusionskonstante,
λ = Wärmeleitfähigkeit,
μ = Massendichte,
c = spezifische Wärme.

Bei Störungsmessungen ist der Anfangszustand der stationäre Zustand. Für diesen gilt

$$\frac{\partial T_B}{\partial t} = a\Delta T_B + \frac{Q(\vec{r}, 0)}{\mu \cdot c} = 0 . \quad (4.6.41)$$

Da die $T_B(t)$-Kurve mit dem Anstieg Null beginnt, kann man erwarten, daß für kleine Zeiten der Reaktivitäts-Zeit-Verlauf vor allem durch die zeitlineare Reaktivitätsänderung infolge der Regelstabbewegung bestimmt wird. Deshalb kann man die differentielle Stabwirksamkeit aus

$$\alpha_h \doteq \left.\frac{\partial \varrho}{\partial t}\right|_{t=0} \Big/ \left.\frac{\mathrm{d}h}{\mathrm{d}t}\right|_{t=0} \quad (4.6.42)$$

ermitteln.

Bild 4.6.11 zeigt: Für Zeiten, die kleiner als ca. 0,5 s sind, ändert sich die Brennstofftemperatur nur sehr wenig. Man kann deshalb für Zeiten $< 0{,}5$ s annehmen, daß der Reaktivitätsverlauf vernachlässigbar wenig durch die Brennstofftemperaturänderung beeinflußt wird und nur für diese Zeiten α_h aus (4.6.42) bestimmen. Diese Feststellung wird durch die Betrachtung der Reaktivitätsverläufe in Bild 4.6.8 bestätigt. Meßtechnische Probleme schließen jedoch z. Z. die Anwendung von (4.6.42) zur Bestimmung von α_h aus.

4.6.4.2. Die in Kap. 4.6.2. dargestellte Auswertung setzt die Gültigkeit von

$$\Delta T_M = \gamma\, \Delta T_B \quad (4.6.26)$$

voraus. Bild 4.6.12 zeigt, daß der Proportionalitätsfaktor zwischen ΔT_M und ΔT_B im allgemeinen zeitabhängig ist. Die Voraussetzung (4.6.26) ist nur für bestimmte Zeitbereiche in guter Näherung erfüllt. Entsprechend der Ableitung von (4.6.26) aus (4.6.22) ist (4.6.26) umso besser erfüllt, je langsamer die Störung abläuft. Eine Verletzung von (4.6.26) beeinflußt dann die Auswertung von Störungsmessungen nur in geringem Maße, wenn die Moderatortemperaturrückkopplung klein ist im Vergleich zur Brennstofftemperaturrückkopplung, wenn also

$$\alpha_{T_M} \cdot \Delta T_M \ll \alpha_{T_B} \cdot \Delta T_B \quad (4.6.4\ \ )$$

gilt. (4.6.43) ist für kleine Zeitbereiche nach Einleitung der Störung erfüllt, da sich für diese $\Delta T_M \ll \Delta T_B$ ergibt. Deshalb kann in diesen Zeitbereichen eine Verletzung von (4.6.26) zugelassen werden. Für $\alpha_{T_M} \ll \alpha_{T_B}$ gilt (4.6.43) immer, da $\Delta T_M < \Delta T_B$ bei Störungsmessungen stets erfüllt ist. In Reaktoren des Typs WWER kann vor allem bei hohen Borsäurekonzentrationen der Moderatortemperaturkoeffizient wesentlich kleiner als der Brennstofftemperaturkoeffizient sein.

4.6.4.3. Ziel der Störungsmessungen ist letztlich die Ermittlung von Größen, die mit rechnerisch gewonnenen Größen verglichen werden können, um Aussagen über die Zuverlässigkeit von Rechnungen zu bekommen. Die Rechenwerte entstammen stationären Rechnungen. Für die Übereinstimmung von stationärer und dynamischer Reaktivität wurden im Kap. 4.3.3. folgende Voraussetzungen abgeleitet:

(a) Der Neutronenfluß Φ ist darstellbar als Produkt $\Phi(\vec{r}, t) = \varphi(\vec{r}) \cdot n(t)$, wobei φ die Formfunktion und n die Amplitudenfunktion ist.

(b) Die Formfunktion ist proportional der Lösungsfunktion der stationären Diffusionsgleichung, die zur Berechnung der Reaktivität verwendet wird.

In den Bildern 4.6.4 bis 4.6.6 sind für unterschiedliche Bereiche die Verhältnisse $\Phi(\vec{r}, t)/\Phi(\vec{r}, 0)$, also die Amplitudenfunktionen, aufgetragen. Man erkennt, daß jeder Bereich „seine" Amplitudenfunktion besitzt. Der Neutronenfluß ist folglich nicht als $\Phi(\vec{r}, t) = \varphi(\vec{r}) \cdot n(t)$ darstellbar. Deshalb ist es auch nicht überraschend, daß sich für die unterschiedlichen Bereiche unterschiedliche Reaktivitätsverläufe ergeben (s. Bild 4.6.7). Wie stark die Ortsabhängigkeit des Meßergebnisses sein kann, zeigt Bild 4.6.9. Hier sind die Reaktivitätsverläufe aufgetragen, wie sie sich bei einer Störung im Bereich 3 für einzelne Bereiche ergeben.

Bei Störungsmessungen sind in weitaus höherem Maße Ortseffekte (Abhängigkeit der Meßergebnisse vom Ort der Messung) wirksam als bei dynamischen Nulleistungsmessungen: Bei Störungsmessungen wird die Reaktion des Reaktors auf eine örtlich begrenzte und zeitlich kurz wirkende Störung (Stabbewegung) erfaßt und ausgewertet; bei dynamischen Messungen wird bewußt der Zeitbereich, der dem Zeitpunkt der Störung benachbart ist, aus der Auswertung herausgenommen und nur der Zeitbereich ausgewertet, währenddessen eine quasihomogene Änderung der Materialeigenschaften erfolgt (verursacht durch Änderung der Moderatortemperatur oder der Borsäurekonzentration oder der Leistung oder der Xenon- und Samariumvergiftung).

4.7. Schlußfolgerungen für den Vergleich von Messung und Rechnung

Ungeachtet der in den folgenden Abschnitten zu behandelnden speziellen experimentellen und technologischen Probleme bei der Durchführung von reaktorphysikalischen Messungen an Leistungsreaktoren, lassen sich aus den allgemeinen Betrachtungen der vorangehenden Kapitel einige Schlußfolgerungen ziehen:

(1) Es lassen sich Bedingungen angeben, die erfüllt sein müssen, damit die gemessene (dynamische) Reaktivität mit der berechneten (stationären) Reaktivität übereinstimmt.

(2) Die technische Realisierbarkeit eines Reaktivitätsmessers setzt stark vereinfachende Annahmen bei der theoretischen Behandlung der Reaktivität voraus. Es ist insbesondere in Zusammenhang mit Störungsmessungen schwierig auszusagen, wie sich die Reaktivitätsmesseranzeige von der in der Theorie definierten Größe „Reaktivität" unterscheidet.

(3) Vom Standpunkt der Theorie aus betrachtet ist es befriedigender, die Zuverlässigkeit von Rechenprogrammen durch die Nachrechnung experimentell ermittelter kritischer Zustände zu überprüfen, also auf den Vergleich der aus experimentellen Daten bestimmten Reaktivitätseffekte mit berechneten Reaktivitätseffekten zu verzichten; denn die Daten, die die kritischen Zustände beschreiben, sind mit geringerem Fehler behaftet als die experimentellen Werte für Reaktivitätseffekte bzw. -koeffizienten, in die nicht nur die Meßunsicherheiten, sondern auch die Fehler des Auswertemodells eingehen.

Trotzdem behalten die Messungen der Reaktivitätskoeffizienten ihre Bedeutung; denn nur sie gestatten es, die Änderung der Reaktivität in Abhängigkeit von nur einer unabhängigen Variablen zu bestimmen. Die Kenntnis von Reaktivitätskoeffizienten erleichtert die Analyse von Rechenmodellen: Berechnete kritische Zustände können auch dann mit gemessenen kritischen Zuständen übereinstimmen, wenn das Rechenmodell den Einfluß mehrerer Parameter auf die Reaktivität in der Weise falsch beschreibt, daß sich die Fehler kompensieren. Vergleicht man berechnete und gemessene Reaktivitätskoeffizienten, dann entfällt diese Schwierigkeit.

(4) Die erfolgreiche Anwendung von Störungsmessungen setzt eine detaillierte Analyse des dynamischen Verhaltens des Reaktors voraus. Es muß, z. B. mittels Modellrechungen, festgestellt werden, wie sich der Ort der Messung auf das Meßergebnis auswirkt und welche Vereinfachungen im Auswertemodell zulässig sind.

5. Reaktivitätsmessungen und Auswertemethoden

5.1. Die Punktkinetik als Grundlage der Reaktivitätsmessung

Die Kinetik des Neutronenfeldes wird in allgemeinster Form von den zeit- und energieabhängigen Transportgleichungen beschrieben. Jedoch selbst die zeitabhängige Diffusionsgleichung (s. z. B. Kap. 4.) für nur eine Neutronengruppe ist für einen realen Reaktor ein nicht exakt lösbares Problem. Dem entgegen steht die Forderung des Experimentators nach einer Methode, mit der die Spaltzone möglichst global (ortsunabhängig) und außerdem einfach beschrieben werden kann; denn er will dem Betreiber von Anlagen mit nicht allzu aufwendigen Methoden rasch Ergebnisse in die Hand geben. Daher wird er in jedem Fall zu Näherungen der exakten Theorie gezwungen. Die einfachste Beschreibung des Zeitverhaltens eines Reaktors ist die Punktkinetik, wie sie z. B. der meßbaren Reaktivität $\varrho_m(t)$ in (4.4.10) zugrunde gelegt ist. Neben den üblicherweise bei der Ableitung der Diffusionsgleichung von der Transportgleichung gemachten Näherungen, mußten die in Kap. 4. gezeigten Annahmen gemacht werden, die schließlich zu einer globalen Beschreibung des Reaktors durch die punktkinetischen Gleichungen führten.

Mit Hilfe dieses einfachen Zusammenhanges zwischen der Reaktivität ϱ und der zeitlichen Änderung der Neutronendichte $n(t)$ ist der Experimentator nunmehr in der Lage, die Reaktivität aus der Messung der Neutronendichteänderung oder einer ihr proportionalen Größe (z. B. Ionisationskammerstrom) zu ermitteln, sobald die erwähnten Annahmen in der Praxis hinreichend genau erfüllt sind. Da der Weg der Registrierung von $n(t)$ und der nachfolgenden Berechnung von ϱ sehr datenintensiv und damit zeitaufwendig wird, haben sich zwei Hilfsmittel eingebürgert:

— der Analogrechner, der entsprechend den punktkinetischen Gleichungen (4.4.10) verdrahtet ist — er wird üblicherweise als Reaktivitätsmesser oder Reaktimeter bezeichnet — und

— der On-line-Digitalrechner, der nach den punktkinetischen Gleichungen programmiert wird; in den meisten Fällen handelt es sich um einen Prozeßrechner, der eine über die Reaktivitätsberechnung hinausgehende Aufgabenstellung bearbeitet.

In beiden Fällen ist die Reaktivität so gut wie gleichzeitig mit der Neutronendichteänderung ablesbar; die genannten Geräte bieten dem Experimentator also den gleichen Komfort, wie ein prompt anzeigendes herkömmliches Meßgerät.

Die Neutronendichte ihrerseits wird mit einem Neutronendetektor gemessen. Der gesamte Meßkanal sowie spezielle Einzelheiten, die Detektoren betreffend, werden in Kap. 5.4. näher beschrieben.

Die punktkinetischen Gleichungen bilden als Modell des Zeitverhaltens des Neutronenfeldes die Grundlage für fast alle Messungen, mit denen das Reaktivitätsverhalten der Spaltzone ermittelt werden soll. Die Frage, wie die zur Herleitung der punktkinetischen Gleichungen gemachten Annahmen oder Näherungen in der Praxis realisierbar sind, ist daher in vielen Fällen vordergründig. Da die Annahmen in der Praxis nicht exakt realisierbar sind, wird die Frage anders, meistens wie folgt gestellt werden: Wie groß dürfen die Abweichungen von den Annahmen sein, damit die daraus folgenden Näherungen der Theorie noch gültig sind?

Die Beantwortung dieser Frage wird vom Typ, von der Größe des Reaktors und von der Meßmethode selbst abhängig sein. Rechnerische Untersuchungen dazu wurden im Kap. 4. für den WWER-440 bereits gemacht; demzufolge sind die punktkinetischen Gleichungen für die dynamischen Nulleistungsmessungen in guter Näherung anwendbar. Auf darüber hinausgehende Probleme bei anderen Methoden wird in den entsprechenden Kapiteln eingegangen (s. z.B. 5.2.3.). Solche Probleme treten immer dann auf, wenn die in Kap. 4. gemachten Annahmen, wie

- langsame zeitliche Änderung des Flusses und
- Geringfügigkeit der räumlichen Störung (damit wird eine raum-zeitliche Entkopplung des Problems in der Theorie möglich)

nur teilweise oder gar nicht erfüllt sind, man aber nicht auf die praktisch sehr einfache Handhabe der Reaktivitätsmessung mit dem Reaktivitätsmesser verzichten will.

Dessenungeachtet versucht der Experimentator, durch geeignete Wahl des Detektorortes o. g. zweite Bedingung zu erfüllen, indem er den Detektor fernab vom Ort der räumlichen Störung anbringt. Inwieweit man dadurch die zulässigen Grenzen der räumlichen Störung des Flußes verschieben kann, wird bei den einzelnen Methoden noch beschrieben. Damit wird klar, daß für Reaktivitätsmessungen vorwiegend die Out-core-Detektoren genutzt werden, die a priori in größerer Entfernung von der Spaltzone angebracht sind. Allerdings haben diese Detektoren auch andere Vorteile:

- Sie sind leicht zugänglich, bewegbar und austauschbar.

— Sie haben wegen des geringen Flusses außerhalb des Cores einen geringen Eigenabbrand und verändern ihre Charakteristik innerhalb längerer Zeiträume nicht.

Soweit die Übersicht über die Probleme, die hier im Kap. 5. zu diskutieren sind. Andere Probleme werden sich aus der Technologie der Experimente ergeben.

5.2. Nulleistungsmessungen

Beim Entwurf, bei der Errichtung und während der Inbetriebnahme sowie während des Betriebes von Kernreaktoren müssen die Reaktorphysiker eine Vielzahl neutronenphysikalischer Aufgaben lösen. Besonders bedeutsam sind dabei die reaktorphysikalischen Experimente an der Spaltzone des errichteten Reaktors — Experimente zur Erstinbetriebnahme, im Betrieb und bei Wiederinbetriebnahmen nach teilweiser Neubeladung des Reaktors. Diese Experimente dienen zur Bereitstellung reaktorphysikalischer Kenngrößen für eine sichere und ökonomische Betriebsführung und ganz besonders zur Überprüfung und ggf. Korrektion der Rechenprogramme für die Beladungen des Reaktors. Es werden aber auch Experimente am Reaktor durchgeführt, die unter Laborbedingungen nicht ausgeführt werden konnten.

Die Arbeit mit dem Reaktor beginnt jeweils in der Phase der ersten Einleitung der Kettenreaktion. Diese Phase endet mit der Einstellung einer konstant ablaufenden Kettenreaktion des kritischen Reaktors, sobald mit der nuklearen Meßtechnik jede Veränderung im Ablauf der Kettenreaktion nachgewiesen werden kann. Daran schließen sich die ersten Experimente zur Überprüfung der nach Rechnung zusammengestellten Beladung anhand des Verhaltens der im Reaktor ablaufenden Kettenreaktion je nach dem Ablauf technologischer Parameter an.

Diese experimentelle Überprüfung erfolgt schrittweise. Sie beginnt beim kleinsten meßbaren Neutronenfluß und endet bei dem Neutronenfluß, der der projektierten thermischen Leistung des Reaktors entspricht. Dem Neutronenfluß kann wegen der bei der Kernspaltung freigesetzten Wärme eine thermische Leistung zugeordnet werden. *Nulleistung* wird aus physikalischer Sicht die thermische Leistung genannt, die dem Neutronenfluß entspricht, der mit der installierten nuklearen Meßtechnik gerade noch nachgewiesen werden kann. Zum Bereich der Nulleistung zählt man allgemein jedoch den Bereich von 0,02 bis 5% der Nennleistung.

Im Nulleistungsbereich für reaktorphysikalische Messungen (0,02% bis max. 0,05% der Nennleistung) ist der Neutronenfluß so klein, daß die bei den Kernspaltungen erzeugte Wärme zu keiner Änderung des Temperaturniveaus im Brennstoff und im Moderator führt, d. h., trotz der Änderung des Verlaufes der Kettenreaktion bleibt das Temperaturgleichgewicht in der Spaltzone bestehen, solange dieses Gleichgewicht von außen nicht gestört wird. Wie später gezeigt wird, beeinflussen nämlich Temperaturänderungen den Verlauf der Kettenreaktion und sind für eine Reihe reaktorphysikalischer Untersuchungen nicht erwünscht. Der Einfluß von systeminternen (von der Spaltzone kommenden) Temperaturänderungen auf den Ablauf der Kettenreaktion wird *Rückkopplung* genannt.

Im „physikalischen" Nulleistungsbereich (nachfolgend Nulleistungsbereich genannt) ist eine Rückkopplung nicht nachweisbar. Für den Reaktorphysiker ist der rückkopplungsfreie Ablauf einer Kettenreaktion deshalb interessant und wichtig, weil er dann den Einfluß der Änderung verschiedener Reaktorparameter, wie

— der Borsäurekonzentration im Kühlmittel des 1. Kreislaufs,
— der Temperatur des Kühlmittels,
— der Stellung der Absorberstäbe (-kassetten) in der Spaltzone),
— der kurzlebigen Reaktorgifte,

auf den Ablauf der Kettenreaktion unbeeinflußt von systeminternen Temperaturrückwirkungen studieren kann; es wird nur das Verhalten des Neutronenflusses als Antwort auf eine gezielte Parameteränderung erkennbar und untersucht. Bei größerer Reaktorleistung ändert sich bei einer gezielten Parameteränderung neben dem Neutronenfluß auch die Temperatur des Brennstoffs und des Moderators derart, daß die angeregte Neutronenflußänderung im allgemeinen kompensiert, d. h. der Fluß wieder konstant wird (in Ausnahmefällen wird der Flußverlauf jedoch verstärkt) — Bild 5.2.1.

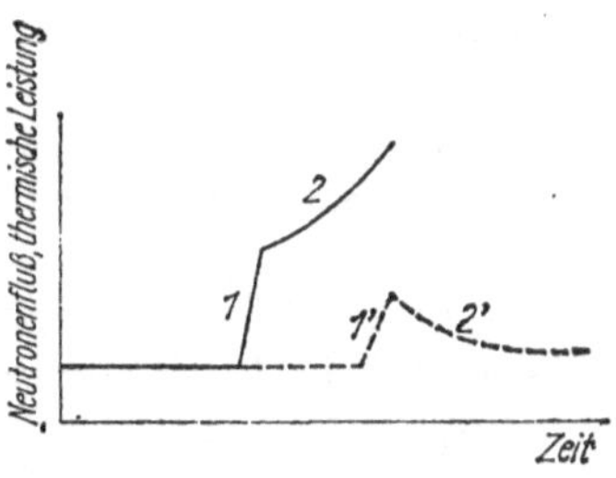

Bild 5.2.1
Prinzipieller Verlauf von thermischer Leistung und Neutronenfluß nach einer Absorberstabverstellung
1,1' Absorberstabverstellung;
2 ohne Rückkopplung;
2' mit Rückkopplung

5.2.1. Dynamische Reaktivitätsmessungen

Reaktorphysikalische Nulleistungsexperimente liefern Meßwerte, die nur z. T. direkt verwertbar sind, wie

— die kritische Stellung von Absorberstäben in der Spaltzone oder

— die kritische Borsäurekonzentration bei verschiedenen Reaktorparametern

(kritisch bedeutet stabiler Zustand der gesamten Reaktoranlage bei entsprechenden Parameterwerten). Andere Kenngrößen, wie Reaktivitätskoeffizienten, müssen durch spezielle Meß- und Auswertemethoden ermittelt werden. Es werden dynamische (auch kinetische genannt) oder statische Meßmethoden verwendet, die meist kombinierte Reaktivitätskoeffizienten bzw. -integrale, die oft Reaktivitätseffekte genannt werden, liefern (s. auch Kap. 4.2.).

Die Methode der dynamischen Reaktivitätsmessung hat sich als die am besten geeignete Methode erwiesen, um schnell gute Meßwerte zu erhalten. Andere Meßmethoden, die ebenfalls angewendet wurden, jedoch umständlicher in der Anwendung sind, werden später kurz vorgestellt.

Bei den dynamischen Reaktivitätsmessungen werden die folgenden Meßwerte aufgenommen:

— die Reaktorleistung P_{th} bzw. die Neutronendichte $n(t)$, die meist mit einem neutronenempfindlichen Detektor gemessen wird und daher als ein ihr proportionaler Gleichstrom $I(t)$ am Meßgerät erscheint,
— die mittlere Moderatortemperatur T_M,
— die Borsäurekonzentration c_B im Wasser des 1. Kreislaufs,
— die Stellung der Absorberstäbe h und
— die Uhrzeit.

Andere für die Auswertung nicht erforderliche Meßwerte registriert man gelegentlich, um die Einhaltung der Versuchsbedingungen zu überwachen.

5.2.1.1. Beschreibung des Meßprinzips

Die Methode der dynamischen Reaktivitätsmessung — in Kap. 4 wurde sie zum Verständnis der theoretischen Betrachtungen schon einmal erläutert — beruht auf folgendem Prinzip:

Die zeitliche Änderung der Neutronendichte $n(t)$ wird kontinuierlich gemessen, während ein anderer Reaktorparameter (z. B. Moderatortemperatur oder Borsäurekonzentration) monoton steigt oder fällt. Aus dem Verlauf $n(t)$ wird mit den punktkinetischen Gleichungen (vgl. Kap. 4.3.3.) der Verlauf der Reaktivität $\varrho(t)$ ermittelt. Die Bilder 5.2.2 und 5.2.3 veranschaulichen das Prinzip der dynamischen Reaktivitätsmessung.

Demzufolge ruft die Änderung eines die Reaktivität beeinflussenden Parameters $x(t)$ mit der Zeit t einen in der Nähe des kritischen Zustandes des Reaktors in erster Näherung linearen Verlauf $\varrho(t)$ hervor, wenn sich $x(t)$ ebenfalls linear ändert und der Reaktor rückkopplungsfrei ist — exakt ver-

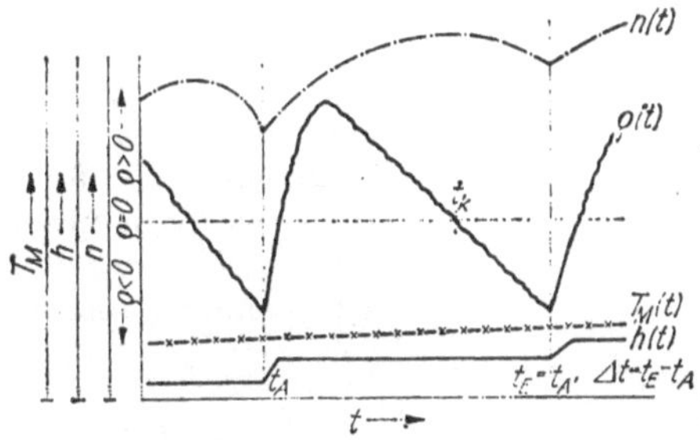

Bild 5.2.2
Darstellung des Parameterverlaufes bei einer dynamischen Reaktivitätsmessung

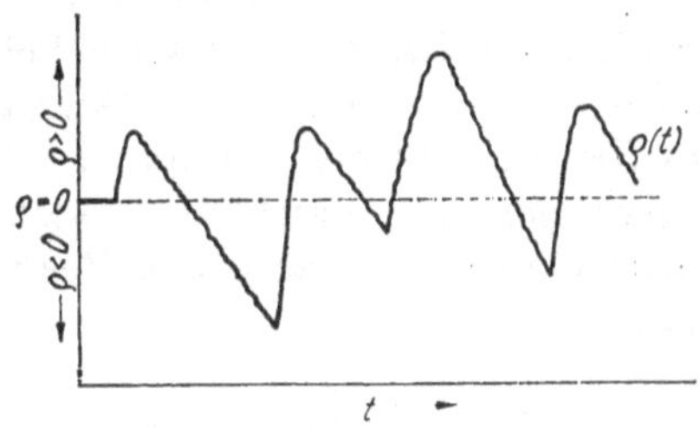

Bild 5.2.3
$\varrho = \varrho(t)$ bei der dynamischen Reaktivitätsmessung

laufen die Parameteränderungen und damit $\varrho(t)$ nach Exponentialfunktionen. $x(t)$ ist im allgemeinen der zeitliche Verlauf der Moderatortemperatur, der Borsäurekonzentration oder der Xenonkonzentration und hat im „Kleinen" (d. h. innerhalb von 0,25 bis 0,50 h) den erwünschten linearen Verlauf, im „Großen" (über 1 h) infolge von Sättigungseffekten den einer fallenden oder ansteigenden Exponentialfunktion. Meistens ergeben sich wegen technologischer Schalthandlungen oder versuchsbedingt notwendiger Änderungen an dx/dt stückweise stetige Verläufe $x(t)$, so daß die Meßwerte zu $x(t)$ in Intervallen getrennt nach Exponentialfunktionen verlaufen (Bild 5.2.4).

Im Detail läuft eine dynamische Messung wie folgt ab (Bild 5.2.2):

Zur Zeit t_A, dem Beginn einer Messung, wird der Reaktor durch Verstellen einer Absorberstabgruppe leicht über- bzw. unterkritisch gemacht. k_{eff} ist dann wenig größer bzw. kleiner als 1; die Änderung liegt in der Größe von etwa $\pm 0{,}0003\ \Delta k_{\text{eff}}/k_{\text{eff}}$. Die entsprechende Reaktivitätsänderung wird durch die kontinuierliche Erhöhung bzw. Abnahme des Reaktorparameters, dessen

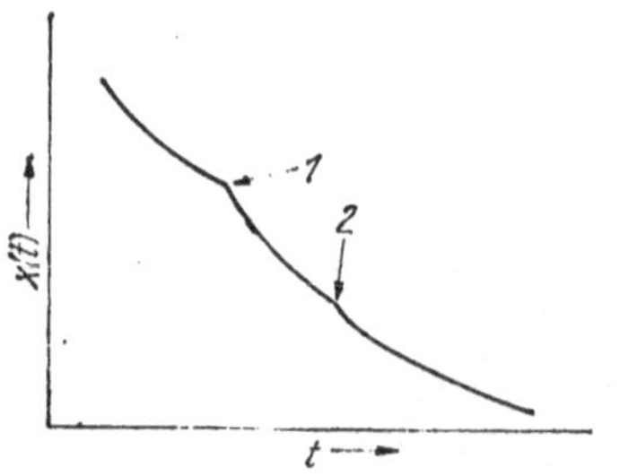

Bild 5.2.4
Allgemeiner Verlauf von $x(t)$ während der dynamischen Reaktivitätsmessungen
1,2 technologische Schalthandlungen

Reaktivitätskoeffizient $\partial\varrho/\partial x$ gemessen werden soll, kompensiert. Wenn eine genügend große Überkompensation erfolgt ist, d. h. nachdem die Reaktivität ϱ ihr Vorzeichen bei $\varrho = 0$ — das entspricht der kritischen Zeit t_k — gewechselt hat, wird die Absorberstabgruppe zur Zeit t_E, dem Ende der Meßkurve, erneut verstellt. In der Regel geschieht das so, daß der entsprechende Reaktivitätsausschlag symmetrisch zu $\varrho = 0$ liegt. t_E entspricht einem t'_A, das den Beginn der folgenden Meßkurve darstellt. Vorteilhaft ist, daß mit dieser Meßmethode die Reaktivitätskoeffizienten beider Parameter — des gleitenden Parameters und des diskontinuierlich verstellten Absorberstabes — gleichzeitig und ohne Zwischenstabilisierungsphasen aus Reaktivitätsmessungen bestimmt werden können.

5.2.1.2. Methoden zur Auswertung dynamischer Messungen

Im Bild 5.2.2 ist der allgemeine Verlauf einer Meßkurve einschließlich des gezielt veränderten Parameters dargestellt. Bild 5.2.5 zeigt den prinzipiellen,

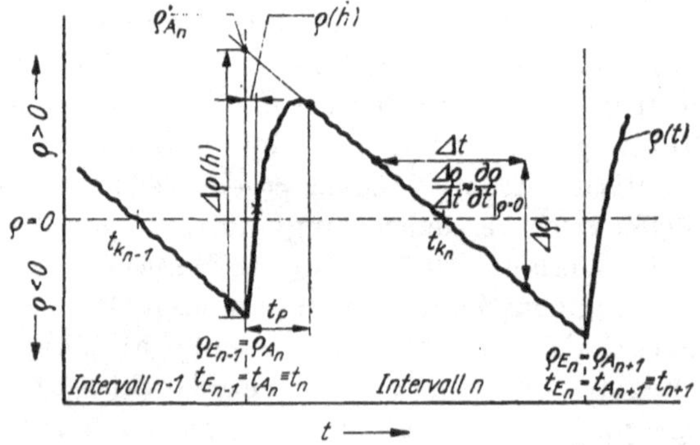

Bild 5.2.5
Kennwerte für die Auswertung einer Meßkurve der dynamischen Reaktivitätsmessung

detaillierter dargestellten Verlauf einer Reaktivitätskurve bezüglich ihrer Auswertung.

Zur Auswertung werden benötigt:

— der zeitliche Verlauf der Reaktivität $\varrho(t)$,
— die zeitliche Änderung der Reaktivität $\partial\varrho/\partial t$,
— die kritische Stellung der Absorberstäbe $h_k(t_k)$,
— die Uhrzeit t und speziell die kritische Uhrzeit t_k,
— der zeitliche Verlauf und die zeitliche Änderung des gleitenden Parameters $x(t)$ (z. B. $T_M(t)$, $\mathrm{d}T_M/\mathrm{d}t$; $c_B(t)$, $\mathrm{d}c_B/\mathrm{d}t$ u. a.) sowie deren Werte zu $t = t_k$.

Der gesuchte Reaktivitätskoeffizient α_x ergibt sich allgemein zu

$$\alpha_x = \left.\frac{\partial\varrho}{\partial x}\right|_{y=\mathrm{const}}, \tag{5.2.1}$$

wobei y die restlichen, die Reaktivität beeinflussenden Parameter darstellt ($y = h$ ist allerdings nur intervallweise konstant).

Der unmittelbare Ersatz von $\partial\varrho$ durch $\Delta\varrho$ und ∂x durch Δx zur praktischen Ermittelung von α_x ist nur genähert richtig. Man greift daher auf die indirekte Methode der Zeitableitung von ϱ und x zurück und erhält α_x aus

$$\alpha_x = \frac{\partial\varrho}{\partial t}\cdot\frac{1}{\mathrm{d}x/\mathrm{d}t}. \tag{5.2.2}$$

Eventuelle Fehler dieser Vereinfachung werden durch Korrektion berücksichtigt. Wesentlich für die Auswertung ist die richtige Zuordnung von $\partial\varrho/\partial t$ zu $\mathrm{d}x/\mathrm{d}t$. Dazu wurde der markanteste Zeitpunkt im Verlauf einer dynamischen Meßkurve, die Zeit des kritischen Reaktors $t = t_k$, ausgewählt.

Vom Ablauf der Messung her werden Reaktivitätskoeffizienten ermittelt, so daß man die Reaktivitätseffekte erst durch Integration der Reaktivitätskoeffizienten erhält (daher auch die manchmal anzutreffende Bezeichnung „Reaktivitätsintegral"). Tritt eine lokale Störung auf, z. B. eine Absorberstabverstellung, dann hängt die unmittelbar zu diesem Zeitpunkt gemessene Reaktivität wesentlich von der Lage des Detektors in Bezug auf den Ort der Störung ab. Bei der dynamischen Meßmethode werden die Reaktorparameter in der Regel langsam geändert, d. h. nach einer Stabverstellung folgt $\varrho(t)$ einem langsam veränderlichen Prozeß. Eine Zeit t_P nach Beginn der Stabverstellung ist daher der „Ortseinfluß" nicht mehr bedeutsam, wie es die Verläufe in Bild 5.2.6 zeigen und wie es in den Kap. 4.3.3., 4.5. und 4.6. theoretisch begründet wurde: Der stationäre bzw. quasistationäre Neutronenfluß wird auch im speziellen Fall der dynamischen Messungen von Zeit zu Zeit

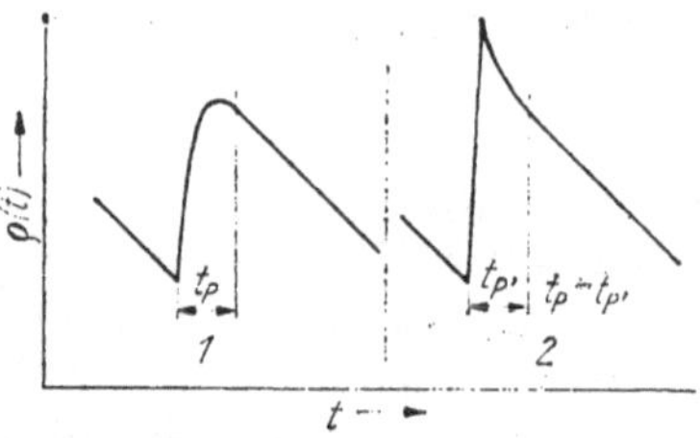

Bild 5.2.6
Verlauf einer $\varrho(t)$ — Kurve in Abhängigkeit von der Stellung des Detektors bezüglich des Ortes der „Störung"
1: Detektor weit entfernt von der Störstelle
2: Detektor in der Nähe der Störstelle

durch die Stabverstellung gestört und es muß eine gewisse Zeit vergehen (für physikalische Belange die Zeit t_P), bis wieder der stationäre bzw. quasistationäre (Gleichgewichts-)Zustand erreicht ist, d. h. bis die sogenannten Übergangsvorgänge abgeklungen sind. Befindet sich der Detektor nahe dem Ort der Störung, wird im Übergangsbereich ein Detektorstrom im Detektor erzeugt, der weit über dem des Gleichgewichtsverlaufes liegt; bei großer Entfernung des Detektors von der Störstelle nähert sich der Detektorstrom erst langsam dem Gleichgewichtsverlauf. Im Fall der statischen Reaktivitätsmessung (Messung bei zwei verschiedenen kritischen Reaktorzuständen, d. h. der $n(t)$-Verlauf ist dann jeweils konstant) muß der Reaktor so lange kritisch gehalten werden, bis alle zeitlichen Ableitungen der Konzentrationen c_i der verzögerten Neutronen verschwunden sind, d. h. der Reaktor stabil kritisch ist. Anderenfalls wirken sich die verzögerten Neutronen des nicht kritischen Reaktors in den kinetischen Gleichungen als „Verfälschung" der tatsächlichen (den kritischen Zuständen entsprechenden) Reaktivitätsänderungen aus:

$$\delta\varrho \approx \sum_i \bar{\beta}_{i0} \frac{\delta c_i}{c_{i0}} . \tag{5.2.3}$$

Zu dieser Aussage gelangt man, wenn man (4.4.3) nach $\Sigma\lambda_i c_i$ auflöst, c_i durch $c_i + \delta c_i$ (δc_i ist der Fehler der Anfangswerte der Konzentrationen der verzögerten Neutronen) ersetzt, (4.4.5) verwendet und dem Term, der die δc_i enthält, den damit verbundenen Reaktivitätsfehler $\delta\varrho$ zuordnet.

Um den Fehler $\delta\varrho$ kleiner als 10^{-5} zu halten, müssen Wartezeiten bei kritischem Reaktor bis 200 s eingehalten werden (z. B. bei statischen Methoden oder Stabfall — s. Kap. 5.2.2. und 5.2.3.).

Im Falle der stabilen Reaktorperiode läßt man die konstante Reaktivität mit $\varrho \neq 0$ so lange wirken, bis $n(t)$ rein exponentiell verläuft. In diesem Fall reichen Wartezeiten von 120 s aus, um den Fehler kleiner als 10^{-5} zu halten. Diese Variante wird in modifizierter Form bei den dynamischen Messungen praktiziert, wo anstatt der Periode die Reaktivität ϱ direkt gemessen wird. Daraus folgt, daß nach Beginn einer Stabverstellung die Wartezeit t_P ca. 120 s betragen soll, d. h. die Auswertung der Meßwerte $\varrho(t)$ einer Meßkurve beginnt bei $t_P = 120$ s, um örtliche Ausgleichsvorgänge, die das Ergebnis der Messung verfälschen können, abklingen zu lassen (s. Kap. 4.3.3).

Nachfolgend werden die Auswertungsmethoden ausführlicher und auf den jeweiligen Reaktivitätskoeffizienten bezogen erläutert.

5.2.1.2.1. Messung der Absorberstabwirksamkeiten

Beim Ziehen von kompakten Absorberstäben (Typ WWER-2, -210, -440) wird Brennstoff, der sich in den Brennstoffteilen der Absorberstäbe befindet, in die Spaltzone gezogen. Gleichzeitig wird das Absorberteil aus der Spaltzone entfernt. Jede Bewegung von Absorberstäben verändert also den Brennstoffanteil bzw. den Neutronenhaushalt in der Spaltzone und entsprechend die Reaktivität.

Bezieht man die Reaktivitätsänderung $\Delta\varrho$ auf die sie verursachende Stabverstellung Δh, so spricht man von der differentiellen Wirksamkeit

$$\varkappa_n \approx \frac{\Delta\varrho}{\Delta h} = \frac{\varrho_{E-1} - \varrho'_{A_n}}{h_{n-1} - h_n} . \tag{5.2.4}$$

(5.2.4) gilt streng dann, wenn die Stabverstellung differentiell klein ist ($\leqq 5$ cm) oder die Änderung der Reaktivität infolge der Stabverstellung linear ist. Allgemein definiert man als differentielle Wirksamkeit eines Absorberstabes eine Reaktivitätsänderung pro cm der Stabverstellung (Maßeinheit: cm^{-1}, Cent/cm bzw. \$/cm).

Die differentiellen Wirksamkeiten werden exakt auf die Höhen h_k bezogen, bei denen während der Stabverstellung $\varrho = 0$ wird. Sie werden nach der Gleichung

$$\varrho(h_k) = \varrho_{A_n} + \frac{\partial\varrho}{\partial h}(h_k - h_{n-1}) = 0 \tag{5.2.5}$$

bestimmt, wobei vereinfachend angenommen wird, daß $\partial\varrho/\partial h$ im Intervall $[h_{n-1}, h_n]$ konstant ist. Ein anderer, üblicherweise praktizierter und in 1. Näherung gültiger Bezugspunkt ist die mittlere Stabstellung zwischen der aktuellen und der vorangegangenen Stabstellung:

$$\bar{h} = \frac{h_{n-1} - h_n}{2}. \tag{5.2.6}$$

Die Stabwirksamkeit ist abhängig vom Neutronenfluß am Ort des Stabes (s. Kapitel 3.2.11.). Folglich ist der Reaktivitätsbeitrag eines Absorberstabes stark von der vertikalen Neutronenflußverteilung abhängig und damit von der Höhe, um die das Brennstoffteil in die Spaltzone ragt. Die Wirksamkeiten werden daher in Abhängigkeit von der Ausfahrhöhe bestimmt. Diese starke Abhängigkeit der Stabwirksamkeit von der Größe des lokalen Flusses führt dazu, daß von allen Effekten die Absorberstabwirksamkeiten am stärksten von der Beladung der Spaltzone abhängen.

Die integrale Wirksamkeit der Absorberstäbe kann auf zwei Wegen bestimmt werden:

- *direkt* durch Integration von gemessenen differentiellen Wirksamkeiten $\partial\varrho/\partial h$ in Abhängigkeit von der Ausfahrhöhe h,
- *indirekt* aus den gemessenen Reaktivitätskoeffizienten bzw. -effekten und den Verläufen der kritischen Ausfahrhöhen in Abhängigkeit von dem gleitenden Parameter oder sich ändernden Parameter.

Zur Bestimmung der Wirksamkeit der Absorberstäbe hat sich die Kompensation der Stabverstellung mit Borsäure durchgesetzt, wenngleich auch Vergiftungsänderungen dazu herangezogen werden. Die Kompensation durch die Moderatortemperaturänderung wird kaum verwendet, da die Wirksamkeit der Absorberstäbe wesentlich stärker von der Moderatortemperatur abhängt als von den erstgenannten Parametern.

Bild 5.2.7 zeigt prinzipielle Reaktivitätsverläufe zur Bestimmung von $\partial\varrho/\partial h$. Die Verläufe bei a) und c) im Bild sind Spezialfälle des üblichen Ab-

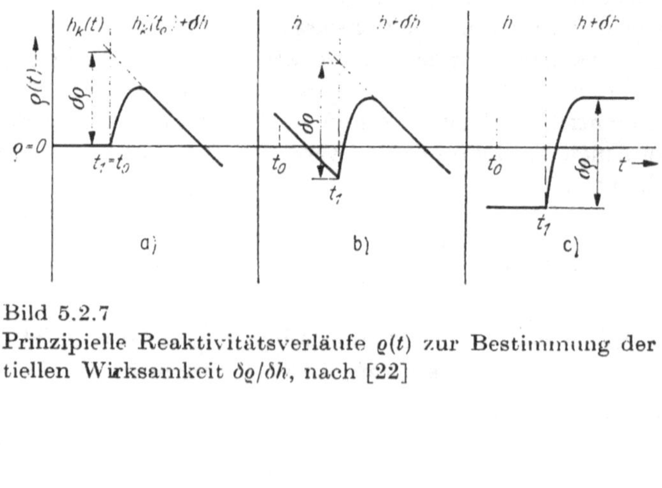

Bild 5.2.7
Prinzipielle Reaktivitätsverläufe $\varrho(t)$ zur Bestimmung der differentiellen Wirksamkeit $\delta\varrho/\delta h$, nach [22]

laufes einer dynamischen Messung in b). Nachfolgend einige spezielle Bemerkungen zur Bestimmung der differentiellen Absorberstabwirksamkeit α_h bei Borsäure als gleitendem Parameter:

(1) Ausgehend von einem kritischen Zustand des Reaktors mit meist ganz gezogenen Absorberstäben wird die Borsäurekonzentration verringert. Die Reaktivität wächst an. Durch schrittweises Einfahren von Absorberstäben wird die Reaktivitätszunahme kompensiert bzw. im Regelfall überkompensiert. Aus dem Verlauf $\varrho(t)$ wird die differentielle Wirksamkeit ermittelt (s. Bild 5.2.2 und 5.2.5):

$$\alpha_h = \frac{\partial \varrho}{\partial h} \approx \frac{\Delta \varrho}{\Delta h} \,. \tag{5.2.7}$$

Die Kurve α_h als Funktion der Ausfahrhöhe h ist im Bild 5.2.8 dargestellt.

Aus α_h folgt durch Integration die integrale Wirksamkeit

$$\varrho_h = \int_{h_2, c_{B_0}}^{h_1, c_B} \alpha_h(h', c_B)\, \mathrm{d}h' \,. \tag{5.2.8}$$

Die Kurve der integralen Wirksamkeit $\varrho_h(h)$ gibt an, wie groß die Reaktivitätsänderung $\Delta\varrho$ ist, wenn der Absorberstab um die Höhe h verstellt wird (Bild 5.2.9). Die integrale Wirksamkeitskurve wird im allgemeinen erhalten

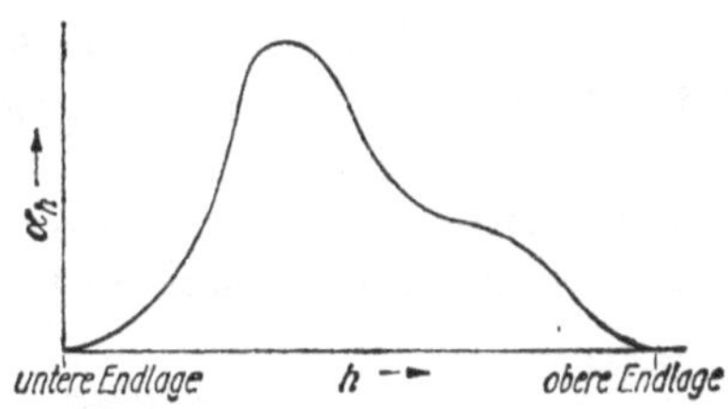

Bild 5.2.8
Prinzipieller Verlauf der differentiellen Wirksamkeit $\alpha_h(h)$

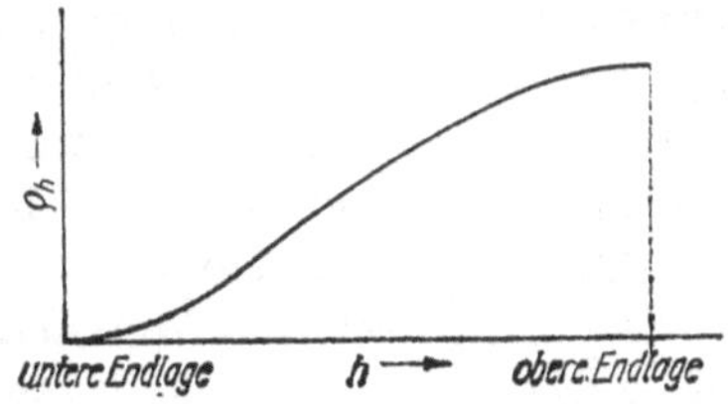

Bild 5.2.9
Prinzipieller Verlauf der integralen Wirksamkeit $\varrho_h(h)$

nach einer Glättung der gemessenen α_h-Werte und anschließender Integration des geglätteten differentiellen Kurvenverlaufs. Eine Glättung ist jedoch nur dann gerechtfertigt, wenn charakteristische Verläufe in den Meßwerten α_h durch die Glättung nicht verloren gehen.

(2) Die integrale Wirksamkeit kann ferner mit Hilfe des gleichzeitig ermittelten Borsäurekoeffizienten α_B bestimmt werden (ggf. kann α_B auch berechnet werden):

$$\Delta\varrho_h = \alpha_B \cdot \Delta c_B \,. \tag{5.2.9}$$

Einer bestimmten Borsäurekonzentrationsänderung Δc_B folgt eine entsprechende Reaktivitätsänderung $\Delta\varrho_B$. Die Reaktivitätsänderung wird von einer äquivalenten Änderung der Stabstellung Δh kompensiert. Ist nach der Kompensation $\varrho = 0$, dann ist $\Delta\varrho_B = -\Delta\varrho_h$. Mit α_B und Δc_B wird dann $\Delta\varrho_h$ berechnet (s. auch Kap. 5.2.2.).

(3) Die integrale Wirksamkeit kann in Ergänzung zu (5.2.8) auch als Summe der $\Delta\varrho_i$, wie sie bei den dynamischen Messungen ermittelt werden, dargestellt werden:

$$\varrho_h = \sum_{i=1}^{n} \Delta\varrho_i \,, \tag{5.2.10}$$

wobei n die Gesamtzahl der Verstellungen des auszumessenden Absorberstabes ist und voraussetzt, daß die Meßwerte $\Delta\varrho_i$ lückenlos von der unteren bis zur oberen Endlage des Absorberstabes vorliegen.

(4) Nach dem indirekten Weg zur Bestimmung der Absorberstabwirksamkeit (siehe (2)), erhält man die differentielle Wirksamkeit aus

$$\frac{\partial\varrho}{\partial h} = \alpha_B \left(\frac{\mathrm{d}h_k[c_B]}{\mathrm{d}c_B}\right)^{-1} . \tag{5.2.11}$$

Die kritischen Stabstellungen werden mit dem entsprechenden kritischen Parameter (hier ist es die Borsäurekonzentration) verknüpft. Mit dem bekannten Borsäurekoeffizienten α_B wird dann die differentielle Stabwirksamkeit α_h berechnet. Seinem Charakter nach ist dieses Verfahren eine statische Meßmethode, wenn stabile kritische Zustände zur Errechnung von α_h verwendet werden (s. auch Kap. 5.2.2.). Sie wird hier der Vollständigkeit halber erwähnt, da sie auch in dem Fall zur Anwendung kommen kann, wenn der kritische Zustand dynamisch durchlaufen wird und die Zuordnung $h_k(c_B)$ über t_k erfolgt. Sie kann damit als ein Spezialfall der dynamischen Messung angesehen werden.

5.2.1.2.2. Messung der Wirksamkeit der Borsäurelösung

Der Borsäurekoeffizient

$$\alpha_B = \frac{\partial \varrho}{\partial c_B} \tag{5.2.12}$$

gibt an, wie sich die Reaktivität in Abhängigkeit von der Borsäurekonzentration im Primärkreislauf ändert (Bild 5.2.10). Als Maßeinheit wird verwendet g H_3BO_3/l H_2O (der Bezug auf Liter rührt von der Bestimmung durch Titration her), g H_3BO_3/kg H_2O, ppm, mol/m^3.

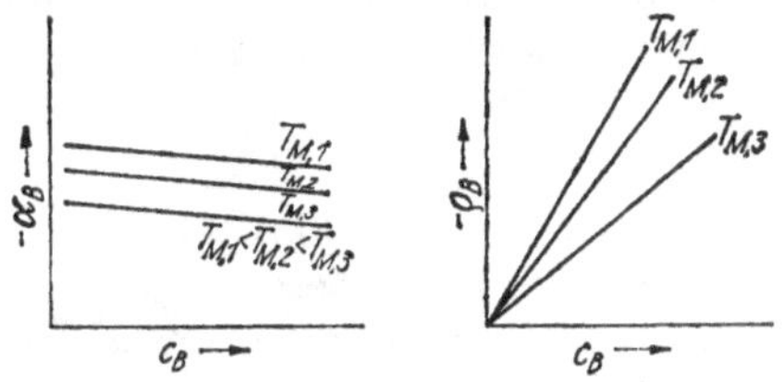

Bild 5.2.10
Prinzipielle Verläufe $-\alpha_B(c_B)$ und $-\varrho_B(c_B)$ bei verschiedenen Moderatortemperaturen

(1) Neben der differentiellen Stabwirksamkeit erhält man aus der dynamischen Reaktivitätsmessung auch direkt die differentielle Borsäurewirksamkeit mittels der Zeitableitungen zu

$$\alpha_B = \left(\frac{\partial \varrho}{\partial t}\bigg|_{\varrho=0}\right) \cdot \left(\frac{\mathrm{d}c_B}{\mathrm{d}t}\bigg|_{\varrho=0}\right)^{-1}. \tag{5.2.13}$$

Der Borsäurekoeffizient hat ein negatives Vorzeichen, da die Reaktivitätsänderung entgegengesetzt zur Borsäurekonzentrationsänderung verläuft, z. B. nimmt die Reaktivität ab, wenn die Borsäurekonzentration erhöht wird. Dieses Verhalten trifft auch für einige andere Reaktivitätskoeffizienten zu.

(2) Auch hier ist es möglich, die gemessenen Verläufe der kritischen Absorberstabstellungen $h_k(c_B)$ und die differentiellen Stabwirksamkeiten in die Auswertung mit einzubeziehen. Der Borsäurekoeffizient ergibt sich dann aus

$$\alpha_B = -\alpha_h \cdot \frac{\mathrm{d}h_k(c_B)}{\mathrm{d}c_B}. \tag{5.2.14}$$

(3) Bei der Auswertung stationärer Zustände erhält man α_B aus

$$\alpha_B = \frac{\Delta \varrho_{c_B}}{\Delta c_B} = \frac{\sum_{i=1}^{n} \Delta \varrho_i}{c_{B,2} - c_{B,1}} \tag{5.2.15}$$

mit $\Delta \varrho_i$ als n-malige Reaktivitätssprünge durch Stabverstellungen zwischen $c_{B,2}$ und $c_{B,1}$ und Δc_B als Differenz der Borsäurekonzentrationen der stationären Niveaus 1 und 2.

(4) Die Ergebnisse der Auswertung dynamischer Messungen sind infolge der Streuung der Meßpunkte oft unbefriedigend, obwohl der statistische Fehler der Einzelmessung mit ungefähr 1% bis 3% recht klein ist, d. h., die Werte, die sich als Mittelwerte aus den recht genauen Einzelmessungen ergeben, streuen erheblich um eine Ausgleichskurve durch diese Mittelwerte. Um trotzdem gute Ergebnisse zu erhalten, kann man eine integrale Methode der Auswertung anwenden.

Ausgangspunkt der Überlegungen bei der Einführung dieser Methode ist, daß die Reaktivitätsreserve der Spaltzone bei einem vorgegebenen Abbrandzustand und vorgegebener Temperatur konstant sein muß. Diese Reaktivitätsreserve kann in einem Gedankenexperiment folgendermaßen bestimmt werden:

Ausgangspunkt ist ein gemessener kritischer Zustand, d. h., Stabstellung h und Borsäurekonzentration c_B liegen als Meßwerte vor. Nun wird gedanklich die Borsäurekonzentration auf Null abgesenkt. Die dabei freigesetzte Reaktivität wird mit Hilfe der besten bekannten Werte für die Borsäurewirksamkeit bestimmt. Anschließend werden — wiederum gedanklich — alle Absorberstäbe in die obere Endlage (o. E.) gebracht. Nunmehr wird die dabei freigesetzte Reaktivität mit Hilfe der Absorberstabwirksamkeit ermittelt. Dieses Verfahren wird ausgehend von unterschiedlichsten kritischen Zuständen bei fester Moderatortemperatur wiederholt durchgeführt. Die Summe der jeweils ermittelten Reaktivitäten, die durch Absorberstäbe und Borsäure gebunden werden, — die Überschußreaktivität oder Reaktivitätsreserve —, muß eine Konstante sein. Sie kann dargestellt werden als:

$$\varrho_R|_{T_M} = \Delta \varrho(c_{B_k} \to 0)|_{T_M, h_k} + \Delta \varrho(h_k \to \text{o. E.})|_{T_M, c_B = 0}\,, \tag{5.2.16}$$

wobei $\Delta \varrho(c_{B_k} \to 0)$ der Borsäureeffekt und $\Delta \varrho(h_k \to \text{o. E.})$ die integrale Wirksamkeit der Absorberstäbe ist und alle anderen Parameter konstant gehalten werden. Weil die Reaktivitätsreserve eine Konstante ist, wird (5.2.16) mit

$$\Delta \varrho(c_B \to 0) = \int_0^{c_{B,k}} \alpha_B' \, \mathrm{d}c_B'$$

und

$$\Delta\varrho(h \to \text{o. E.}) = \int_{h_{m,k}}^{h_{m,\text{o.E.}}} \alpha_{h_m} \cdot dh + \sum_{n=m+1}^{6} \int_{h_n=0}^{h_n=\text{o.E.}} \alpha_{h_n} \cdot dh_n$$

(n, m sind Absorberstabnummern; als Beispiel wurde der WWER-440 mit 6 Gruppen gewählt) zum Variationsproblem, in dem die Koeffizienten α_B und α_h so variiert werden, daß die mittlere quadratische Abweichung von ϱ_R ein Minimum und ϱ_R konstant wird. Eine Grundvoraussetzung, genaue Koeffizienten zu erhalten, ist die Verwendung vieler Meßwerte zu kritischen Zuständen h_k, $c_{B,k}$ bei sonst konstanten Parametern. Die Streuung und der Verlauf von $\varrho(c_B)$ bringen die Qualität der Meßwerte und die innere Konsistenz der verwendeten Koeffizienten zum Ausdruck.

(5) Die Integration von α_B über c_B ergibt den Borsäureeffekt der Reaktivität

$$\Delta\varrho_B = \int_{c_0}^{c_B} \alpha'_B \, dc'_B \,. \tag{5.2.17}$$

Bild 5.2.10 zeigt den prinzipiellen Verlauf des Borsäureeffektes.

5.2.1.2.3. Messung des Temperaturkoeffizienten

Der Moderatortemperaturkoeffizient

$$\alpha_M = \frac{\partial\varrho}{\partial T_M} \tag{5.2.18}$$

gibt an, wie sich die Reaktivität in Abhängigkeit von der Temperatur des Moderators ändert (Bild 5.2.11). Die Maßeinheit ist K^{-1} bzw. Cent/K. Im

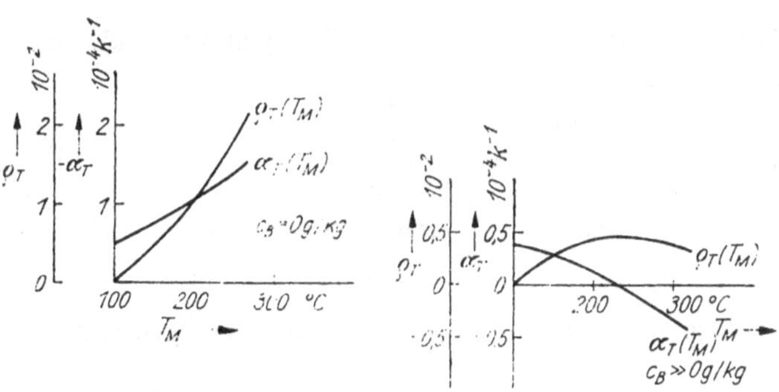

Bild 5.2.11
Prinzipielle Verläufe des Moderatortemperaturkoeffizienten und -effektes

Nulleistungsbereich ändern sich Brennstoff- und Moderatortemperatur gleichermaßen. Deshalb enthält der gemessene Moderatortemperaturkoeffizient α_M Anteile, die von der Änderung der Brennstoff- und Moderatoreigenschaften herrühren.

In einem Druckwasserreaktor, dessen Moderator keine Borsäure enthält, ist α_M meist negativ. Auf dem negativen Temperaturkoeffizienten beruht die selbststabilisierende Wirkung des Druckwasserreaktors. Mit zunehmender Borsäurekonzentration im Moderator muß damit gerechnet werden, daß der Temperaturkoeffizient positiv wird und die selbststabilisierende Wirkung wegfällt. (Für $c_B > 0$ nimmt der Absorptionsquerschnitt durch Dichteverringerung bei $\Delta T_M > 0$ stärker ab als für $c_B = 0$. Dieser Beitrag kann die reaktivitätsvermindernden Beiträge bei $\Delta T_M > 0$ überwiegen.) Es ist daher notwendig, den Moderatortemperaturkoeffizienten bei verschiedenen Borsäurekonzentrationen zu messen.

Weiterhin hängt der Temperaturkoeffizient mehr oder weniger stark von anderen Reaktorparametern ab, so daß für jedes Meßergebnis (einschließlich ganzer Verläufe) notwendigerweise die bei der Messung vorliegenden Parameterwerte angegeben werden. Analog zu vorherig gesagtem gilt:

(1) Die Bestimmung des Temperaturkoeffizienten α_M erfolgt analog zur Bestimmung des Borsäurekoeffizienten bei veränderlicher Moderatortemperatur zu

$$\alpha_M = \left(\frac{\partial \varrho}{\partial t}\bigg|_{\varrho=0}\right) \cdot \left(\frac{\mathrm{d}T_M(t)}{\mathrm{d}t}\bigg|_{\varrho=0}\right)^{-1}. \tag{5.2.19}$$

(2) Mit den kritischen Stabstellungen erhält man

$$\alpha_M = \left(\frac{\partial \varrho}{\partial h}\right) \frac{\mathrm{d}h_k(T_B)}{\mathrm{d}T_M}. \tag{5.2.20}$$

(3) Die Integration von α_M über T_M ergibt den Temperatureffekt der Reaktivität $\Delta\varrho_M$

$$\Delta\varrho_M = \int_{T_{M,0;h_0}}^{T_{M;h}} \alpha_M \,\mathrm{d}T'_M . \tag{5.2.21}$$

Der prinzipielle Verlauf des Temperatureffektes ist im Bild 5.2.11 dargestellt.

5.2.1.2.4. Messung der instationären Xenonvergiftung

Die Entstehung und die zeitliche Entwicklung der Giftkonzentrationen nach ensprechenden Laständerungen wurden im Kapitel 3.3.4. bereits beschrieben, so daß hier nicht mehr darauf eingegangen wird.

Gleichzeitig mit der Änderung der Xenonvergiftung tritt ein weiteres Reaktorgift in Erscheinung. Es ist das Samariumisotop ^{149}Sm. Der Einfluß der Samariumkonzentration auf das Reaktivitätsverhalten des Reaktors ist verglichen mit dem des ^{135}Xe gering, muß jedoch bei genauen Reaktivitätsbilanzen berücksichtigt werden.

Während die Xenonvergiftung einen vom Neutronenfluß und damit von der Leistung abhängigen Wert hat (bei Nennleistung ca. -3% Reaktivität für die WWER), erreicht die Samariumvergiftung einen Sättigungswert, der ggf. noch vom Abbrandzustand, aber nicht von der stationären Reaktorleistung abhängt ($\varrho_{\mathrm{Sm,stat}}$ ca. $-0{,}7 \cdot 10^{-2}$). Im Rahmen des Kap. 5.2. interessiert das Verhalten der Vergiftung nach Abschaltungen auf Nulleistung besonders, insofern hier Nulleistungsmessungen beschrieben werden. Die Xenonvergiftung erreicht ca. 9 h nach dem Abschalten ein Maximum ($\varrho_{\mathrm{Xe}} \approx$ $\approx -5 \ldots -6 \cdot 10^{-2}$), nach ca. 50 h ist die Änderung so klein, daß eine weitere Messung nicht sinnvoll ist. Die Samariumvergiftung steigt bis auf einen Grenzwert an (Samarium ist stabil), der $\varrho_{\mathrm{Sm}} \approx -1{,}4 \cdot 10^{-2}$ entspricht.

Die dynamische Meßmethode ist wegen des kontinuierlichen Verlaufes der Abklingprozesse zur Messung der instationären Xenonvergiftung besonders gut geeignet. Es entfallen die notwendigen technologischen Eingriffe in den Prozeß der Änderung des gleitenden Parameters. Zur Auswertung werden die Zeitableitungen der Reaktivität bzw. die zeitliche Änderung der Absorberstabstellung herangezogen.

(1) Die Reaktivitätsänderungsgeschwindigkeit wird unmittelbar aus dem $\varrho(t)$-Verlauf ermittelt (Bild 5.2.12). Die Integration von $\dot{\varrho}_G$ über t ergibt den Vergiftungseffekt der Reaktivität, der die Summe aus der Xenon- und Samariumvergiftung ist (Bild 5.2.12):

$$\varrho_G(t) = \int_0^t \dot{\varrho}_G(t')\, \mathrm{d}t' + \varrho_G(0) \,. \tag{5.2.22}$$

Die Xenonvergiftung allein erhält man durch Korrektion mit der üblicherweise berechneten Samariumvergiftung, weil die Messung des Samarium-

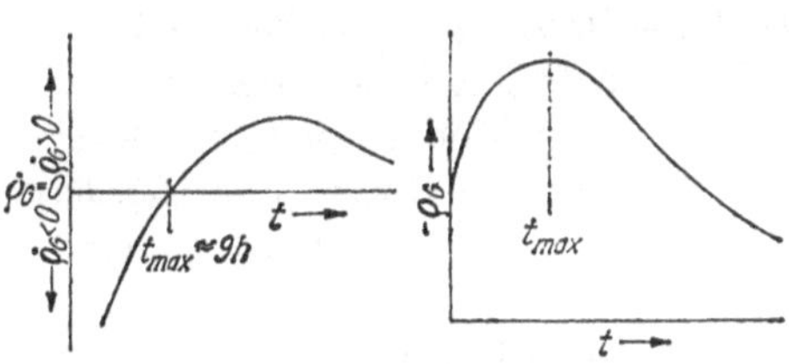

Bild 5.2.12
Prinzipieller Verlauf von $\dot{\varrho}_G(t)$ und $-\varrho_G(t)$ nach einer Reaktorabschaltung

vergiftungsverlaufes wegen der dafür notwendigen Meßzeiten über 100 h unwirtschaftlich ist:

$$\varrho_{\mathrm{Xe}}(t) = \int_0^t \left(\frac{\partial \varrho_G}{\partial t'} - \frac{\partial \varrho_{sm}}{\partial t'}\right) \mathrm{d}t' \,. \tag{5.2.23}$$

(2) Im anderen Fall erhält man $\dot{\varrho}_G$ nach

$$\frac{\partial \varrho_G}{\partial t} = -\frac{\partial \varrho}{\partial h} \cdot \frac{\mathrm{d}h_k(t)}{\mathrm{d}t} = \alpha_h \cdot \frac{\mathrm{d}h_k(t)}{\mathrm{d}t} \,. \tag{5.2.24}$$

(Man beachte, daß in allen Fällen, in denen mit der differentiellen Absorberstabwirksamkeit α_h gearbeitet wird, α_h positiv gewählt wurde.)

5.2.1.2.5. Messung des Druckkoeffizienten

Der Druckkoeffizient

$$\alpha_p = \frac{\partial \varrho}{\partial p} \tag{5.2.25}$$

bzw. dessen Integral, der Druckeffekt $\Delta\varrho_p$, beeinflußt wegen seines geringen Reaktivitätsgewichts nur unwesentlich die Reaktivitätsbilanz. Darüber hinaus ist man bestrebt, im Normalbetrieb und bei Laständerungen den Parameter p konstant zu halten, so daß er meist nicht in die Reaktivitätsbilanz eingeht. Er gewinnt jedoch besonders bei der Messung des Temperaturkoeffizienten immer mehr an Bedeutung (vgl. Kap. 5.2.1.3.)

(1) Mittels der Zeitableitungen erhält man

$$\alpha_p = \left(\left.\frac{\partial \varrho}{\partial t}\right|_{\varrho=0}\right) \cdot \left(\left.\frac{\mathrm{d}p}{\mathrm{d}t}\right|_{\varrho=0}\right)^{-1} . \tag{5.2.26}$$

Im allgemeinen ist der Druckkoeffizient positiv, da bei Druckerhöhung die Dichte des Moderators größer und folglich das Bremsvermögen verbessert wird. Das ist dann der Fall, wenn der Moderator keine Borsäurelösung enthält. Wenn sich Borsäure im Moderator befindet, kann der Druckkoeffizient auch negativ sein. Die Maßeinheit des Druckkoeffizienten ist Pa^{-1} bzw. Cent/Pa.

(2) Mit der kritischen Stabstellung erhält man

$$\alpha_p = \left(\frac{\partial \varrho}{\partial h}\right) \cdot \frac{\mathrm{d}h_k(p)}{\mathrm{d}p} \,. \tag{5.2.27}$$

(3) Die Integration α_p über p ergibt den Druckeffekt

$$\Delta\varrho_p = \int_{p_0}^{p} \alpha_p \cdot \mathrm{d}p' . \tag{5.2.28}$$

(4) Natürlich kann man den Druckeffekt durch n-malige Summation der Reaktivitätssprünge im ausgemessenen Parameterbereich $[p_0, p]$ bestimmen:

$$\Delta\varrho_p = \sum_{i=1}^{n} \Delta\varrho_{p,i}(\Delta p') . \tag{5.2.29}$$

5.2.1.3. Versuchsdurchführung

Der prinzipielle Ablauf einer dynamischen Messung wurde im Kap. 5.2.1.1. beschrieben. Nachfolgend werden die Gemeinsamkeiten und die Besonderheiten bei der technologischen und technischen Realisierung der Messung dargestellt. Weitergehende Forderungen an die Versuchsdurchführung werden in Versuchsprogrammen geregelt, die im Laufe der Jahre zu Standardprogrammen entwickelt werden können (z. B. für Messungen am WWER-2).

Allgemeine Voraussetzungen für die Versuchsdurchführung sind:

(1) Der Reaktor und die benötigten Hilfssysteme werden auf der Grundlage der entsprechenden Betriebsvorschriften betrieben (Ausnahmeregelungen sind unter der Beachtung der Reaktorsicherheit zulässig, wie es ein nachfolgendes Beispiel beschreibt).

(2) Der Reaktor arbeitet im Bereich der minimalen kontrollierbaren Leistung (mkL) für reaktorphysikalische Messungen.

(3) Alle Parameter des 1. Kreislaufes sind konstant mit Ausnahme des Parameters, dessen Reaktivitätskoeffizient ermittelt werden soll.

(4) Die Dampfversorgung für entsprechende Verbraucher ist gesichert, z. B. Fremddampfversorgung durch ein entsprechendes Heizhaus.

(5) Der gleitende Parameter ändert sich stetig; dabei ist es zunächst gleichgültig, ob er linear, nach einer Exponentialfunktion oder nach anderen Funktionen verläuft. Die Erfahrung zeigt jedoch, daß es am besten um den Erfolg einer Messung bestellt ist, wenn ein einmal begonnener Ablauf (z. B. die Abnahme der Borsäurekonzentration) bis zum Ende der Messung nicht mehr durch technologische Schalthandlungen geändert wird, gleichgültig ob gewollt oder ungewollt. (Eine gut durchdachte Versuchsvorbereitung ist daher anzustreben). Folglich werden die Parameter sich dann exponentiell ändern.

(6) Die Absorberstäbe sollten möglichst schnell verstellt werden. Eine beabsichtigte Reaktivitätsänderung soll in einem Schritt erfolgen.

(7) Wenn die Änderungsgeschwindigkeit des Parameters beeinflußt werden kann, dann sollte sie so eingestellt werden, daß die entsprechende Änderungsgeschwindigkeit der Reaktivität anfangs mit

$$\dot{\varrho} \approx 7 \cdot 10^{-3}/\mathrm{h}$$

erfolgt. Je nach Größe des Reaktivitätskoeffizienten folgen daraus die Änderungsgeschwindigkeiten der gleitenden Parameter. Als gute Erfahrungswerte, die auch die notwendige Korrelation der Parameterwerte mit den gemessenen Reaktivitäten beinhalten — die Meßstellen beider liegen stets weit voneinander entfernt, so daß es zu Verzögerungszeiten kommt —, haben sich herausgestellt

— für die Moderatortemperaturänderung

$$|\dot{T}| \approx 10\ \mathrm{K/h}\,,$$

— für die Borsäurekonzentrationsänderung

$$100\ \mathrm{mg\ H_3BO_3/kg\ H_2O \cdot h} \leqq |\dot{c}_B| \leqq 200\ \mathrm{mg\ H_3BO_3/kg\ H_2O \cdot h}\,.$$

(8) Die gesamte Reaktivitätsänderung in einem Meßintervall der Zahl n soll auf Grund der Stabverstellung $\leqq 0{,}1$ \$ sein (0,1 \$ entsprechen bei einem β_{eff} von $0{,}6 \cdot 10^{-2}$ einem $\Delta\varrho = 6 \cdot 10^{-4}$; Def. der Einheit Cent s. Kap. 4.4.3).

(9) Wenn sich während eines Versuches noch andere Parameter als der vorgesehene ändern, muß ihre Änderungsrate genau ermittelt werden, damit das Meßergebnis korrigiert werden kann.

Es ist jedoch auch möglich (z. B. bei der Messung sehr kleiner Temperaturkoeffizienten) den am schwersten konstant zu haltenden Parameter stetig um den Nennwert leicht schwanken zu lassen und die Meßergebnisse nur an den Stellen gleicher Größe dieses Parameters (z. B. Nennwert) zu ermitteln.

(10) Die technologische und meßtechnische Vorbereitung der Versuche ist sorgfältig und umfassend (das betrifft vor allem die Zusammenarbeit der Versuchsleiter mit dem anlagenfahrenden Personal) durchzuführen.

(11) Die optimale Dauer eines Meßintervalls liegt bei

$$t = t_E - t_A \approx 15\ \mathrm{min}\,.$$

Meßzeiten unter 3 min und über 45 min liefern in der Regel keine brauchbaren Ergebnisse.

Spezielle Forderungen an die Technologie der einzelnen Versuche sind:

(1) Messung der Absorberstabwirksamkeiten

— Änderung der Stabstellung mit maximal möglicher Geschwindigkeit (in der Regel ist die Fahrgeschwindigkeit der Stäbe jedoch konstruktiv bedingt und durch die Antriebe fest vorgegeben).
— Änderung der Stabstellung möglichst ohne Zwischenschritte bis zum angestrebten Wert.
— Schrittgröße $\leqq$ 5 cm. Diese Forderung ist in den Bereichen geringer Wirksamkeit des Stabes oder einer Stabgruppe (Bild 5.2.8 bzw. 5.2.9) mitunter nicht erfüllbar. Darauf folgen dann größere Ungenauigkeiten bei der Ermittlung von α_h bzw. ϱ_h: Um eine auswertbare und genügend genaue Reaktivitätsänderung zu erhalten, müssen die Stäbe eine weite Strecke verstellt werden. Das führt zu einer geringen Anzahl verwertbarer Meßpunkte der differentiellen Wirksamkeit, es gehen Feinheiten im Kurvenverlauf $\alpha_h(h)$ verloren und es kann die Auswertung des stark ausgeprägt nichtlinearen $\varrho(t)$-Verlaufes zu Fehlern in α_h selbst führen. Zu beachten ist, daß jede Stabverstellung eine Reaktivitätsänderung bewirken und folglich auch auswertbar sein muß. Je kleiner $\Delta h = h_2 - h_1$ ist, um so größer ist wegen der Differenzbildung der relative Fehler von Δh und somit auch von α_h, ermittelt nach (5.2.4). Deshalb wertet man i. allg. nur Messungen mit $\Delta h > 1$ cm direkt nach (5.2.4) aus. Bei Stabschritten von $\Delta h \leqq 1$ cm hat sich das Verfahren der Aufsummierung von $\Delta\varrho$-Werten und der entsprechenden Δh-Werte mit anschließender Errechnung des α_h nach

$$\alpha_h = \frac{\sum\limits_{i=1}^{n} \Delta\varrho_i}{\sum\limits_{j=1}^{n} \Delta h_j} \tag{5.2.30}$$

gut bewährt. Ob man durch eine Verfeinerung der Stabstellungsanzeigemechanismen auch Werte < 1 cm zu genauen Ergebnissen verarbeiten kann, muß man im konkreten Fall prüfen.
— Die Richtung der Änderung des gleitenden Parameters ist beliebig.

(2) Messung des Borsäurekoeffizienten
— Die Änderung der Borsäurekonzentration muß stetig und ohne Beeinflussung durch technologische Schalthandlungen (z. B. Änderungen im Zuspeise-/Absalzregime) erfolgen.
— Die Abnahme der Borsäurekonzentration kann auf zwei Wegen realisiert werden

(1) Absalzung → Verdampferanlage → gereinigtes Wasser über das Zuspeisesystem in den 1. Kreislauf zurückführen oder

(2) Einspeisen borsäurefreien Wassers in den 1. Kreislauf und Ausschleusen des überschüssigen, borsäurehaltigen Wassers in Aufbewahrungsbehälter.

Welche Methode i. allg. bevorzugt wird, hängt vorwiegend von dem Behältervolumen ab; letztere Verfahrensweise läßt eine größere Manövrierfähigkeit zu.

— Der Druck im 1. Kreislauf und die Moderatortemperatur müssen konstant gehalten werden.
— Werden die Messungen aus technologischen oder ökonomischen Gründen mit weniger als der projektmäßig vorhandenen Zahl der Hauptumwälzschleifen durchgeführt, sind die übrigen Schleifen abzusperren. Dadurch wird eine eindeutige Borsäurekonzentrationsänderung erreicht (keine Borsäurenebenströmungen). Wird zur Messung Borsäure eingespeist, ist dieses Vorgehen jedoch nicht zu empfehlen, da die Reaktorsicherheit in diesem Fall nicht gewährleistet ist!
— Messung der Borsäurekonzentration an geeigneten Stellen mit größter Sorgfalt bei der Probeentnahme und Probeauswertung, denn:
Den größten Beitrag zur Ungenauigkeit von α_B bringt der Quotient $\mathrm{d}c_B/\mathrm{d}t$, da die Anlagen des Kraftwerks für derartige Experimente nicht ausgelegt sind.
— Diskontinuierliche Ermittlung der Laufzeit der Borsäureproben zwischen Spaltzone und Probeentnahmestelle, um die Wirkung der Borsäureänderung in der Spaltzone mit der gemessenen Reaktivitätsänderung genau korrelieren zu können.

(3) Messung des Temperaturkoeffizienten

— Aufwärmen oder Abkühlen des Moderators in den optimalen Grenzen.
— Messung der Moderatortemperatur mit geeigneten Meßkanälen.
— Wegen ihres großen Reaktivitätsgewichts ist besonders auf die Konstanz der Borsäurekonzentration zu achten.
— Konstantes Zuspeiseregime.
— Es muß gesichert sein, daß $|\alpha_p \cdot \Delta p| \ll |\alpha_M \cdot \Delta T_M|$ gilt, wobei Δp die Druck- und ΔT_M die Moderatortemperaturänderung während des Experiments ist. Für Reaktoren des Typs WWER-440 ist es bei hoher Borsäurekonzentration ($c_B > 9$ g/kg) und geringer Moderatortemperatur ($T_M < 200$ °C) denkbar, daß bei ungünstigen Versuchsbedingungen $\alpha_p \cdot \Delta p = -\alpha_M \cdot \Delta T_M$ ist, so daß sich der Reaktivitätszustand des Reaktors trotz Parameteränderung nicht ändert.

Beim Aufwärmen steigt infolge der Volumenzunahme des Primärwassers der Kreislaufdruck an. Diesem Druckanstieg versucht man durch quasikontinuierliches Vergrößern der Ausschleusemengen an Primärwasser zu begegnen. Da die Betriebsarmaturen für solche feinen Regelschritte nicht ausgelegt sind, schwankt der Druck meist sehr stark; das Personal ist in dem Bemühen, die erforderliche Druckkonstanz zu realisieren, stark belastet, das Ergebnis ist mager und die Auswertung führt zu ungenauen Ergebnissen. Groß ist jedoch der Erfolg, wenn zu gegebenem Zeitpunkt eine oder mehrere HUP-Entlüftungen geöffnet (teilweise oder ganz) werden. Durch Öffnen dieser (oder anderer) feinen Leitungen wird eine ausgezeichnete Druckkonstanz über weite Bereiche der Temperaturänderung erzielt.

— Das Absenken der Moderatortemperatur erfolgt entweder zunächst durch Wärmeabgabe an die Umgebung und anschließend durch Zwangsabkühlung über den 2. Kreislauf (Dampferzeuger → Abfahrkondensator bzw. in die Atmosphäre) oder gleich durch Zwangsabkühlung. Wird die T_M-Änderung durch Aufwärmen erzeugt, so muß dies durch äußere Quellen (HUP-Wärme, Dampfwärme im Dampferzeuger etc.) erfolgen.

— In gewissen zulässigen Grenzen kann die Aufwärmung durch Drosseln der HUP-Kühlung beschleunigt werden.

— Wenn der Temperaturkoeffizient klein ist ($|\alpha_M| \leqq 4 \cdot 10^{-3} \cdot \beta_{\text{eff}} \cdot K^{-1}$), dann ist bei Temperaturänderung auch die Änderung der Absorberstabstellung klein, und der Temperaturkoeffizient wird in Abhängigkeit von der Stellung des Absorberstabes gut wiedergegeben; die Borsäurekonzentration muß konstant sein. Ist der Temperaturkoeffizient groß, wird auch die Änderung des Absorberstabes groß sein. In diesem Fall kann man zwei Wege der Messung beschreiten: Entweder man hält die Borsäurekonzentration konstant und nimmt große Stabstellungsänderungen in Kauf oder man hält die Stabstellung konstant und mißt die Borsäurekonzentrationsänderung. Das erste Verfahren ist insofern günstiger, da die Genauigkeit der Borsäurekonzentrationsmessung besonders bei kleinen Borsäurekonzentrationsänderungen zur Zeit noch nicht befriedigen kann.

(4) Messung der Xenonvergiftung

— Der Reaktor wurde länger als 50 h vor einer Leistungsänderung mit konstanter Leistung betrieben; besonders gilt das für die üblicherweise durchgeführten Messungen der instationären Xenonvergiftung nach erfolgter Abschaltung auf Nulleistung. Diese Forderung nach ungestörten (stationären) Ausgangszuständen ist notwendig, um experimentelle mit berechneten Xenonvergiftungsverläufen eindeutig und genau vergleichen zu können. Prinzipiell können zwar die Messungen bei jedem beliebigen instationären Reaktorzustand beginnen, aber der Vergleich mit der Rechnung wird dann ungenau, wenn die Rechnung die tatsächliche Vorgeschichte bis zum Augenblick der Lasteinsenkung nicht exakt beschreiben kann.

- Absenken der Leistung (P_{el} bzw. P_{th}) mit maximal zulässiger Geschwindigkeit (WWER-2: $P_{el} = 3$ MW/min; WWER-440: $P_{el} = 5$ MW/min); die Leistung ist möglichst kontinuierlich abzusenken.
- Die Moderatortemperatur ist mit maximal zulässiger Geschwindigkeit auf das zur Messung benötigte Niveau abzusenken; an den WWER-Reaktoren sind das 30 K/h. Das Absenken der Moderatortemperatur ist dann notwendig, wenn wegen der geringen Reaktivitätsreserve der Spaltzone — besonders gegen Ende einer Reaktorkampagne — das Xenonvergiftungsmaximum bei hoher Temperatur nicht sicher (mit kritischem Reaktor) überfahren werden kann; der Reaktivitätsgewinn infolge der Temperaturabnahme vergrößert die Reaktivitätsreserve. Wenn das vorgegebene Temperaturniveau erreicht worden ist, muß die Temperatur natürlich konstant gehalten werden.
- Die Anzahl der im Betrieb befindlichen Hauptumwälzschleifen ist bebeliebig, darf aber wegen der geforderten Temperaturkonstanz während der Messung nicht mehr verändert werden.
- Gleichermaßen ist auf konstanten Kreislaufdruck sowie konstantes Zuspeise- und Absalzregime zu achten.

(5) Messung des Druckkoeffizienten

- Alle Parameter des 1. Kreislaufs sind konstant zu halten.
- Schaffung eines Schaltzustandes, der die Änderung des Kreislaufdruckes ermöglicht.
- Die Anzahl der betriebenen Hauptumwälzschleifen ist beliebig.
- Die Betriebsvorschrift betreffs Druckänderungen bei laufenden Hauptumwälzpumpen ist zu beachten.

5.2.1.4. Auswertung der Versuche in der Praxis und ihre Ergebnisse

In den vorhergehenden Kapiteln wurde ständig gefordert, daß sich kein anderer als der ausgewählte Reaktorparameter ändern darf. Diese Forderung ist, wie die Praxis zeigt, und das wurde an eben diesen Stellen bereits betont, für die Durchführung reaktorphysikalischer Experimente an Leistungsreaktoren, d. h. industriellen Großanlagen, viel zu scharf gestellt. Um jedoch ein gutes Meßergebnis zu erhalten, müssen alle nicht gewollten Parameteränderungen genau erfaßt und ihr Reaktivitätsbeitrag am Meßergebnis korrigiert werden. Da das Experiment aber kaum in der Lage ist, einen vollständigen Satz von Reaktivitätskoeffizienten zur Korrektion zu liefern, erfolgt die Korrektion meist mit berechneten Koeffizienten. Damit wird jedoch die Klarheit des Meßergebnisses verwischt. Dort, wo es möglich ist, wird vernünftigerweise die Korrektion am berechneten Koeffizienten angebracht und dieser mit dem tatsächlichen Meßergebnis verglichen.

Je nach verfügbarer Meßtechnik unterscheidet man zwei Hauptrichtungen der Auswertung

(1) die manuelle Auswertung,
(2) die Auswertung mit elektronischen Rechenanlagen.

(1) Manuelle Auswertung

Diese Auswertung benötigt eine Meßtechnik, deren Gerätepark sehr klein ist (Reaktivitätsmesser, Schreiber). Das Handwerkszeug ist Bleistift, Lineal, Papier.

Es werden in die Schreiber-Meßkurven die zur Auswertung benötigten Kennzeichnungen eingetragen und in Tabellen die Einzelmeßwerte gesammelt. Die endgültige Erarbeitung des Meßergebnisses (Reaktivitätskoeffizient) erfolgt ebenfalls tabellarisch. Zusätzliche Meßwerte müssen aus Meßprotokollen auf Millimeterpapier aufgetragen werden. Hier entnimmt man die benötigten Zusatzinformationen für die Ermittlung der Reaktivitätskoeffizienten. Allein dieser kurze Abriß läßt den großen Aufwand an manueller Arbeit bei der Datenerfassung und -verarbeitung erkennen und macht deutlich, daß diese Art der Auswertung nur in Ausnahmefällen vorgenommen werden sollte. Um die physikalischen Charakteristiken des Reaktors, d. h. den Gesamtumfang der Reaktivitätskoeffizienten für eine Reaktorkampagne zu ermitteln, werden Tage bis Wochen nötig. Deshalb werden die Meßwerte EDV-gerecht bereitgestellt und in EDV-Anlagen verarbeitet. Die verbleibende manuelle Tätigkeit beträgt dann nur noch einen Bruchteil der früheren.

(2) Die Auswertung mit elektronischen Rechenanlagen

Im allgemeinen stehen für off-line Auswertungen die Meßdaten auf Lochbändern, da die automatische Datenerfassung mit Lochersystemen erfolgt. Jedoch gibt es auch die Meßwerteingabe mit manuell gestanzten Lochkarten. Die on-line Auswertung mittels Prozeßrechner ist die fortschrittlichste und ökonomischste auf dem Gebiet der Meßwerterstellung. Je nach Meßmethode und Zielfunktion werden Rechenprogramme erarbeitet. Die Ergebnisse sind objektiv, genau und schnell verfügbar. Es werden alle zur Auswertung benötigten Daten ermittelt (z. B. $\Delta\varrho[\Delta h]$, Δh, h_k, t_k, $\dot{T}_M$, $\dot{\varrho}$ und andere Informationen) und, wenn nötig, können Korrektionen am Ergebnis vorgenommen werden.

Im folgenden wird anhand der wichtigsten Reaktivitätskoeffizienten die Praxis der Auswertung bei manueller und rechnergestützter Auswertung dargestellt. Die angegebenen Ergebnisse sind Beispiele aus Messungen und verdeutlichen die Größenordnung, in der sich die Reaktivitätskoeffizienten bewegen.

5.2.1.4.1. Auswertung der Messung der differentiellen Absorberstabwirksamkeit α_h

Im Kap. 5.2.1. wurde die Auswertung einer dynamischen Reaktivitätsmessung erläutert; die Bilder 5.2.5 bzw. 5.2.7 zeigen die Stellen, an denen die Reaktivitäts- bzw. Stabstellungsänderungen aus den Meßkurven entnommen werden können.

Manuelle Auswertung

Entsprechend Kap. 5.2.1.2. darf der Kurvenverlauf in der Zeit t_P nicht in der Auswertung berücksichtigt werden. Daher wird durch das übrige Kurvenstück eine Gerade gelegt, die ungeachtet der Reaktivitätswerte innerhalb t_P zum Zeitpunkt t_A (Beginn der Stabverstellung) verlängert wird (s. Bild 5.2.5). Der ϱ-Wert des Schnittpunktes dieser Geraden mit $t = t'_{A,n}$ ist der Anfangswert $\varrho'_{A,n}$ der Geraden des n-ten Meßzyklus. Zusammen mit dem Endwert $\varrho_{E,n-1}$ der Geraden des vorangegangenen Meßzyklus $n - 1$ ist die der Stabstellungsänderung entsprechende Differenz $\Delta\varrho$ gegeben. α_h ergibt sich zu

$$\alpha_h = \frac{|\varrho_{E,n-1}| + |\varrho'_{A,n}|}{h_{k,n} - h_{k,n-1}} . \tag{5.2.31}$$

Die Werte α_h werden in einem Diagramm über h aufgetragen und in geeigneter Weise ausgeglichen (Bild 5.2.13). Der Ausgleich kann manuell nur genähert richtig sein, so daß die Ausgleichskurven $\alpha_h(h)$ in gewissen Grenzen subjektiv beeinflußt sind.

Die grafische Integration der α_h-Kurven ergibt die integrale Wirksamkeit $\varrho_h(h)$ des Absorberstabes. Die Genauigkeit der integralen Wirksamkeit enthält demnach die Fehler der gemessenen differentiellen Wirksamkeiten und den Fehler der grafischen Integration.

Genauer bestimmt wird die integrale Wirksamkeit nach dem Verfahren der Summation gemessener Reaktivitäten, wie es im Kap. 5.2.1.2. bereits erwähnt wurde.

Eine Glättung der differentiellen Wirksamkeiten $\partial\varrho/\partial h$ in Abhängigkeit von der Stellung des Absorberstabes ist nicht in allen Fällen gerechtfertigt, da die Streuung der Werte auf lokale Ungleichmäßigkeiten der Spaltzoneneigenschaften hinweisen kann. Da aber nicht alle lokalen Störungen innerhalb der Meßgenauigkeit der $\alpha_h(h)$ nachweisbar sind, wird eine Glättung schon dann sinnvoll, wenn sie wesentliche Unregelmäßigkeiten des sonst „idealen“ α_h- bzw. ϱ_h-Verlaufes berücksichtigt. Beispiele hierfür zeigen Bild 5.2.8 und besonders Bild 5.2.13.

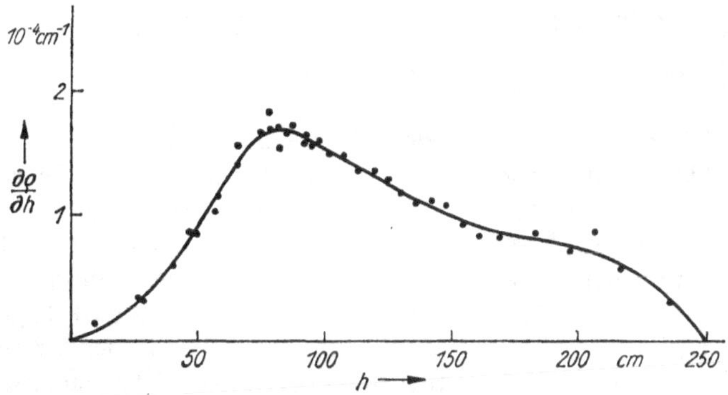

Bild 5.2.13
Differentielle Stabwirksamkeit (KKW „Bruno Leuschner“ Greifswald, Block 2, Anfang 2. Kampagne)
● Meßwerte, - Ausgleichskurve

Auswertung mit EDVA

Um die Auswertung der dynamischen Reaktivitätsmessungen mittels EDVA realisieren zu können, wurden zahlreiche Rechenprogramme erarbeitet, die hauptsächlich den manuellen Arbeitsgang mit Mitteln der elektronischen Datenverarbeitung nachvollziehen: Aus den digitalisierten Meßwerten werden die Reaktivitäts- bzw. Parameteränderungsgeschwindigkeiten $\dot{\varrho}$ bzw. $\dot{x}$ und daraus die Reaktivitätskoeffizienten α_x berechnet.

In einfachen Programmen werden aus den Meßkurven mittels Geradenausgleich nach der Methode der kleinsten Quadrate die Koeffizienten des Anstiegs dieser Kurven bestimmt. In anspruchsvollen Programmen werden die Kurvenverläufe nach Exponentialfunktionen, Polynomen etc. ausgeglichen.

Um den Ausgleich der differentiellen Wirksamkeiten objektiv zu gestalten, werden ebenfalls Rechenprogramme verwendet. Ein Beispiel ist das Rechenprogramm HANSL.[1]) Der Ausgleich erfolgt hier nach vier verschiedenen Funktionstypen. Gleichzeitig wird anhand der Ausgleichskurve $\alpha_h(h)$ die integrale

[1]) Eine andere Ausgleichsmöglichkeit bieten spline-Funktionen.

Wirksamkeit $\varrho_h(h)$ berechnet (analytisch). Die genannten Funktionen sind:

$$*\mathrm{FITEXP} = A \cdot x^B \cdot \exp D \cdot x\,,$$

$$*\mathrm{FITRAT} = \frac{A \cdot x}{B \cdot x^2 + C \cdot x + 1}\,,$$

$$*\mathrm{FITSUM} = \mathrm{U} \cdot \mathrm{FITEXP} + V \cdot \mathrm{FITRAT}\,,$$

*Fourierausgleich der Ordnung 1 bis 10.

Es wird anhand der Fehlerquadratsumme die Auswahl der am besten angepaßten Funktion vorgenommen. Der Fourierausgleich der Ordnung 5 ergab nahezu in allen Fällen die beste Anpassung, wobei allerdings bei zu geringer Anzahl von Meßpunkten an den Endlagen der Absorberstäbe ein dem Fourierausgleich eigenes leichtes Schwingen des angepaßten Kurvenverlaufs um den tatsächlichen Verlauf auftritt. Noch gute Ergebnisse wurden auch mit der Funktion FITSUM erhalten. Die Bilder 5.2.14 und 5.2.15 spiegeln an einem Beispiel die Ergebnisse des Ausgleichsrechnung wider.

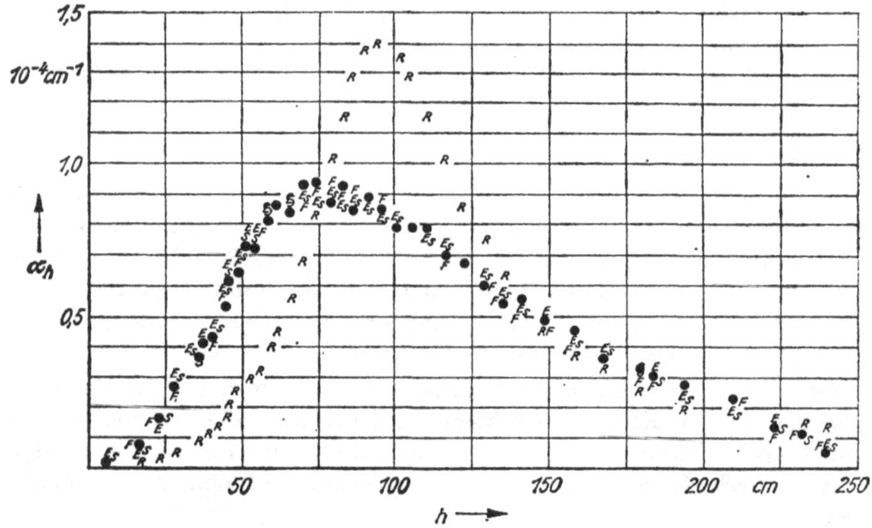

Bild 5.2.14
Beispiel für die HANSL-Ausgleichsrechnung von α_h-Werten
● Meßwerte, E: FITEXP, R: FITRAT, S: FITSUM F: FOURIER-AUSGLEICH der Ordnung 5
E, S, F fallen im wesentlichen zusammen, die Summe der Fehlerquadrate ist bei F am kleinsten

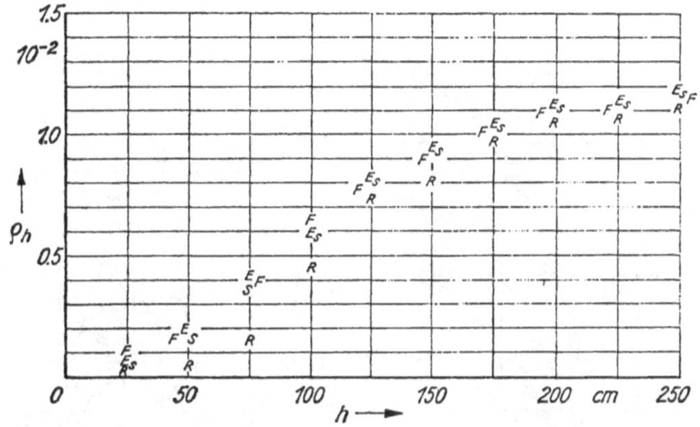

Bild 5.2.15
Integrale Wirksamkeit der HANSL-Ausgleichsrechnung
E: FITEXP, *R*: FITRAT, *S*: FITSUM, *F*: FOURIERAUSGLEICH
E, *S*, *F* fallen im wesentlichen zusammen, die Summe der Fehlerquadrate ist bei *F* am kleinsten

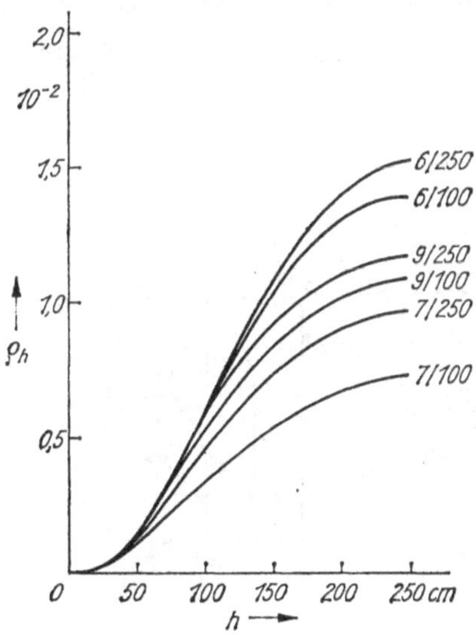

Bild 5.2.16
Integrale Wirksamkeit der zentralen Absorberkassette des WWER-2 in den Kampagnen 6 bis 9 (nach [25], gekürzt)
erste Zahl: Kampagnennummer, zweite Zahl: Moderatortemperatur in °C

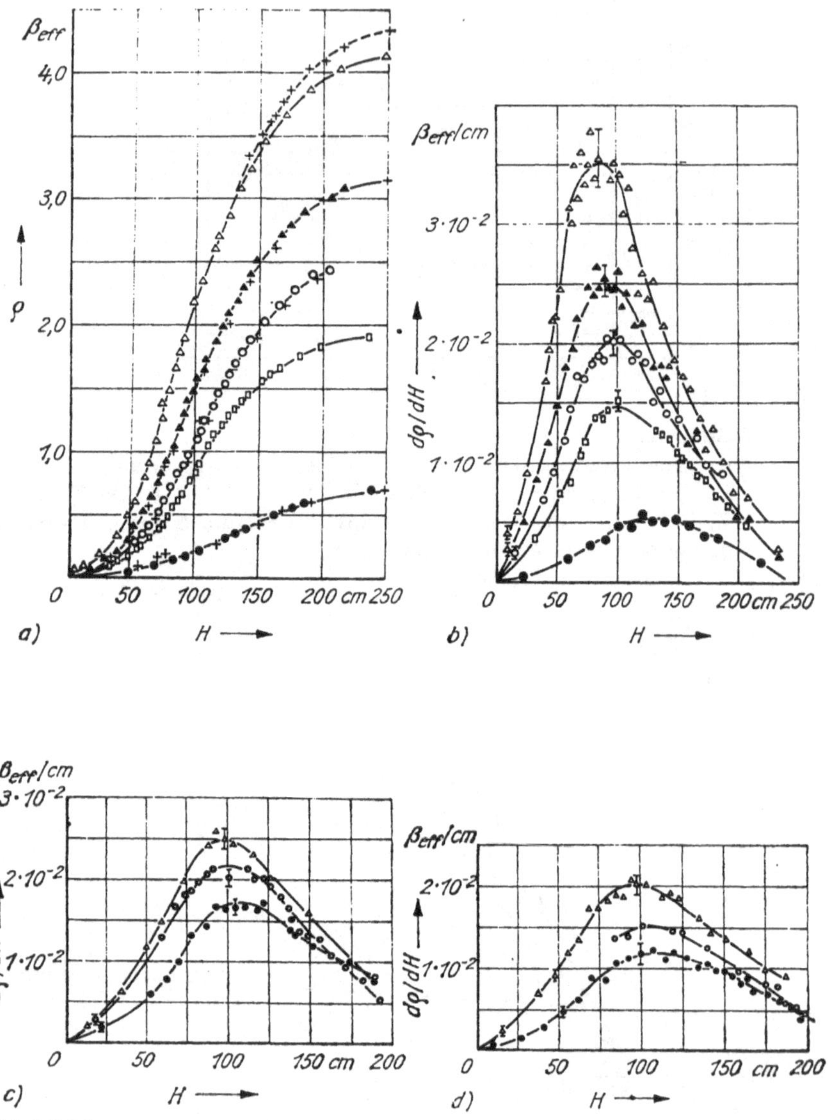

Bild 5.2.17a

Integrale Wirksamkeit der Regelgruppen in Abhängigkeit von ihrer Stellung ($t \approx 260$ °C), nach [27]

KKW „Bruno Leuschner" Greifswald, Block 2: ○ Regelgruppe K6, ● Regelgruppe K5, ▲ Regelgruppe K4, △ Regelgruppe K3, □ Regelgruppe K2; KKW Kozloduj, Block 1: +

Ergebnisse

Es liegen Meßergebnisse von Messungen am WWER-2 und an einigen WWER-440 vor, die bereits veröffentlicht sind. Hier sollen nur einige Ergebnisse der Vollständigkeit halber angegeben werden und die Gesamtkonzeption dieser Arbeit abrunden. Gleichzeitig wird die Größenordnung der Stabwirksamkeit deutlich. Die Bilder 5.2.16 und 5.2.17 zeigen Meßwerte bzw. geglättete Kurven für differentielle und integrale Wirksamkeiten.

5.2.1.4.2. Auswertung der Messung des Borsäurekoeffizienten $\varkappa_B$

Manuelle und rechnerische Auswertung

Im wesentlichen gelten auch hier die Bemerkungen des Abschnitts 5.2.1.4. Als hauptsächlichstes Auswerteverfahren wird die Methode der Zeitableitungen, wie sie in Kap. 5.2.1.2. beschrieben ist, angewendet. Die ebenda angegebenen anderen Verfahren dienen zur Stützung der Ergebnisse. Eine weitere Ermittelung des Borsäureeffektes wird in Kap. 5.2.2. gezeigt. Hier ein kurzer Vorgriff.

Während der sonst kontinuierlichen Abnahme der Borsäurekonzentration wird an vorgegbenen Parameterfixpunkten der Borsäureentzug unterbrochen

◀

Bild 5.2.17b
Differentielle Wirksamkeit der Regelgruppen in Abhängigkeit von ihrer Stellung ($t \approx 260$ °C), nach [27]
KKW „Bruno Leuschner" Greifswald, Block 2:
○ Regelgruppe K6, ● Regelgruppe K5, ▲ Regelgruppe K4, △ Regelgruppe K3, □ Regelgruppe K2

Bild 5.2.17c
Differentielle Wirksamkeit in Abhängigkeit von der Stellung bei verschiedenen Temperaturen für die Hauptregelgruppe K6 im Block 1 des KKW „Bruno Leuschner" Greifswald, nach [27]
● ≈ 100 °C; ○ ≈ 200 °C; △ ≈ 260 °C

Bild 5.2.17d
Differentielle Wirksamkeit in Abhängigkeit von der Stellung bei verschiedenen Temperaturen für die Hauptregelgruppe K6 im Block 2 des KKW „Bruno Leuschner" Greifswald (● ≈ 106 °C; △ ≈ 260 °C) und im Block 1 des KKW Kozloduj (○ ≈ 180 °C), nach [27]

und die Borsäurekonzentration im ersten Kreislauf konstant gehalten. Dabei werden mehrere Borsäureproben ausgemessen. Man erhält mit

$$-\bar{\alpha}_B = \frac{\Delta \varrho_h(h)}{\Delta c_B} = \frac{\varrho_h(h_2) - \varrho_h(h_1)}{c_{B,2} - c_{B,1}} \tag{5.2.32}$$

bzw.

$$-\varrho_B = \Delta \varrho_h(\Delta c_B) \tag{5.2.33}$$

Näherungswerte für die Größen α_B bzw. ϱ_B, gültig für den Borsäure- und Stabstellungsbereich $(c_{B,1}, h_1) \dots (c_{B,2}, h_2)$.

Wenn man für den Beginn der Messungen, der in der Regel der maximalen Borsäurekonzentration bei ganz gezogenen Absorberstäben entspricht, die Reaktivität Null setzt, so spiegeln die jeweils gemessenen Borsäurekonzentrationen im ersten Kreislauf (bzw. deren Differenzen zum maximalen Wert bei entsprechender Umrechnung in Reaktivität) die Abhängigkeit der Reaktivität des Reaktors von der Borsäurekonzentration wider (Bild 5.2.18

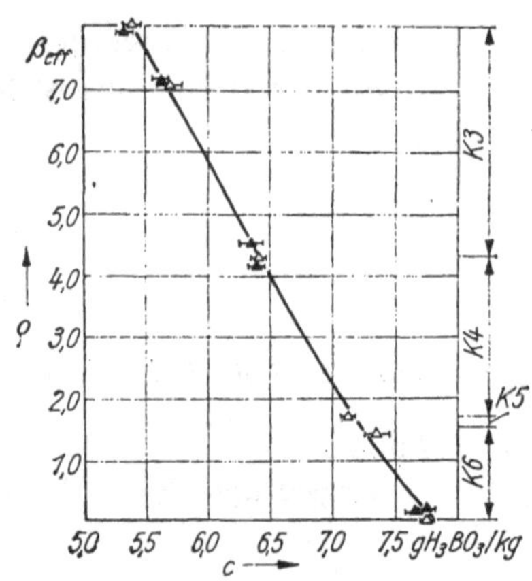

Bild 5.2.18
Reaktivitätsänderung in Abhängigkeit von der Borsäurekonzentration für den kalten Zustand nach Werten für den Block 2 des KKW „Bruno Leuschner" Greifswald und den Block 1 des KKW Kozloduj, nach [27]
KKW „Bruno Leuschner" Greifswald, Block 2: $t \approx (106 \pm 1)$ °C; △ c-Werte aufgrund der chemischen Analyse; ——— c-Werte berechnet
KKW Kozloduj, Block 1: $t \approx (117 \pm 3)$ °C; ▲ c-Werte aufgrund der chemischen Analyse

und 5.2.19). Der Verlauf dieser Kurven gestattet es, über die Gesamtzahl der erforderlichen Analysen in der betreffenden Meßreihe und das Auftreten möglicher systematischer Abweichungen in den chemischen Analysendaten zu entscheiden. In der Regel werden zwei Analysenreihen ausgeführt, die erste bei 100 °C und die zweite nahe Betriebstemperatur.

Eines der größten Probleme bei der Auswertung der Messung des Borsäurekoeffizienten ist die Verbesserung der Qualität der Borsäurekonzentrationsbestimmung. Es ist nicht möglich, Borsäurekonzentrationsänderungen von 0,2 bis 0,3 g H_3BO_3/kg H_2O mit einem Fehler kleiner 20 bis 30% zu bestimmen. Daher ist es kaum sinnvoll zu versuchen, funktionelle Abhängigkeiten ableiten zu wollen; es wurden deshalb nur Mittelwerte von α_B über große Borsäurekonzentrationsänderungen an WWER bestimmt.

Ein Fortschritt in der Ermittelung von Δc_B wird in der Berechnung der Borsäurekonzentrationsänderung über geeichte Speisewassermengenmessungen während des Borsäureentzugs gesehen:

$$c(t) = c_0 \cdot \exp\left(-G_{\text{Sp}} \cdot t/G_{\text{Kr}}\right), \tag{5.2.34}$$

mit G_{Sp} = Zuspeisemenge pro Zeiteinheit und G_{Kr} = Menge des Wassers im 1. Kreislauf. Mit (5.2.34) können ohne Kenntnis von c_0 gut die relativen

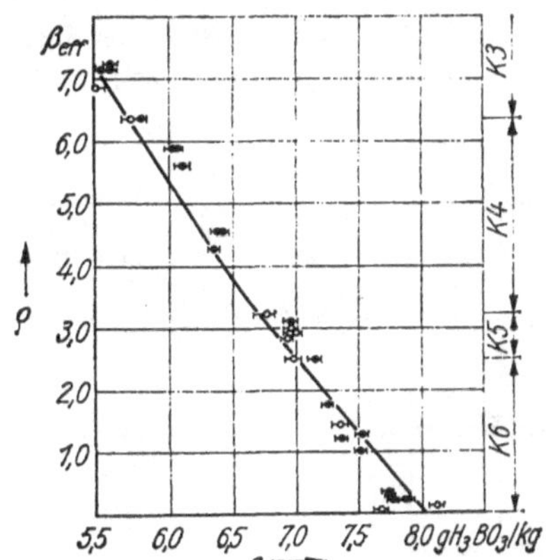

Bild 5.2.19
Reaktivitätsänderung in Abhängigkeit von der Borsäurekonzentration für den heißen Zustand nach Werten für den Block 2 des KKW „Bruno Leuschner“ Greifswald und den Block 1 des KKW Kozloduj, nach [27]
KKW „Bruno Leuschner“ Greifswald, Block 2: $t \approx (260 \pm 2)$ °C; ○ c-Werte aufgrund der chemischen Analyse; ——— c-Werte berechnet
KKW Kozloduj, Block 1: $t \approx (265 \pm 3)$ °C; ● c-Werte aufgrund der chemischen Analyse

Änderungen der Borsäurekonzentration berechnet werden. Zur Ermittlung von $c(t)$ benötigt man einen möglichst genauen Wert c_0.

Ergebnisse

In den Bildern 5.2.20 und 5.2.21 sind für den WWER-2 bzw. WWER-440 zwei Beispiele der Abhängigkeit des Borsäurekoeffizienten von der Größe

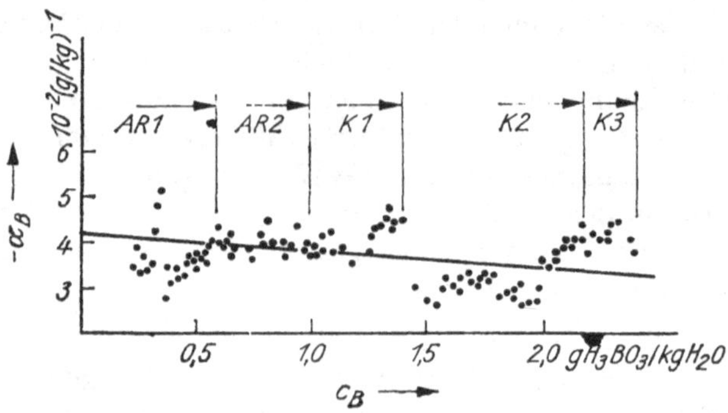

Bild 5.2.20
Borsäurekoeffizient α_B in Abhängigkeit von der Borsäurekonzentration c_B am WWER-2, t_m = 100 °C, nach [35]

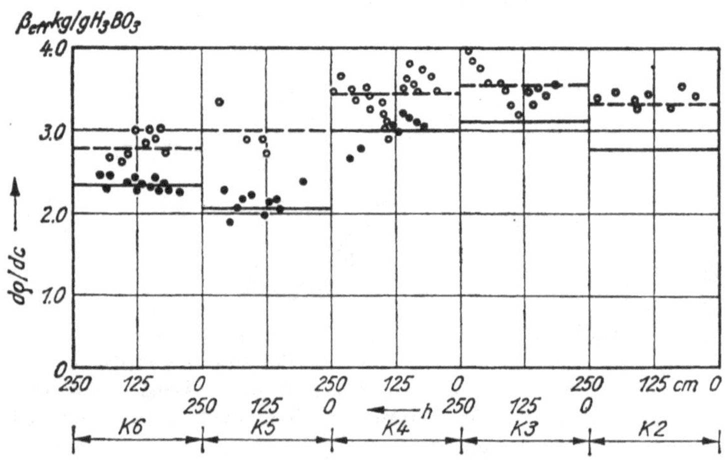

Bild 5.2.21
Differentielle Borsäurewirksamkeit in Abhängigkeit von der Anzahl der eingefahrenen Regelgruppen nach Werten für den Block 2 des KKW „Bruno Leuschner" Greifswald, nach [27] ○, — — — $t \approx 106$ °C; ●, ——— $t \approx 260$ °C

der Borsäurekonzentration bei verschiedenen Absorberstabstellungen dargestellt. Man erkennt deutlich die Abhängigkeit des α_B von der Stellung der Absorberstäbe, die sogar innerhalb des Fahrbereiches einer Absorberstabgruppe großen Änderungen unterliegt. In Bild 5.2.20 ist eine über den gesamten Meßbereich gemittelte Kurve (nach der Methode der kleinsten Quadrate) eingezeichnet. Der Borsäurekoeffizient α_B wird mit größer werdender Borsäurekonzentration c_B kleiner. Die Kurve verläuft nach der Beziehung

$$\alpha_B = \frac{\partial \varrho}{\partial c_B} \approx - \frac{|\alpha_B^0|}{1 + |\alpha_B^0| \cdot c_B}, \tag{5.2.35}$$

wobei α_B^0 der Borsäurekoeffizient bei der Borsäurekonzentration $c_B = 0$ g/kg ist. Offenbar ist jedoch (5.2.35) zu stark vereinfacht und ist nur als Näherung brauchbar. Man erkennt auch hier, wie in Bild 5.2.21, eine Abhängigkeit des Borsäurekoeffizienten von der Absorberstabstellung. Es fällt auf, daß die α_B meist in der unteren Hälfte des Fahrbereichs einer Stabgruppe etwa konstant sind und in der oberen Hälfte des Fahrbereichs der Stabgruppe beim Herausfahren der Gruppe größer werden.

5.2.1.4.3. Auswertung der Messung des Moderatortemperaturkoeffizienten α_M

Manuelle und rechnerische Auswertung

Die im Abschnitt 5.2.1.4.1. beschriebenen wesentlichen Auswerteschritte gelten auch bei der Auswertung der α_M-Messung.

Wegen der strengen Forderung an die Versuchsdurchführung sind die Experimente zur Bestimmung des Temperaturkoeffizienten am schwierigsten durchzuführen, besonders bei hohen Borsäurekonzentrationen, bei denen der Temperaturkoeffizient betragsmäßig klein ist und selbst kleine Druckschwankungen die Messung stören. Im Kapitel 5.2.1.3. wurde bereits darauf hingewiesen, und es wurden Maßnahmen skizziert, die den Meßfehler verringern (gezielte Druckschwankungen und nur Auswertung der Meßkurven bei konstantem Kreislaufdruck bzw. Aufrechterhalten des konstanten Druckes durch Feinregelung der Ausschleusung). Ebenda wurden zwei Wege der Messung des Temperaturkoeffizienten dargestellt:

- Reaktivitätskompensation durch Absorberstabstellungsänderung bei konstanter Borsäurekonzentration bzw.
- Reaktivitätskompensation durch Borsäurekonzentrationsänderung bei konstanter Absorberstabstellung.

Die damit gemessenen Temperaturkoeffizienten sind aber nicht unmittelbar miteinander vergleichbar und in der Regel auch nicht gleich groß, da der Wert des Temperaturkoeffizienten stark von den Parametern h und c_B abhängt.

Ergebnisse

Die Bilder 5.2.22 bis 5.2.23 sind Beispiele für den gemessenen Verlauf des Temperaturkoeffizienten. Es sind jeweils die Parameter bzw. deren Änderungsbereiche bei den Messungen angegeben. Die Fehler der Einzelmessungen sind immer dann angegeben worden, wenn sie größer als 1% waren. Bild 5.2.24 gibt einen Überblick über den Verlauf des Temperaturkoeffizienten in Abhängigkeit von der Borsäurekonzentration bzw. der Stellung der Absorberstabgruppen bei wenig geänderter Moderatortemperatur. Im Bild 5.2.24 sind außerdem Meßwerte zum Druckkoeffizienten für den gleichen Parameterbereich eingetragen. Die starke Änderung des Temperaturkoeffizienten und des Druckkoeffizienten im Bereich der Absorberstabgruppe des K6 des WWER-440 (bei hoher Borsäurekonzentration) zeigt deutlich, wie notwendig es ist, das Experiment sehr sorgfältig durchzuführen und auszuwerten.

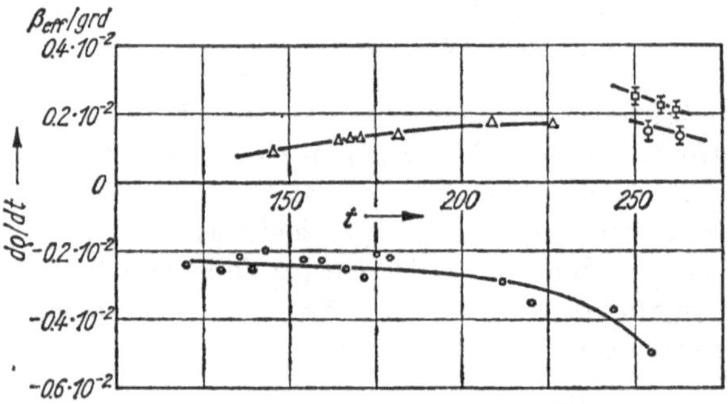

Bild 5.2.22
Temperaturkoeffizienten in Abhängigkeit von der Temperatur für den Block 1 des KKW Kozloduj und den Block 2 des KKW „Bruno Leuschner" Greifswald, nach [27]
KKW Kozloduj, Block 1: △ H_{K6} = 190 ... 175 cm, □ H_{K6} = 190 ... 186 cm, ○ H_{K6} = 179 ... 178 cm, $c \approx$ 7,75 ... 7,90 g H_3BO_3/kg H_2O
KKW „Bruno Leuschner" Greifswald, Block 2:
ϕ H_{K6} = 66 ... 100 cm, $c = (7{,}35 \pm 0{,}06)$ gH_3BO_3/kg H_2O

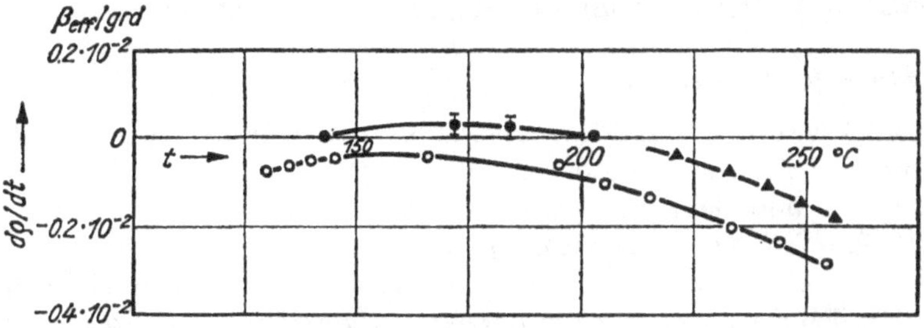

Bild 5.2.23
Temperaturkoeffizient in Abhängigkeit von der Temperatur für den Block 1 des KKW Kola und den Block 1 des KKW „Bruno Leuschner" Greifswald, nach [27]
KKW Kola: ○ H_{K6} = 150 ... 160 cm, $c \approx (6{,}0 \pm 0{,}15)$ g H_3BO_3/kg H_2O
KKW „Bruno Leuschner" Greifswald: ● H_{K6} = 155 ... 157 cm, ▲ H_{K6} = 172 ... 174 cm, $c \approx (6{,}5 \pm 0{,}1)$ g H_3BO_3/kg H_2O

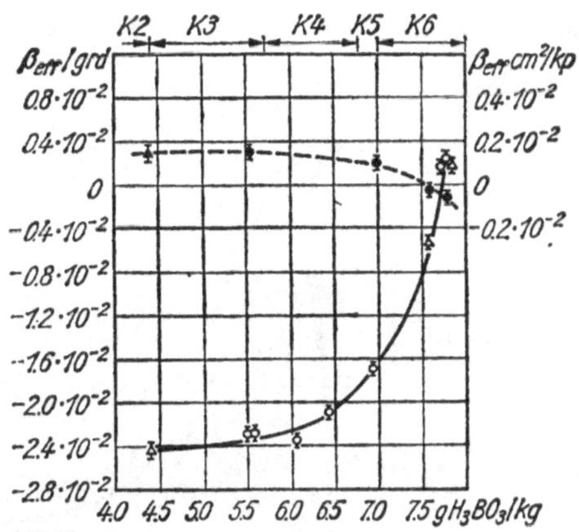

Bild 5.2.24
Mittlerer Temperatur- und Druckkoeffizient über den Temperaturbereich 256 ... 260 °C in Abhängigkeit von der Borsäurekonzentration für den Block 1 des KKW Kozloduj und den Block 2 des KKW „Bruno Leuschner" Greifswald, nach [27]
KKW Kozloduj, Block 1: ○ dϱ/dt, ● dϱ/dp;
KKW „Bruno Leuschner" Greifswald, Block 2: △ dϱ/dt, ▲ dϱ/dp

5.2.1.4.4. Auswertung der Messung der Xenonvergiftung

Manuelle Auswertung

Die Auswertung der Xenonvergiftungsmessung erfolgt grundsätzlich so, daß die zeitliche Änderung der Xenonvergiftung $\dot{\varrho}_{\mathrm{Xe}}$ als Funktion der Zeit t dargestellt und danach integriert wird. Die Integration ergibt den zeitlichen Verlauf der Xenonvergiftung $\varrho_{\mathrm{Xe}}(t)$.

Die mit dem Reaktivitätsschreiber aufgezeichneten Kurven $\varrho(t)$ stellen aber den zeitlichen Verlauf der Gesamtvergiftung dar (eingeschlossen ist die Beeinflussung des Reaktivitätsverlaufes infolge der sich eventuell noch ändernden Parameter T_M, c_B u. a.), aus dem man erhält:

$$\dot{\varrho}_i(t) = \dot{\varrho}_{\mathrm{Xe},i}(t) + \dot{\varrho}_{\mathrm{Sm},i}(t) + \dot{\varrho}_{M,i}(t) + \dot{\varrho}_{c_B,i}(t) + \dots \tag{5.2.36}$$

mit i als Meßintervall-Nummer.

Nach geeigneter Korrektion des Einflusses $\varrho(t)_{\mathrm{Parameter}}$ auf $\dot{\varrho}_G = \dot{\varrho}_{\mathrm{Xe}} + \dot{\varrho}_{\mathrm{Sm}}$ verbleibt noch die Notwendigkeit, die Samariumvergiftungsänderung am Verlauf der Gesamtvergiftung zu korrigieren, um die Änderung der Xenonvergiftung allein zu erhalten. Dieses erfolgt anhand Bild 5.2.25 auf zwei Wegen:

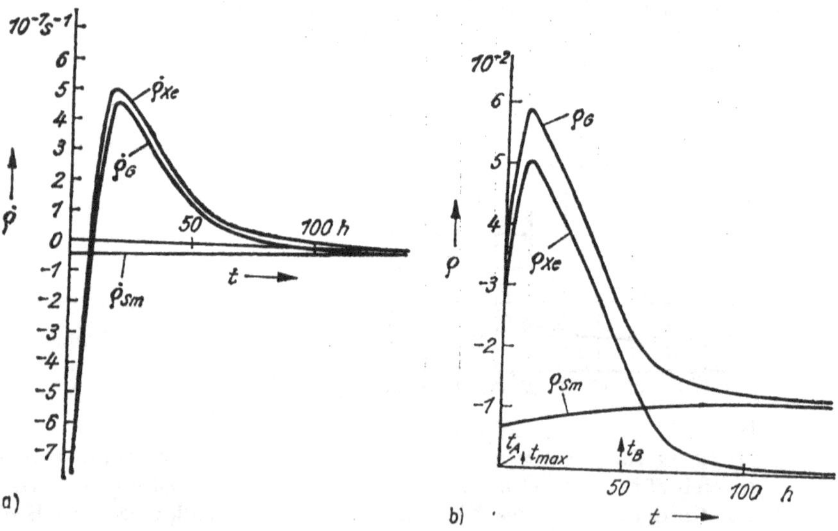

Bild 5.2.25
Prinzipielle Verläufe der Vergiftung ϱ_G, der Xenon- ϱ_{Xe} und Samariumvergiftung ϱ_{Sm} und deren zeitliche Änderungen

1. Weg: Elimination von $\dot{\varrho}_{\mathrm{Sm}}$ in den Meßwerten $\dot{\varrho}_G$.
Entsprechend Bild 5.2.5a werden die Meßwerte $\dot{\varrho}_G$ in ein Diagramm eingetragen, der Verlauf der Meßpunkte geglättet (die geglättete Kurve ist, da manuell gezogen, in gewissen Grenzen willkürlich, doch dürfte die Abweichung vom tatsächlichen Verlauf nach bisherigen Erfahrungen 10% nicht überschreiten) und eine berechnete $\dot{\varrho}_{\mathrm{Sm}}$-Kurve eingezeichnet. Nach

$$\dot{\varrho}_{\mathrm{Xe}} = \dot{\varrho}_G - \dot{\varrho}_{\mathrm{Sm}} \tag{5.2.37}$$

folgt der gesuchte Verlauf der zeitlichen Änderung der Xenonvergiftung, deren anschließende Integration den zeitlichen Verlauf der Xenonvergiftung ergibt.

In der Praxis erfolgt die Integration grafisch zwischen den Zeiten $t_E = 130$ h (d. h. 130 h nach Beginn des Abschaltens des Reaktors auf Nulleistung) und $t_A = 0$ (d. h. dem Beginn des Abschaltens). t_E bei 130 h entspricht dem theoretisch richtigen Integrationsbeginn bei $t = \infty$; diese praktische Näherung ist hier zulässig, da der Beitrag der Vergiftung zwischen 130 h und ∞ zur gesamten Vergiftung vernachlässigbar klein ist.

2. Weg: Elimination der Samariumvergiftung aus dem zeitlichen Verlauf der Gesamtvergiftung.
Entsprechend Bild 5.2.25b werden die Meßwerte $\dot{\varrho}_G$ in ein Diagramm eingetragen und zwischen t_E (Ende des Experiments) und t_A von t_E nach kleineren t hin grafisch integriert. Das Ergebnis der rückwärtigen Integration ist

$$\int_{t_E}^{t} \dot{\varrho}_G \, \mathrm{d}t' = \varrho_G(t) - \varrho_G(t_E) = \Delta\varrho_G(t)$$

zwischen t_E und t_A mit $t_{\max}$, dem Zeitpunkt der maximalen Vergiftung. Mit dem berechneten Verlauf $\varrho_{\mathrm{Sm}}(t)$ wird aus dem Verlauf $\Delta\varrho_G(t)$ durch Subtraktion punktweise $\Delta\varrho_{\mathrm{Xe}}(t)$ ermittelt, nach

$$\Delta\varrho_{\mathrm{Xe}}(t) = \Delta\varrho_G(t) - [\varrho_{\mathrm{Sm}}(t) - \varrho_{\mathrm{Sm}}(t_E)]\,, \qquad \forall t \in [t_A, t_E]\,. \tag{5.2.38}$$

Die Kurve $\Delta\varrho_{\mathrm{Xe}}(t)$ nach (5.2.38) widerspiegelt nur den relativen Verlauf. Den absoluten Verlauf $\varrho_{\mathrm{Xe}}(t)$ erhält man erst, wenn auch der Beitrag $\varrho_{\mathrm{Xe}}(t_E)$ aus dem Zeitintervall (∞, t_E) berücksichtigt wird:

$$\varrho_{\mathrm{Xe}}(t_E) = \int_{\infty}^{t_E} \dot{\varrho}_{\mathrm{Xe}} \, \mathrm{d}t'\,.$$

Da dieser Verlauf nicht gemessen wurde, und daher z. B. nicht nach

$$\int_{\infty}^{t_E} \dot{\varrho}_G \, dt$$

grafisch ermittelt werden kann, muß man auf Rechnungen zurückgreifen und den berechneten Wert $\varrho_{Xe}(t_E)$ zu den experimentell ermittelten Werten $\Delta\varrho_{Xe}(t)$ addieren. Der auf die Rechnung bezogene gemessene Verlauf im Bereich $t_E \geqq t \geqq t_A$ ergibt sich dann nach

$$\varrho_{Xe}(t) = \varrho_{Xe,\,ber}(t_E) + \Delta\varrho_G(t) - [\varrho_{Sm}(t) - \varrho_{Sm}(t_E)] \,. \tag{5.2.39}$$

(5.2.39) kann auch folgendermaßen dargestellt werden:

$$\varrho_{Xe}(t) = \varrho_{Xe,\,ber}(t_E) + \int_{t_E}^{t} \dot{\varrho}_G \, dt' - \int_{t_E}^{t} \dot{\varrho}_{Sm} \, dt' \tag{5.2.39a}$$

bzw.

$$\varrho_{Xe}(t) = \varrho_{Xe,\,ber}(t_E) + \int_{t_E}^{t} \dot{\varrho}_G \, dt' + [\varrho_{Sm}(t_E) - \varrho_{Sm}(t)] \,. \tag{5.2.39b}$$

Damit hat sich der Auswertevorgang im wesentlichen auf eine grafische Integration von $\dot{\varrho}_G(t)$ im Intervall $[t_A, t_E]$ reduziert.

Rechnerische Auswertung

Die Rechenprogramme haben die Aufgabe, durch die Schar der Meßpunkte $\dot{\varrho}(t_i)$ der Vergiftungsmessung eine Ausgleichskurve zu legen und den ausgeglichenen Verlauf $\dot{\varrho}(t)$ sowie das Integral $\varrho_{Xe}(t)$ anzugeben. Erforderlichenfalls können noch einige Parameter der Xenonvergiftung berechnet werden.

Am WWER-2 wurden zwei Programmvarianten zur rechnerischen Auswertung der Vergiftungsmessung angewandt.

Variante 1: Die Meßwerte $\dot{\varrho}_G(t_i)$ werden mit berechneten Werten $\dot{\varrho}_{Sm}(t_i)$ korrigiert. Die korrigierten Werte $\dot{\varrho}_{Xe}(t_i)$ werden nach

$$\dot{\varrho}_{Xe}(t) = A_I \exp(-\lambda_{Xe} \cdot t) + B_I \exp(-\lambda_J \cdot t) \tag{5.2.40}$$

ausgeglichen, wobei die Zerfallskonstanten λ_{Xe} und λ_J vorgegeben werden müssen. Mit den Parametern A_I und B_I wird durch Integration $\varrho_{Xe}(t)$ nach

$$\varrho_{Xe}(t) = -\frac{A_I}{\lambda_{Xe}} \exp(-\lambda_{Xe} t) - \frac{B_I}{\lambda_J} \exp(-\lambda_J \cdot t) \tag{5.2.41}$$

berechnet. Die Anpassung erfolgt nach dem Verfahren der Minimierung der Fehlerquadratsumme.

Variante 2: Die Meßwerte $\dot{\varrho}_G(t_i)$ werden nach

$$\dot{\varrho}_G(t) = A_{II} \cdot \exp(-\lambda_{Xe} t) + B_{II} \exp(-\lambda_J t) + C \exp(-\lambda_P t) \tag{5.2.42}$$

ausgeglichen, wobei λ_{Xe}, λ_J, und λ_P vorgegeben werden. Der letzte Summand berücksichtigt die Samariumvergiftung bereits innerhalb des Ausgleichs, so daß mit

$$\varrho_{Xe}(t) = -\frac{A_{II}}{\lambda_{Xe}} \cdot \exp(-\lambda_{Xe} t) - \frac{B_{II}}{\lambda_J} \cdot \exp(-\lambda_J t) \tag{5.2.43}$$

der Verlauf von $\varrho_{Xe}(t)$ gegeben ist.

Wenn man hier z. B. die Koeffizienten A_{II} und B_{II} als Meßergebnisse auffaßt, kann man bei Vorgabe des thermischen Flusses und der Spaltausbeuten auch mikroskopische Parameter wie den Xenonquerschnitt berechnen, allerdings nur unter Beachtung dessen, daß eine globale Theorie wie die der Punktkinetik zugrunde liegt.

Ergebnisse

In den Bildern 5.2.26 bis 5.2.28 sind einige Beispiele von Xenonvergiftungsverläufen an den Reaktoren WWER-2 und WWER-440 dargestellt. Ta-

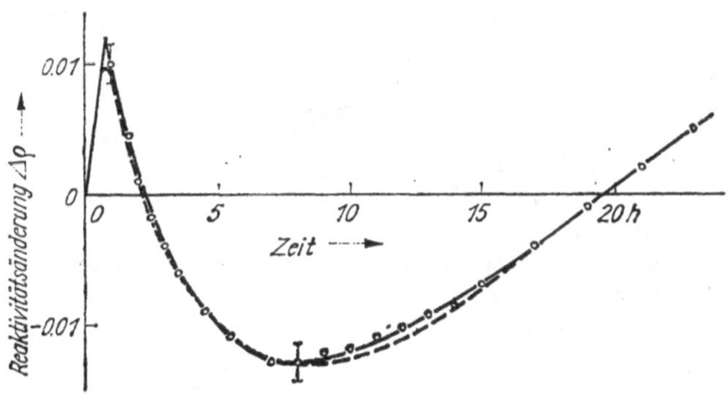

Bild 5.2.26
Reaktivitätsänderung des Reaktors des Blockes 4 im KKW Nowo Woronesh bei nichtstationärer Xenonvergiftung nach linearer Absenkung der Leistung von 75 auf 1% innerhalb von 40 min
78 effektive Betriebstage nach Kampagnebeginn, nach [23]
○ Experiment, $t_{II,0} = 262$ °C, $c_B = 0{,}39$ g/kg; — — — Berechnung (ohne Stäbe, $c_B = 0{,}74$ g/kg); ——— Berechnung (mit Stäben, $c_B = 0{,}33$ g/kg)

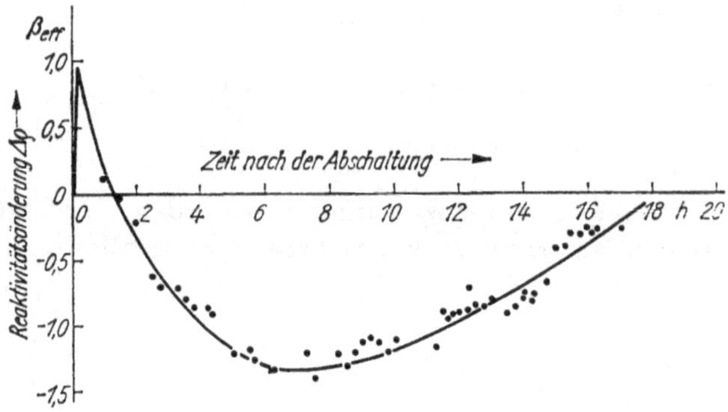

Bild 5.2.27
Reaktivitätsänderung des Reaktors des Blockes 3 im KKW Nowo-Woronesh bei nichtstationärer Xenonvergiftung nach Absenkung der Leistung von 55 auf 0% innerhalb von 9 min
52 effektive Betriebstage nach Kampagnebeginn, nach [23].
● Experiment t_{H_2O}, = 262 °C, c_B = 0,35 g/kg; ——— geglättete Meßwerte

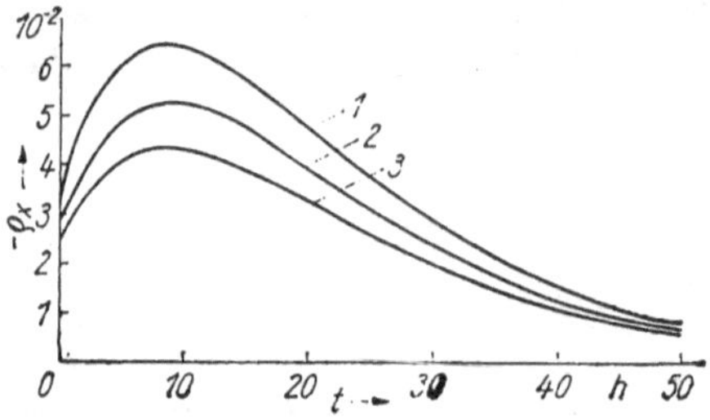

Bild 5.2.28
Verlauf der instationären Xenonvergiftung nach dem Abschalten des WWER-2, nach [24].
1: 1. Kampagne, 2: 3. Kampagne, 3: 8. Kampagne

belle 5.2.1 enthält einige Reaktorparameter ausgewählter Messungen. Die Parameter der Messungen weichen voneinander ab, woraus folgt, daß eine Messung nicht unmittelbar mit der anderen verglichen werden kann, wie es allein schon durch die verschiedenen Spaltzonenzusammensetzungen in den betrachteten Kampagnen der Fall ist. Dadurch wird die Diskussion der Meßergebnisse erschwert, es können aber doch einige allgemeingültige Erkenntnisse anhand Tab. 5.2.2 abgeleitet werden (Tab. 5.2.2 enthält ausge-

Tabelle 5.2.1:

Daten zu den Messungen der Xenonvergiftung, nach [24]

Kampagne	Dauer der Messung in h	Dauer des Abfahrens in min	Leistung vor dem Abfahren $P_{th,0}/P_{el,0}$ in MW	mittlere Moderator-temperatur T_M während der Messung in °C	Abbrand η in MWd/kgU	Borsäure-konzentration c_B in $gH_3BO_3/kg\ H_2O$
Ende der 1. Kampagne	58	10,5	292/75	190	4,79	0
Ende der 3. Kampagne	45,5	59	300/80	170	8,74	0
Ende der 8. Kampagne	47	112	279/75	200	10,72	0,015
gegen Ende der 3. Kampagne	43	15	207/50	150	8,18	0

Tabelle 5.2.2:

Gegenüberstellung einiger gemessener und berechneter Xenonreaktivitätswerte $-\varrho_{Xe}(t) \cdot 10^{-2}$, nach [24]

		1. Kampagne	3. Kampagne (Ende)	8. Kampagne	3. Kampagne (gegen Ende)
$-\varrho_{Xe}(t = 0)$	1. Experiment	3,25	2,75	2,32	2,39
	2. Rechnung	2,65	2,38	2,36	1,98
$-\varrho_{Xe}(t_{max})$	1. Experiment	6,43	5,26	4,39	3,99
	2. Rechnung	6,40	5,16	4,49	3,89
$-\varrho_{Xe}(t = 40\text{ h})$	1. Experiment	1,57	1,29	1,09	0,93
	2. Rechnung	1,57	1,32	1,16	0,94

wählte Werte der Xenonvergiftung aus Bild 5.2.28). Aus den Werten der stationären Xenonvergiftung $\varrho_{Xe}(t = 0)$ bei Volleistung, dem Maximum der instationären Xenonvergiftung $\varrho_{Xe}(t = t_{max})$ und der instationären Xenonvergiftung für 40 h nach Beginn des Abschaltens $\varrho_{Xe}(t = 40\text{ h})$ folgt:

(1) Die Differenz zwischen stationärer und maximaler Xenonvergiftung wird mit zunehmenden mittleren Abbrand in der Spaltzone kleiner. Am Beispiel des WWER-2 erhält man für die

1. Kampagne: $\Delta\varrho_{Xe} = 3{,}18 \cdot 10^{-2}$,
3. Kampagne: $\Delta\varrho_{Xe} = 2{,}51 \cdot 10^{-2}$,
8. Kampagne: $\Delta\varrho_{Xe} = 2{,}07 \cdot 10^{-2}$.

(2) Als Mittelwerte über acht Kampagnen des WWER-2 ergaben sich nach dem Abschalten aus Volleistung in der Reihenfolge $t = 0$, $t = t_{max}$ und $t = 40$ h

$$-\varrho_{Xe} = 2{,}77 \cdot 10^{-2}$$
$$= 5{,}36 \cdot 10^{-2}$$
$$= 1{,}32 \cdot 10^{-2}.$$

5.2.1.4.5. Auswertung der Messung des Druckkoeffizienten α_p

Die meist manuelle Auswertung erfolgt nach dem gleichen Prinzip wie es in den Abschnitten 5.2.1.4.2. und 5.2.1.4.3. beschrieben wurde. Bild 5.2.24 enthält ein Beispiel für den Druckkoeffizienten an einem WWER-440; an einem anderen wurde ein Druckkoeffizient in einem Temperaturbereich von 140 bis 200 °C und bei einer Stellung der Absorberstabgruppe K6 zwischen 155 und 157 cm von

$$\alpha_p = (-4{,}6 \pm 0{,}4)\ 10^{-4}\ \beta_{\text{eff}}/\text{MPa}$$

gemessen.

5.2.1.5. Abhängigkeit der Reaktivitätskoeffizienten von anderen Parametern

Dieses Kapitel könnte ebensogut Gegenstand theoretischer Betrachtungen sein, ist aber mehr dazu gedacht, die Abhängigkeit der Koeffizienten von mehr als nur dem gleitenden Parameter bzw. bei der Stabwirksamkeit von mehr als nur der Ausfahrhöhe etwas umfassender zu diskutieren, um die Bedeutung dieser Abhängigkeiten für die Planung der Messungen noch zu unterstreichen (z. B. die Forderung nach eindeutigen und reproduzierbaren Randbedingungen bei den Messungen).

(1) Absorberstabwirksamkeiten

Die Wirksamkeit der Absorberstäbe hängt ab
- von ihrer Ausfahrhöhe (= Stellung in der Spaltzone),
- von der Beladung der Spaltzone,
- von ihrem Abbrand,
- von der Stellung der übrigen Absorberstäbe,
- von der Temperatur des Brennstoffs und des Moderators und
- von der „Vergiftung" der Spaltzone, d. h. der Xenonvergiftung bzw. der Borsäurekonzentration.

Besonders auffällig ist die Temperaturabhängigkeit der Absorberstabwirksamkeit, unabhängig von den Beladungen. Die Wirksamkeit des Absorberstabes wird mit ansteigender Temperatur größer. Die Ursache dieser Zunahme der Wirksamkeit liegt in der Veränderung der Materialeigenschaften und der Reaktorgeometrie, d. h. in der Änderung des k_∞, M^2 und d, beim Temperaturanstieg.

Aus der integralen Wirksamkeit $\varrho_h(T_i)$ bei der Temperatur T_i ist der Quotient

$$f_{T_2}^{T_1} = \frac{\varrho_h(T_1)}{\varrho_h(T_2)} \tag{5.2.44}$$

der zahlenmäßige Ausdruck für die Wirksamkeitsänderung eines Absorberstabes bei Temperaturänderung. Am WWER-2 ergab sich z. B. als Mittelwert der Messungen von 9 Kampagnen

$$f_{20}^{100} = 1{,}05 \pm 1\%\,,$$

$$f_{100}^{150} = 1{,}18 \pm 9\%\,,$$

$$f_{200}^{250} = 1{,}07 \pm 3\%\,.$$

Für den WWER-440, wo zu einer Gruppe wesentlich mehr Stäbe gehören, liegen die Werte von f für $T_1 = 100$ °C und $T_2 = 260$ °C bei 1,50. Bemerkenswert ist, daß die Absorberstäbe oft in Abhängigkeit von der Ausfahrhöhe unterschiedlich starke Temperaturabhängigkeiten haben.

Die Abhängigkeiten der Wirksamkeiten von der Borsäurekonzentration sind anhand der Beispiele im vorangegangenen Kapitel erkennbar. Im allgemeinen nimmt die Wirksamkeit mit zunehmender Borsäurekonzentration ab. Da aber auch Wirksamkeitszunahmen auftreten können, ist diese Wirksamkeitsabhängigkeit bei genaueren Reaktivitätsbilanzen nicht zu vernachlässigen. Gezielte Untersuchungen über die Abhängigkeit der Absorberstabwirksamkeit von der Größe der Xenonvergiftung sind nicht bekannt.

Nicht unbedeutend ist die Wirksamkeitsänderung im Verlaufe einer Kampagne. So kann die integrale Wirksamkeit eines Absorberstabes infolge Eigenabbrand seiner Hauptbestandteile (Absorberteil, Brennstoffteil) bzw. lokaler Flußverschiebungen infolge zunehmender Verschlackung der ihn umgebenden Arbeitskassetten vom Anfang bis zum Ende einer Kampagne kleiner werden (z. B. WWER-2, Nennleistung, integrale Wirksamkeit des Absorberstabes K2, Rechenwert für eine ausgewählte Beladung: $4{,}10 \cdot 10^{-2}$ am Anfang und $3{,}70 \cdot 10^{-2}$ gegen Ende der Kampagne). Bei anderen Absorberstäben (meist in der Randzone der Spaltzone stehende) kann diese Wirksamkeitsabnahme wesentlich geringer sein oder sogar eine Wirksamkeitszunahme auftreten (Bild 5.2.29). Noch wesentlich stärker ändert sich die differentielle Wirksamkeit.

Hervorzuheben ist noch die in der Regel bei jedem Kern-Reaktor auftretende gegenseitige Beeinflussung der Absorberstäbe, d. h., je nach Stellung eines Absorberstabes wird die Wirksamkeit eines anderen Absorberstabes verändert. Das hat besondere Bedeutung bei Sicherheitsbetrachtungen und Problemen der Betriebsführung, wenn Absorberstäbe nicht in der vorgegebenen Reihenfolge — in dieser wird aber die Rechnung durchgeführt — aus- bzw. eingefahren werden sollen.

(2) Borsäurewirksamkeit

Die Wirksamkeit wird gering von der Stellung der Absorberstäbe in der Spaltzone und stark von der Moderatortemperatur beeinflußt (letzteres besonders infolge der Dichte- und damit Temperaturabhängigkeit des makro-

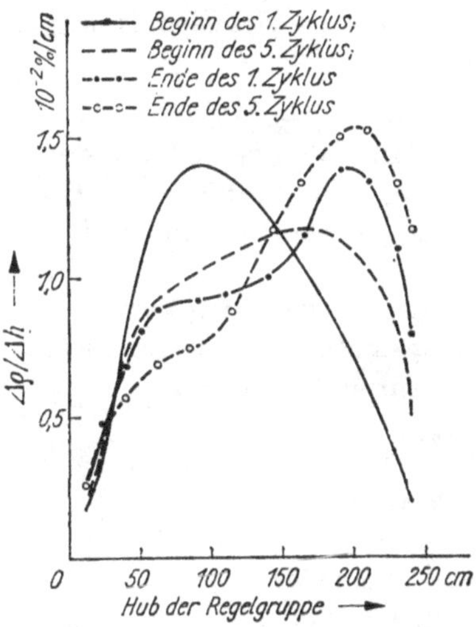

Bild 5.2.29
Integrale und differentielle Wirksamkeit der Gruppe KR6 des Steuer- und Sicherheitssystem (1, 7, 68) am Beginn und am Ende des 1. und 5. Abbrandzyklus(KKW Kola), nach [26]
$\Delta\varrho$-Werte: 2,17% am Beginn des 1. Zyklus
2,34% am Ende des 1. Zyklus
2,21% am Beginn des 5. Zyklus
2,42% am Ende des 5. Zyklus

skopischen Absorptionsquerschnittes des Moderators); z. B. wird der Borsäurekoeffizient am WWER-2 beim Übergang von 100 °C auf 250 °C um etwa 17% kleiner. Eine Abhängigkeit $\alpha_B = \alpha_B(c_B)$ konnte bisher experimentell nicht sicher nachgewiesen werden, wenngleich nach Experimenten am WWER-2 der Borsäurekoeffizient mit wachsender Borsäurekonzentration abnimmt ($0 \leqq c_B \leqq 2$ g/kg), sobald man die Meßwerte der gesamten Messung linear ausgleicht, also ohne Berücksichtigung einer eventuellen Stabstellungsabhängigkeit. Rechnungen weisen dagegen keine Abhängigkeit der Borsäurekoeffizienten von der Borsäurekonzentration aus bzw. eine wesentlich schwächere Abnahme.

(3) Wirksamkeit der Moderatortemperatur

Die Wirksamkeit der Moderatortemperatur, ausgedrückt im Temperaturkoeffizienten α_M bzw. Temperatureffekt ϱ_M, hängt stark von der Temperatur selbst, von der Stellung der Absorberstäbe, von der Borsäurekonzentration im Moderator und gering vom Abbrandzustand der Spaltzone ab. Einige Rechenwerte für den Temperatureffekt im Bereich von 100 °C bis 256 °C, die sich auf den WWER-2 beziehen, sollen die Größenordnung der Änderung verdeutlichen:

(a) $\varrho_M = \varrho_M(h)$, Anfang der Kampagne, $c_B = 0$ g/kg
ϱ_M wird betragsmäßig bei 256 °C in Abhängigkeit von der Absorberstabstellung kleiner entsprechend ϱ_M (alle Stäbe in o. E.) $\approx 0{,}5\ \varrho_M$ (alle Stäbe in u. E.), wobei o. E. = obere Endlage und u. E. = untere Endlage bedeuten.

(b) $\varrho_M = \varrho_M(T_M)$, Anfang der Kampagne, $c_B = 0$ g/kg:
ϱ_M (und auch α_M) wächst betragsmäßig stärker als linear mit der Temperatur. Für die Bezugstemperatur 40 °C gilt z. B.

$$\varrho_M(256\ °\mathrm{C}) \approx 6 \cdot \varrho_M(100\ °\mathrm{C})\,.$$

(c) $\varrho_M = \varrho_M(\eta)$, $c_B = 0$ g/kg, alle Stäbe o. E.:
ϱ_M ist am Kampagneende betragsmäßig etwa um 10% des entsprechenden Wertes vom Kampagneanfang größer.

(d) $\varrho_M = \varrho_M(c_B)$, Kampagneanfang, alle Stäbe = o. E., $T_M = 256$ °C:
ϱ_M wird beim Übergang von 0 auf 2 g/kg betragsmäßig kleiner

$$\varrho_M(c_B = 2\ \mathrm{g/kg}) \approx 0{,}5 \cdot \varrho_M(c_B = 0\ \mathrm{g/kg})\,.$$

(4) Xenonvergiftung

Gezielte Untersuchungen zum Einfluß von Moderatortemperaturänderungen auf die Größe der Xenonreaktivität wurden in geringem Umfang am WWER-2 durchgeführt. Ein Ergebnis war: Im Temperaturbereich zwischen 150 und 200 °C ergab sich eine Xenonreaktivitätsänderung von 0,1%/K der entsprechenden Xenonreaktivitätswerte; die Xenonreaktivität wurde mit abnehmender Temperatur größer. Eine wiederholte Messung bestätigte dieses Ergebnis nicht. Offensichtlich beeinflußt die Absorberstabstellung, die in beiden Experimenten stark voneinander abwich, ebenfalls die Wirkung der Vergiftung.

Anhand des Bildes 5.2.28 ist die Änderung der Xenonvergiftung infolge der Abbrandzunahme in der Spaltzone erkennbar (vgl. Einschränkungen im vorangegangenen Kap. 5.2.1.4.4.). Die Analyse von Messungen am WWER-2 ergab: Das Xenonmaximum $-\varrho_{\mathrm{Xe}}(t_{\max})$ liegt bei $\eta = 10$ MWd/kgU um $\Delta\varrho_{\mathrm{Xe}} \approx 1{,}8 \cdot 10^{-2}$ tiefer als bei 5 MWd/kgU; das sind etwa 28% des Wertes bei 5 MWd/kgU. Genaue Aussagen über die Abhängigkeit der Xenonvergiftung sind erst durch Messungen am Anfang und am Ende einer Kampagne — also bei gleicher Beladung — bei sonst gleichen Reaktorparametern zu erwarten.

Der Verlauf der Xenonvergiftung wird gut vom Verlauf der kritischen Absorberstabstellung bei sonst konstanten Reaktorparametern widergespiegelt.

Er kann gut in Nachrechnungen des Experiments nachgebildet werden, sofern das Rechenmodell das räumlich-zeitliche Verhalten der Xenonkonzentration erfaßt. Punktkinetische Modelle liefern nur dann brauchbare Ergebnisse, wenn sie an räumliche Modelle angepaßt wurden.

(5) Druckkoeffizient

Hier liegen praktisch keine Ergebnisse über Abhängigkeiten des Druckkoeffizienten von anderen Reaktorparametern vor. Das Verhalten des Druckkoeffizienten, dargestellt im Bild 5.2.24, deutet jedoch an, daß er gering von anderen Reaktorparametern abhängt. Deshalb ist auch hier die Angabe aller Reaktorparameter (Größe, Verlauf) bei Messungen des Druckkoeffizienten nötig.

5.2.2. Statische Methoden

Die den stationären Reaktorberechnungen adäquaten experimentellen Vergleichswerte sind stationäre kritische Zustände. Unter statischen Methoden soll die Gesamtheit von Messungen verstanden werden, bei denen durch Vergleich stationärer kritischer Zustände untereinander Rückschlüsse auf die Reaktivitätseffekte und Rückschlüsse auf die Rechnung zu solchen Zuständen gezogen werden. Die simpelste Methode ist demnach, solche Zustände zu verschiedenen Parameterwerten (z. B. Borsäurekonzentration in Abhängigkeit von der Absorberstabstellung) stationär einzustellen, die Parameter zu ermitteln und die Reaktivitätsabweichung zur Rechnung festzustellen. Im Kap. 5.5.4. wird noch einmal ausführlicher auf die Probleme solcher Vergleiche eingegangen.

Direkte Aussagen über das Reaktivitätsgewicht α_x eines Parameters x lassen sich aus dem Vergleich kritischer Zustände $\{x_1, y_{i1}\}$ und $\{x_2, y_{i2}\}$ nur dann ableiten, wenn die Reaktivitätskoeffizienten oder -gewichte der übrigen sich ändernden Parameter y_i, also die α_{y_i}, bekannt sind:

$$\Delta\varrho_x + \Delta\varrho_y = 0 \quad \text{mit} \quad \Delta\varrho_y = \sum_i \int_{y_{i1}}^{y_{i2}} \alpha_{y_i}\,\mathrm{d}y_i$$

und (5.2.45)

$$\Delta\varrho_x = \int_{x_1}^{x_2} \alpha_x\,\mathrm{d}x\,.$$

In der Praxis wird für α_x häufig die Näherung

$$\alpha_x \approx \frac{-\Delta\varrho_y}{\Delta x}$$

gemacht. Da die meisten kritischen Zustände bezüglich des Parameters x weit auseinander liegen, geht die Feinabhängigkeit $\alpha_x(x)$ verloren. Auf die bei der Integration von α_x zu einem integralen Effekt ϱ_x entstehenden Probleme wird später eingegangen. In folgendem wollen wir zur Verdeutlichung des Anwendungsgebietes zwei Beispiele bringen.

Das erste Beispiel besteht in der Kopplung der statischen Methode mit der dynamischen (Kap. 5.2.1.) bezüglich der Messung des Borsäurekoeffizienten. Der gleitende Verlauf $c_B(t)$ wird während der Messung mehrmals unterbrochen. Die Borsäurekonzentration wird auf den entstehenden „stationären Niveaus" so lange gemessen, bis sich die Werte innerhalb der Fehlergrenzen reproduzieren lassen. Dadurch wird die Einschätzung der Laufzeitdifferenz zwischen Reaktor und Probeentnahme möglich. Je nach Länge der Probeentnahmeleitung bewegt sich diese Zeit zwischen 10 und 40 min. Ihre Kenntnis ist für die Zuordnung von $d\varrho/dt$ zu dc_B/dt bzw. h_k zu c_B bei den dynamischen Messungen sehr wichtig. In Bild 5.2.30 ist ein solcher $c_B(t)$-Verlauf skizziert.

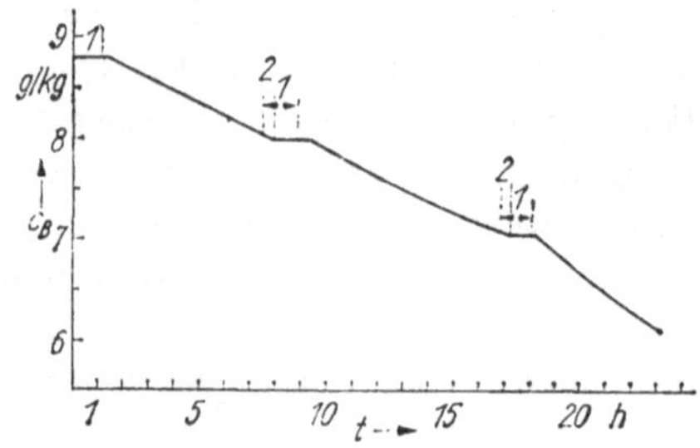

Bild 5.2.30
Verlauf der Borsäurekonzentration während einer Messung von α_B und α_h mit dynamischen und statischen Methoden in Kombination
1: Zeiten, in denen die Zuspeisung und Absalzung außer Betrieb sind
2: Laufzeit der Borsäureprobe von der Spaltzone zur Probeentnahmestelle

Die Vor- und Nachteile dieser Kombination gegenüber der reinen dynamischen Messung sind offensichtlich. Die Unterbrechung des stetigen Verlaufes $c_B(t)$ verschlechtert die Ergebnisse der dynamischen Messung bezüglich des Borsäurekoeffizienten, gleichzeitig können diskrete Werte dieses Koeffizienten über ϱ_h genauer bestimmt werden, da c_B sicherer gemessen werden kann. Die Messung der Absorberstabwirksamkeiten wird dagegen nicht beeinträchtigt. Ein weiterer Vorteil liegt darin, daß die für die dynamische Messung benötigte Zeitzuordnung der Konzentration in der Probe zur Reaktorkonzentration für den konkreten Fall bekannt wird. Der Nachteil einer reinen statischen Messung, den Koeffizienten des zweiten Parameters (im Beispiel α_h) als bekannt voraussetzen zu müssen, entfällt hier, da $\alpha_h(h)$ mit den dynamischen Messungen zwischen den Niveaus ermittelt wird, bzw. für die Berechnung von $\Delta\varrho_{c_B}$ die Reaktivitätssprünge zur Verfügung stehen ($\Delta\varrho_i$), die bei den dynamischen Messungen ausgemessen werden. Damit kann der Borsäurekoeffizient zwischen zwei Niveaus $\{h_1, c_{B1}\}$ und $\{h_2, c_{B2}\}$ wie folgt ermittelt werden:

— über Reaktivitätssprünge

$$\alpha_{c_B} \approx \frac{-\Delta\varrho}{\Delta c_B} \quad \text{mit} \quad \Delta\varrho = \sum_i \Delta\varrho_i$$

(i = Anzahl der Meßzyklen zwischen zwei stationären Niveaus),

— über die Absorberstabwirksamkeiten

$$\alpha_{c_B} \approx \frac{\Delta\varrho_h}{\Delta c_B} \quad \text{mit} \quad \Delta\varrho_h = \int\limits_{h_1(c_{B1})}^{h_2(c_{B2})} \alpha_h^{\text{exp}}(h)\, \mathrm{d}h$$

bzw.

als Anstieg der Geraden $\varrho_h(c_B)$, die man durch Ausgleich der Meßpunkte $\varrho_h(c_{Bi})$, nach (5.2.46) berechnet, gewinnt.

Darüber hinaus liegt in den Werten (c_B, h_k) ein wertvoller Satz kritischer Nulleistungsdaten für den direkten Vergleich mit der Rechnung vor.

Ein weiteres Beispiel der Anwendung stationärer Methoden betrifft die Ermittelung kritischer Daten, wenn die Absorber der Regelstäbe vollständig aus der Spaltzone gezogen sind. Zu diesem Zweck werden die dynamischen Messungen bei Borsäuredosierung so lange fortgesetzt, bis die Stäbe nahe der oberen Endlage stehen. Dann wird die Zufuhr der Borsäure verringert bzw. gestoppt. Es ist u. a. vom Geschick des Operators abhängig, ob der Reaktor stabil kritisch ist, gerade wenn die Kassetten in der Endlage stehen. Eine genaue Abschätzung des Borsäurenachlaufes ist notwendig. Um Zeit zu sparen, bedient man sich oft eines Tricks, indem man den Reaktor bereits kurz vor der Endlage der Kassetten stabilisiert. Der fehlende Betrag an c_B wird dann durch kurzzeitiges Ziehen der Stäbe in die Endlage und Messen des Reaktivitätshubes $\Delta\varrho$ ermittelt ($\Delta c_B \approx -\Delta\varrho/\alpha_{c_B}$).

Solche stationären kritischen Daten ohne feste Absorber in der Spaltzone bilden einen außerordentlich wichtigen Vergleichswert zur Rechnung einerseits und geben andererseits Anhaltspunkte für die Größe der sog. Überschußreaktivität ϱ_R, d. h. der Reaktivität, die im jeweiligen Zustand (kalt, heiß, etc.) freigesetzt würde, wenn man sämtliche für die Lang- und Kurzzeitregelung vorgesehenen Absorber (Stäbe, Borsäure) aus der Spaltzone entfernen würde. Diese Größe läßt sich ebenfalls über die im ersten Beispiel behandelten stationären Niveaus ermitteln, indem man $\varrho_h(c_{B_i})$ grafisch darstellt und daraus den Wert $\varrho_h(c_B = 0)$ durch Extrapolation ermittelt. ϱ_h ist wie folgt definiert:

$$\varrho_h(c_{Bi}) = \int_{h_k(c_{Bi})}^{\text{obere Endlage}} \varkappa_h \, dh \,. \tag{5.2.46}$$

$\varrho_h(c_{B_i})$ ist also die Reaktivität, die in einem gedanklichen Experiment freigesetzt würde, wenn man von einem kritischen Zustand (h_k, c_{B_i}) ausgehend alle Absorberstäbe bei konstanter Borsäurekonzentration c_{B_i} in die obere Endlage ziehen würde (i = Nummer des betrachteten kritischen Zustands).

In den Bildern 5.2.18 und 5.2.19 ist eine solche Abhängigkeit gezeigt. Tab. 5.2.3 zeigt darüber hinaus das Ergebnis von Messungen zum zweiten Beispiel für den WWER-2 und enthält entsprechende Rechenergebnisse. Man sieht, daß die Abweichung zwischen berechneter und experimentell ermittelter Borsäurekonzentration bei ca. 10% liegt. Diese Abweichung steht im Einklang mit der bei kritischen Experimenten am WWER-2 für andere Absorberstabstellungen festgestellten (s. Kap. 5.2.4.1.). Werte für kritische Borsäurekonzentrationen bei Nullast für den WWER-440 sind z. B. in [27] enthalten.

5.2.3. Stabfallmessungen

Eine Methode der Messung der Wirksamkeiten der Absorberstäbe ist die beschriebene „Methode der dynamischen Reaktivitätsmessung", eine andere — auch häufig angewandte — ist die Stabfallmethode (s. Kap. 4.4.3). Diese Methode verlangt den kritischen Zustand des Reaktors, aus dem die zu untersuchenden Stäbe abgeworfen werden. Aus der Größe des Neutronenflusses vor dem Abwurf und seinem Zeitverlauf nach dem Abwurf der Absorberstäbe wird deren integrale Wirksamkeit berechnet. Die Auswertung erfolgt mit Hilfe der punktkinetischen Gleichungen (Kap. 4.2.). Die speziellen Auswertemethoden zur Bestimmung der Stabwirksamkeit benutzen entweder den zeitlichen Verlauf des Neutronenflusses, die prompte Änderung des Neutroneninhalts der Spaltzone, das zeitliche Integral über die Neutronenflußänderung oder eine auf der Grundlage von Mehr-Parameter-Fits arbeitende Methode. In den folgenden Kapiteln werden die allgemein praktizierten Methoden beschrieben.

Tabelle 5.2.3:

Maximal mögliche Borsäurekonzentration am Anfang einer Kampagne nach Rechnung und Experiment (alle Regelstäbe in o. E., $p = 10$ MPa, $P_{th} < 50$ kW und unvergifteter Reaktor), nach [53]

Kampagnen Nr.	T_M^{exp} in °C	T_M^{ber} in °C	c_B^{exp} in g/l	c_B^{ber} in g/l	Ausnahmefälle für Druck und Stabstellung	$\frac{c_B^{ber} - c_B^{exp}}{c_B^{exp}}$ in %	$(c_B^{ber} - c_B^{exp})\, \alpha_B^{ber}$ in %
3	35	40	2,80	3,08	$p = 0{,}1$ MPa	10	+0,95
	195	200	2,48	2,95		19	1,42
4	100	100	2,70	3,20		18,5	1,64
	250	256	2,54	3,01		18,5	1,30
5	100	100	3,20	3,41		6,5	0,67
6	100	100	3,18	3,43		8	0,81
	253	256	2,85	3,26		14,5	1,11
7	107	100	2,87	3,02		5,5	0,48
	254	256	2,47	2,63	$AR2^{exp}$: 194 cm	6,5	0,45
8	250	256	2,33	2,77	$AR2^{ber}$: 185 cm	19	1,21
9	103	100	2,65	2,83		6,5	0,60
	252	256	2,48	2,59		4,5	0,29

5.2.3.1. Stabfallmethoden

(1) Methode des prompten Sprunges

Fallen Stäbe sprungartig aus der oberen in die untere Endlage, ändert sich die Konzentration der prompten Neutronen in 10^{-4} bis 10^{-2} s auf $n(0)$, die Konzentration der Mutterkerne der verzögerten Neutronen in dieser Zeit jedoch praktisch nicht, so daß sie als quasistationäre Neutronenquellen angesehen werden können. Mit den punktkinetischen Gleichungen ergibt sich dann die Reaktivität zu

$$\varrho = -\beta\left(\frac{n_0}{n(0)} - 1\right) + \Lambda\frac{\dot{n}(0)}{n(0)} \tag{5.2.47}$$

und in erster Näherung, da für $t > 10^{-2}$ s $\dot{n}(0) \cdot \Lambda \ll n(0)$ ist,

$$\varrho \approx -\beta\left(\frac{n_0}{n(0)} - 1\right). \tag{5.2.48}$$

$n(0)$ kann aus meßtechnischen und anlagentechnischen Gründen nicht exakt ermittelt werden, da wegen der zu „langsamen" Elektronik und des nicht prompten Abwurfs der Stäbe der Neutronenfluß nicht als promptes Abklingen registriert werden kann. Es wird daher die Neutronenflußdichte n_p nach dem als prompt angenommenen Abwurf aus dem gemessenen Verlauf $n(t)$ für $t > 10^{-2}$ s auf $t \to 0$ extrapoliert (Bild 5.2.31).

(2) Integralmethode

Bei bekanntem Verlauf der Neutronendichte $n(t)$ nach dem Abwurf und bekannter Neutronendichte vor dem Abwurf n_0 (s. Bild 5.2.31) erhält man

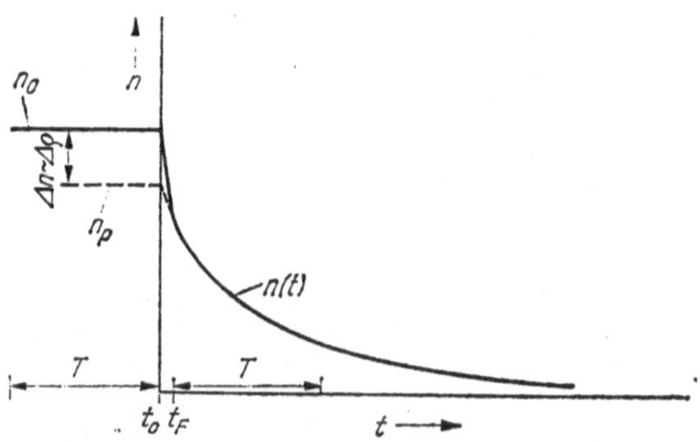

Bild 5.2.31
Verlauf der Neutronendichte $n(t)$ bei Stabfallexperimenten

die Reaktivität ϱ aus

$$\varrho = -\frac{n_0}{\int\limits_0^\infty n(t)\,\mathrm{d}t}\left(\Lambda + \sum_{i=1}^{6}\frac{\beta_i}{\lambda_i}\right) \tag{5.2.49}$$

und in erster Näherung, da $\Lambda \ll \sum\limits_{i=1}^{6} (\beta_i/\lambda_i)$ ist,

$$\varrho \approx -\frac{n_0 \sum\limits_{i=1}^{6}\frac{\beta_i}{\lambda_i}}{\int\limits_0^\infty n(t)\,\mathrm{d}t}. \tag{5.2.50}$$

Im Integral ist auch der Anteil der prompten Neutronen enthalten, der jedoch klein ist, so daß die endliche Fallzeit der Stäbe keinen großen Einfluß auf das Integral hat. Für die praktische Anwendung des Verfahrens sind für die üblicherweise vorkommenden Reaktivitäten bis zu $\varrho = -5 \cdot 10^{-2}$ Integrationszeiten bis 3 min ausreichend.

(3) Integration über ein endliches Zeitintervall

Ausgehend vom Punkt (2), in dem erwähnt wurde, daß Integrationszeiten bis zu 3 min für die Auswertung der Stabfallmessung ausreichen, führte die Entwicklung zur Methode der Integration über ein endliches Zeitintervall. Es besteht demnach nicht nur ein Zusammenhang zwischen $n(t)$ und ϱ_{Stab}, sondern auch ein Zusammenhang zwischen der Integration von $n(t)$ für gleiche Zeiten vor und nach dem Abwurf und der gesuchten Absorberstabwirksamkeit ϱ_{Stab}.

Die Integration der Neutronendichte $n(t)$ führt für gleiche Zeiten T (s. Bild 5.2.31) vor und nach dem Stabfall bei promptem Abwurf zu

$$\varrho = -\beta \cdot C\left(\frac{n_0 T}{\int\limits_0^T n(t)\,\mathrm{d}t} - 1\right). \tag{5.2.51}$$

Die Integrationszeiten T werden variiert, i. allg. zwischen 10 s und 60 s. Im Integral des Nenners ist der prompte Sprung enthalten, dessen Anteil jedoch schon für die Integrationszeit $T = 10$ s praktisch vernachlässigt werden kann, sein Anteil am Gesamtergebnis beträgt weniger als 0,2%.

Der Faktor C wird in der Literatur als „Schultz-Konstante“ bezeichnet. Sie ist weitestgehend vom Betrag der Reaktivität unabhängig und ändert sich im Bereich $-0{,}5 \cdot 10^{-2} < \varrho < -5 \cdot 10^{-2}$ nur um etwa 3%. Für praktisch selten vorkommende größere Reaktivitäten werden Grenzwerte von C erreicht, und es muß auf andere Methoden zurückgegriffen werden.

In der Praxis ist die Fallzeit der Stäbe nicht prompt. Darüber hinaus gilt besonders bei Stabfallexperimenten die Punktkinetik nicht mehr, wie die Ergebnisse zeigten, so daß für die Bestimmung der Wirksamkeit der Stäbe zusätzlich ortsabhängige Effekte infolge der Umverteilung der Neutronenflußdichte berücksichtigt werden müssen. Die punktkinetischen Gleichungen gelten, wie schon gezeigt, nur mit der Voraussetzung, daß das Abklingen der Neutronenflußdichte nach dem Abwurf der Absorberstäbe an allen Orten der Spaltzone gleichmäßig erfolgt, d. h. das Problem bezüglich Raum und Zeit separierbar ist. In großen Reaktoren, bei denen die geometrischen Abmessungen groß gegenüber der Migrationslänge der Neutronen sind, ist diese Voraussetzung nicht erfüllt. Beim Abwurf von Absorberstäben, die eine große Wirksamkeit haben, ändert sich die Verteilung der Neutronendichte $n(t)$ beträchtlich. Ein Ausweg besteht in der Ermittelung von Korrektionsfaktoren, die in separaten, meist dreidimensionalen Rechnungen gefunden werden. Mit Berücksichtigung der endlichen Fallzeit der Absorberstäbe, der Integrationszeit T und der Lage des Detektors bezüglich der abgeworfenen Absorberstäbe werden Korrektionsfaktoren so in (5.2.51) eingebaut, daß sich

$$\varrho = -\beta C \left(\frac{K_2 n_0 T}{\int\limits_{T_a}^{T_a+T} n(t)\, \mathrm{d}t} - 1 \right) \tag{5.2.52}$$

mit $T_a = (t_0 + t_F K_3)$ ergibt, wobei

K_2 der Korrektionsfaktor bezüglich der Detektorlage ist und

K_3 ein Faktor ist, der eine nicht genau bekannte Fallzeit t_F des Absorberstabes korrigiert.

Nach [28] hat die Wahl der unteren Integrationsgrenze praktisch keinen Einfluß auf die berechnete (gesuchte) Reaktivität; bei nicht promptem Einfallen der Absorberstäbe, nicht bekanntem Abwurfbeginn und ungenau bekannter Fallzeit wird für $T_a = \frac{1}{2}\, t_F$ die Unsicherheit bei der Bestimmung von ϱ_{Stab} vernachlässigbar klein.

(4) Messung mit dem Reaktivitätsmesser

Der Reaktivitätsmesser ist ein auf Analogtechnik basierender Simulator, der aus dem Zeitverhalten der Neutronenflußdichte $n(t)$ unmittelbar die zeitliche Veränderung der Reaktivität $\varrho(t)$ ermittelt. Der Auswertung liegen Kurven $\varrho(t)$ zugrunde, die z. B. von einem an den Reaktivitätsmesser angeschlossenen Schreiber aufgezeichnet werden. Die Wirksamkeit des abgeworfenen Absorberstabes ergibt sich aus der Differenz des Reaktivitätswertes vor dem Abwurf zum stationären (negativen) Reaktivitätswert nach dem Abwurf. Da der Reaktor vor dem Abwurf kritisch sein muß ($\varrho = 0$), ist die gesuchte Reaktivitätsänderung, die der Stabwirksamkeit entspricht, betragsmäßig gleich dem angezeigten stationären ϱ-Wert nach dem Abwurf

$$\Delta\varrho = \varrho_{\text{Stab}} = \varrho(0) - \varrho(t)_{\text{stationär}} = -\varrho(t)_{\text{stationär}} \,. \tag{5.2.53}$$

Eine Fallzeitkorrektion ist nicht nötig, da lediglich die stationäre Reaktivität $\varrho(t)_{\text{stat.}}$, ein weit von $t = 0$ entfernter Wert interessiert. Eine Ortskorrektion (Berücksichtigung der Lage des Detektors bezüglich des abgeworfenen Absorberstabes), wie sie in [28] vorgeschlagen wird,

$$\varrho = \frac{\varrho_0}{1 - \dfrac{\varrho_0 - \beta}{\varrho_1}(K_2 - 1)} \,, \tag{5.2.54}$$

führt nur manchmal zum Erfolg (ϱ_0: gemessene Reaktivität, ϱ_1: mit separaten Rechenprogrammen, z. B. Abbrandrechenprogrammen, berechnete Reaktivität, K_2: Ortskorrektionsfaktor wie in Punkt (3)).

(5) Auswertung durch numerische Intergration der inverskinetischen Gleichung

In der gleichen Weise wie in Punkt (4) wird hier der Verlauf $\varrho(t)$ aus $n(t)$ berechnet, wenn auch mit größerer Genauigkeit wegen der exakten Lösung der kinetischen Gleichungen. Die Datenerfassung erfolgt digital. Die Auswertung erfolgt mit der integralen Form der kinetischen Gleichungen

$$\varrho = \Lambda \frac{\dot{n}(t)}{n(t)} + \int\limits_{t_0}^{t} \frac{\dot{n}(\tau)}{n(t)} \sum_{i=1}^{6} \beta_i \exp\left(-\lambda_i(t - \tau)\right) \mathrm{d}\tau - \varrho_0 \,.$$

Zur Lösung der Gleichung und Auswertung der Messung wurden Rechenprogramme erarbeitet.

Der sich nach dem Abwurf einstellende $\varrho(t)$-Verlauf ist wie in Punkt (4) die gesuchte Wirksamkeit. Eine Fallzeitkorrektion ist auch hier nicht nötig.

(6) Ein Fit-Verfahren zur Durchführung und Auswertung von Stabfallmessungen (RODD), [53]

Grundlage des Fit-Verfahrens, nachfolgend mit dem Namen des Auswerteprogramms RODD bezeichnet, ist die im Rahmen der Punktkinetik geltende inverse kinetische Gleichung, die die Reaktivität $\varrho(t)$ als Funktion der zeitlichen Änderung der Neutronendichte $n(t)$ bestimmt:

$$\varrho(t) = 1 + \frac{1}{n(t)}\left\{\frac{\dot{n}(t)}{a} - \sum a_i \exp(-\lambda_i t)\right.$$

$$\left.\left(n_0 + \lambda_i \int\limits_0^t n(t') \exp(\lambda_i(t')\,dt')\right)\right\}, \qquad (5.2.55)$$

mit n_0 als Anfangswert, $a = \beta_{\text{eff}}/l$, $a_i = \beta_{i,\text{eff}}/\beta_{\text{eff}}$.

Beim prompten Abwurf eines starken Absorbers ist durch die Änderung der Flußverteilung die Bedingung der Punktkinetik verletzt, so daß (5.2.55) nicht ohne weiteres zur Berechnung von ϱ_h aus $n(t)$ nach dem Abwurf angewendet werden kann. Untersuchungen haben ergeben, daß kurze Zeit ($<0{,}5$ s) nach dem Abwurf die Punktkinetik wieder annähernd gilt. Die Bestimmung von ϱ_h aus (5.2.55) scheitert demnach an dem unbekannten Anfangswert n_0.

Für die Messung wird ein Reaktivitätsmesser (s. Kap. 5.4.3.1.) verwendet. Je nach Änderung der Flußverteilung in der Umgebung des Detektors wird demnach (n_0 ist nicht genau bekannt) statt des gesuchten ϱ_h eine zeitlich abhängige Reaktivität $\varrho^*(t)$ ermittelt, die nicht gleichbedeutend mit $(k_{\text{eff}}-1)/k_{\text{eff}}$ ist. Da sich (5.2.55) für $\varrho^*(t)$ und $\varrho(t)$ nur durch die Anfangswerte unterscheidet, erhält man durch Subtraktion

$$\varrho^*(t) = \varrho(t) + \frac{\Delta n}{n(t)} \sum_i a_i \exp(-\lambda_i t). \qquad (5.2.56)$$

mit $\Delta n = n_0 - n_0^*$ (n_0: Neutronendichte vor, n_0^*: Neutronendichte unmittelbar nach dem prompten Abwurf).

$\varrho(t)$ und $n(t)$ sind durch die Messung bekannt. Durch Anpassungsrechnung werden dann das gesuchte Reaktivitätsgewicht ϱ_h und Δn bestimmt. (Bei der Anpassungsrechnung wird für $\varrho(t)$ ein für Stabfallexperimente bei Gültigkeit der Punktkinetik zu erwartender typischer Verlauf vorgegeben. Das Reaktivitätsgewicht ($\equiv$ integrale Absorberstabwirksamkeit) ist gleich dem sich stationär einstellenden $\varrho(t)$-Wert.)

Das Fit-Verfahren RODD ist, bedingt durch die Annahme des prompten Abwurfs, auf kürzeste Fallzeiten beschränkt (für Fallzeiten < 2 s sind die dadurch auftretenden Fehler $\leq 10\%$). Separate berechnete Korrektionsfaktoren zur Eliminierung der Ortseffekte sind jedoch nicht nötig.

5.2.3.2. Versuchsbedingungen, Versuchsdurchführung

Der Zustand der Spaltzone, aus dem der Reaktor abgeschaltet wird, ändert sich ständig, besonders aber von einer Beladung zur anderen. Folglich wird sich allein schon im Verlauf einer Kampagne die Wirksamkeit der Absorberstäbe z. T. beträchtlich ändern. Um ein genaues und reproduzierbares Meßergebnis zu erhalten, können folgende Versuchsbedingungen formuliert werden.:

(1) allgemeine Bedingungen

(a) konstante Parameter der Reaktoranlage,
(b) genaue Erfassung der Parameter, um evtl. doch vorkommende Veränderungen bei einer Interpretation der Ergebnisse heranziehen zu können und

(2) spezielle Bedingungen

(a) exakt kritischer Reaktor vor dem Abwurf,
(b) richtig eingestellte und geeichte Meßgeräte, da wegen der kurzen Meßdauer Korrekturen nicht mehr vorgenommen werden können bzw. die Auswertung verfälscht werden kann.

Die Versuchsdurchführung ist einfach. Aus ihrer oberen Endlage werden die Absorberstäbe einzeln oder gruppenweise abgeworfen. Etwa 10 s bis 30 s vor dem Abwurf beginnen die Datenerfassungssysteme mit dem Speichern der Daten. Die Datenerfassung wird 60 s bis 120 s nach dem Abwurf gestoppt und anschließend beginnt der Auswertungsablauf.

5.2.3.3. Ergebnisse

Tabelle 5.2.4 enthält einige Ergebnisse von Stabfallexperimenten.

Die dort angegebenen Auswertemethoden ergaben bei den Messungen mit Stäben geringer Wirksamkeit in der Regel gut übereinstimmende Ergebnisse. Die Auswertung der Messungen beim Abwurf von Stäben großer Wirksamkeit ist sehr aufwendig (Ermittelung von Korrektionsfaktoren), oft sind die Messungen nicht auswertbar.

Die Lage des Detektors bezüglich des fallenden Stabes (oder der Stabgruppe) beeinflußt erheblich die Brauchbarkeit der Ergebnisse der Stabfallmessungen. Aus den Ergebnissen und Erfahrungen ergibt sich:

(a) Bei verschiedenen Auswertemethoden sind Korrektionsfaktoren nötig,
(b) Stabfälle mit symmetrischen (1/3-, 1/6-Symmetrie) Absorberstabkonfigurationen sind meist auswertbar,
(c) Stabfälle mit unsymmetrischen Absorberstabkonfigurationen sind mit den angegebenen Auswerteverfahren meist nicht auswertbar, besonders bei Absorberstäben mit großer Wirksamkeit,

Tabelle 5.2.4:

Aus Stabfallexperimenten am WWER-2 ermittelte Wirksamkeiten von Absorberstäben großen und kleinen Reaktivitätsgewichts, nach [25]

Kampagne	Abgeworfener Absorberstab	Moderatortemperatur in °C	Borsäurekonzentration in g/kg	Wirksamkeit ϱ_h (10^{-2})				Bemerkung
				Integration über ein endliches Zeitintervall	RODD	Reaktivitätsschreiber	Rechnung	
7	HS1/1	164	0,695	0,17	0,19	0,19	0,14	
	HS1/2	162	0,765	0,17	0,19	0,18	0,15	
	HS1/3	162	0,770	0,13	0,16	0,14	0,13	
	3 HS2	249	2,14	2,58	1,59	2,33	2,30	Ergebnis zweifelhaft
8	HS1/1	162	0,860	0,12	0,13	0,13	0,14	
	HS1/2	163	0,860	0,12	0,13	0,13	0,13	Kampagnenbeginn
	HS1/2	162	0,012	0,13	0,12	0,13	0,16	Kampagnenende
9	2 HS2	105	2,20	1,00	1,01	1,05	1,13	
	HS1/1	107	0,920	0,12	0,12	0,12	0,17	
	HS1/2	106	0,830	0,10	0,10	0,10	0,07	
	HS1/3	108	0,890	0,10	0,11	0,11	0,14	

(d) Untersuchungen am WWER-2 mit drittelsymmetrisch außerhalb der Spaltzone angeordneten Detektoren ergaben, daß bei Abwürfen einzelner Stäbe geringer Wirksamkeit
- eine Ortskorrektion entfallen kann, wenn mehrere Detektoren parallel geschaltet werden; insbesondere erhält man zuverlässige Ergebnisse bei einer Parallelschaltung der Detektoren, die einen großen Abstand zum fallenden Absorberstab haben,
- die Anzeige eines geeichten Reaktivitätsschreibers sofort verwertbare Ergebnisse mit einem Fehler $\leqq 10\%$ liefert und
- mit dem RODD-Verfahren Ergebnisse geringer Streuung erhalten werden.

Die Fallzeiten der Stäbe müssen sehr klein (< 2 s) und gut bekannt sein; am WWER-2 wurden mit empirisch ermittelten Fallzeiten von 1,2 s für die Havarieschutzkassetten und von 1,6 s für Cluster, die probeweise im Reaktor waren, sehr gute Ergebnisse erzielt. Methoden, die auch längere Fallzeiten von Stäben, welche zusätzlich noch eine große Wirksamkeit haben, berücksichtigen, haben bisher keine sicheren Ergebnisse gebracht (z. B. WWER-440, Greifswald — DDR — Block 1 bis 3), mit Ausnahme der meisten Messungen, die ausschließlich geeichte Reaktivitätsschreiberaufzeichnungen in der Auswertung benutzten (z. B. nach [27]).

Wichtig für ein zweifelsfreies Ergebnis beim Abwurf von Absorberstabgruppen ist die Forderung, daß alle Stäbe der Gruppe gleichzeitig fallen und gleichzeitig die untere Endlage erreichen.

Da der Wert des Ortskorrektionsfaktors K_2 stark vom Ort des Detektors abhängt, sollte dieser in eine solche Position gebracht werden, für die unter den gegebenen Versuchsbedingungen der Wert $K_2 - 1$ am kleinsten wird.

Des weiteren ist darauf zu achten, daß höhere Eigenfunktionen mit betragsmäßig kleinen Eigenwerten nicht angeregt werden. Das Vorhandensein dieser Eigenfunktionen erkennt man im Experiment bzw. während der Auswertung am Zeitverhalten der Reaktivität, d. h. die Reaktivität ist nach dem Abklingen der Übergangsprozesse (d. i. ca. 80 s nach Beginn des Abwurfs) nicht stationär bzw. die korrigierten Meßergebnisse mehrerer Detektoren mit unterschiedlichen Korrektionsfaktoren stimmen nicht überein [28].

5.2.4. Sonstige Messungen

5.2.4.1. Das kritische Experiment

Der Begriff des kritischen Experimentes ist so alt wie die Kernreaktoren selbst. Es als das erste „Kritischmachen“ des Reaktors zu bezeichnen, wäre für den Gesamtkomplex allein zu einfach. Dennoch ist es beim Leistungsreaktor so. Was dort meistens noch als kritisches Experiment in Anlehnung an die Reaktorentwicklung bezeichnet wird, ist das erste Anfahren an sich oder das Wiederanfahren des Reaktors nach einer Wiederbeladung der Spaltzone mit Brennstoff. In diesem Sinne ist dieses Experiment unumgänglicher Bestandteil des Reaktorbetriebes. Was dabei den Charakter eines Experiments ausmacht, ist der Neuheitswert seines Ergebnisses. Die neue Beladung wird entsprechend einer Berechnung zusammengestellt (s. auch Kap. 3). Diese Rechnung muß sich in der Praxis erst als richtig erweisen. Somit ist das kritische Experiment — von Messungen im unterkritischen Bereich abgesehen — die erste praktische Erprobung der Beladung. Damit ist es geeignet, Abweichungen zur Rechnung bereits vor der Überführung des Reaktors in den Anfahr- und Leistungsbetrieb zu erkennen.

Andererseits ergibt sich daraus das Problem des „Wie" des Anfahrens. Da Rechnung und Beladung noch nicht praktisch getestet sind, muß das Anfahren mit der nötigen Vorsicht erfolgen. Regeln dazu werden in sog. „Anfahrvorschriften" fixiert. Diese Anfahrvorschrift muß demzufolge berücksichtigen, daß der Reaktor auch dann sicher in den kritischen Zustand gelangt, wenn die Rechnung Fehler aufweist oder die Beladung aufgrund von Fehlern von derjenigen abweicht, die der Rechnung zugrunde gelegt wurde.

Für Druckwasserreaktoren seien hier zwei Möglichkeiten der Anfahrtechnologie genannt: das Kritischmachen durch Absenken der Borsäurekonzentration und das Kritischmachen durch Ziehen von Absorberkassetten. In beiden Fällen ist es notwendig, vor dem eigentlichen Anfahren einige oder im ersten Fall alle Absorberkassetten soweit zu ziehen, daß sie im Bedarfsfall abgeworfen werden können und somit die Schnellabschaltung des Reaktors garantieren. Dabei muß für diese Kassettenkonfiguration der Reaktor so sicher unterkritisch bleiben, wie man es für die Beladevorgänge selbst fordert — denn das Herstellen dieser Konfiguration gehört noch nicht zum Anfahren und erfolgt noch nicht nach dementsprechenden Vorschriften.

Bei den größeren Reaktoren wird der Reaktor in der Regel durch Absenken der Borsäurekonzentration kritisch gemacht. Die Ausgangskonzentration entspricht dabei der für die Umladung eingestellten. Sie garantiert eine genügende Unterkritizität des Reaktors auch bei gezogenen Kassetten. Das Ansteigen der Neutronenzahl ist entsprechend der Theorie der unterkritischen Neutronenmultiplikation kurz vor dem kritischen Zustand erkennbar. In der Nähe des kritischen Zustandes wird der Borsäureentzug gedrosselt. Auf diese Art kann man den Reaktor sicher in den kritischen Zustand überführen. Die Neutronenzahl im kritischen Zustand wird im Bedarfsfalle mit den Absorberstäben noch auf das gewünschte Niveau gebracht.

In der Praxis wird die Borsäurekonzentration durch Zuspeisen von sauberem Kondensat und Absalzen über Verdampferanlagen bzw. Ausschleusen von Kreislaufwasser in Behälter abgesenkt. Da die Pumpen und Wasserstränge eine gewisse Nachlaufzeit haben, wird beim Kritischwerden in der Regel der exakte kritische Zustand „überfahren“, indem man den Entzug der Borsäure entweder zu früh oder zu spät drosselt. Auch aus diesem Grund ist es angebracht, daß die Absorberstäbe nicht ganz in der oberen Endlage stehen. Sie werden für das genaue Einstellen des kritischen Zustandes gebraucht.

In folgendem wollen wir einige Ausführungen zu den physikalischen Problemen des Anfahrens machen, wobei es uns mehr auf den Überblick ankommt, als auf eine theoretisch tiefer fundierte Behandlung.

Der von der Reaktorsicherheit her problematischste Bereich ist der Bereich, in dem der Neutronenhaushalt wegen der geringen Neutronenzahl durch die nukleare Instrumentierung noch nicht oder nicht sicher erfaßbar ist, der sog. „unkontrollierte Bereich“. Dort ist es theoretisch möglich, daß der Reaktor kritisch gemacht werden könnte, ohne daß der Operator diesen Zustand erkennt — die Signale sind zu klein. Die Druckwasserreaktoren sind aber so ausgelegt, daß der Reaktor beim weiteren Anfahren nicht prompt kritisch werden kann. Eine Havarieabschaltung infolge zu geringer Periode ist jedoch möglich. Wegen der damit verbundenen ökonomischen Verluste und der unnötigen Anlagenbelastung muß eine solche Situation auf alle Fälle verhindert werden. Da man im unkontrollierten Bereich nicht nach Instrumenten fahren kann, muß man anderweitige Regeln zur Anwendung bringen, die die Reaktorsicherheit unabhängig von der konkreten Beladung gewähren. Diese Regeln beinhalten die Begrenzung der Reaktivitätszufuhr sowohl in Größe als auch in der Geschwindigkeit.

Infolgedessen werden die Absorberstäbe in Schritten gezogen, mit denen man den maximal zulässigen Reaktivitätshub nicht überschreiten kann. Die Stabfahrgeschwindigkeit ist konstruktiv so begrenzt, daß auch bei sehr großer Stabwirksamkeit die maximal zulässige Reaktivitätsänderungsgeschwindigkeit nicht überschritten wird. Zwischen den Schritten sind Haltezeiten zu gewähren, innerhalb derer der Operator feststellen kann, ob seine Operation den Neutronenhaushalt verändert hat oder nicht.

In analoger Weise wird beim Borsäureentzug die Borsäureänderungsgeschwindigkeit begrenzt.

Beim Wiederanfahren gelten ähnliche Vorschriften. Die Schrittgröße bzw. die Reaktivitätsänderungsgeschwindigkeit können dort anders sein, da der kritische Zustand besser bekannt ist — Beladung und Rechnung sind bereits durch das erste kritische Experiment und andere kritische Zustände praktisch erprobt.

Ist der Reaktor kontrollierbar, dann fährt man in der Regel nach der Instrumentierung, anhand derer man das Ergebnis der Operationen ablesen kann.

Nach diesen Ausführungen zur Technologie des Anfahrens müssen wir noch einige Bemerkungen zu den Kriterien machen, nach denen die Grenzen der Reaktivitätszufuhr festzulegen sind. Es gibt eine Reihe von Rechnungen zur Ermittelung der Änderungen der Neutronenzahl während des Anfahrens. Die Rechnungen basieren in der Beschreibung des dynamischen Verhaltens meistens auf der Punktkinetik, deren Voraussetzungen, wenn man z. B. das Ziehen von Stäben ins Auge faßt, nicht im entferntesten erfüllt sind. Andererseits sind die theoretischen Untersuchungen zur ortsabhängigen Reaktordynamik im unterkritischen Zustand noch nicht so weit gediehen, daß man quantitative und praktische Hinweise für das zeitliche Neutronenverhalten bekommen könnte. Auf die in Lehrbüchern gezeigten Formeln der unterkritischen Neutronenvermehrung gehen wir daher nicht ein.

Dennoch muß man anfahren. In der Praxis geht man daher bei der Festlegung der maximalen Änderung bzw. Änderungsgeschwindigkeit davon aus, daß diese Reaktivitätsänderungen nie größer sein dürfen als äquivalente vom kritischen Zustand ausgehende. Der Maximalwert ist dann gegeben durch den Auslösewert für die Havariesignale der Periode zuzüglich von Sicherheitsspannen. Er hängt also im wesentlichen vom technologischen Reaktionsvermögen der Sicherheitseinrichtungen bei einer vorgegebenen Entwicklung der Kettenreaktion ab. Die Haltezeiten beim schrittweisen Ziehen von Kassetten sind ebenfalls durch die Praxis gegeben: Das Mindestmaß ist durch die jeweilige nukleare Instrumentierung bestimmt. Sie sollten jedoch mindestens im Bereich der Halbwertszeit (mittlere z. B.) der verzögerten Neutronen liegen.

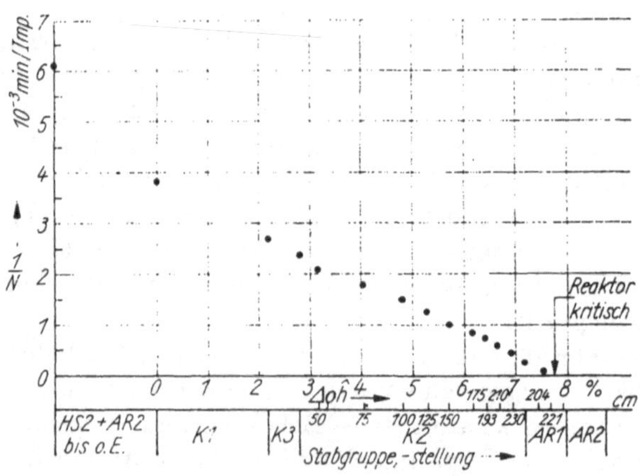

Bild 5.2.32
Reziproke Impulsrate in Abhängigkeit von der Stabstellung und der Reaktivitätszufuhr $\Delta\varrho_h$ beim Anfahren (WWER-2)

Über diese Regeln hinausgehend kann man während des Anfahrens die Neutronenzahl n registrieren und die Werte $1/n$ über den Werten des sich beim Anfahren ändernden Parameters auftragen. Es hat sich als zweckmäßig erwiesen, dazu einfach-logarithmisches Papier zu verwenden. Für den Fall, daß kein linearer Zusammenhang zwischen ϱ und dem sich ändernden Parameter vorliegt, muß man die Werte des Parameters entsprechend seiner Reaktivitätskennlinie bewichtet auftragen. Im Falle des Ziehens von Absorberkassetten trägt man daher auf der Abszisse nicht h schlechthin auf, sondern eigentlich die gleichen Reaktivitätshüben entsprechende Ausfahrhöhe. Der Maßstab ist daher je nach Wirksamkeitskurve $\alpha_h(h)$ gestaucht oder gestreckt. In Bild 5.2.32 ist eine solche Kurve aufgezeigt. Es liegt in der Natur der Sache, daß man für die Punkte, die einer höheren Unterkritizität entsprechen, eine längere Meßzeit und größere Reaktivitätshübe benötigt. Es lohnt sich daher nicht, für jeden kleinen Schritt in diesem Bereich Messungen dieser Art zu machen. Statt dessen sollte man in größeren Abständen ($\Delta\varrho \approx 1\%$) ein etwas längeres Halteniveau für eine solche Messung einlegen.

Die Entwicklung der Detektoren hat mittlerweile dahin geführt, daß der Reaktor bereits im Bereich von 1% Unterkritizität kontrollierbar wird. Aus diesem Grunde verzichtet man heute auch auf die sog. Anfahrquellen, die früher verwendet wurden, um den Neutronenpegel bereits im unterkritischen Bereich auf ein kontrollierbares Niveau zu heben. Bei der heutigen Kenntnis des Verhaltens von Reaktoren reicht die spontane Kernspaltung als Neutronenquelle aus. Im Falle einer Spaltzone mit teilweise ausgebrannten Kassetten sind darüber hinaus eine Vielzahl von Neutronenquellen durch die Spaltprodukte und ihre Strahlung vorhanden.

Und schließlich hat der immer wieder erfolgte Vergleich mit Rechenergebnissen die Grenzen der Ungenauigkeit der Rechnungen so weit eingeschränkt, daß auch von dieser Seite her eine gewisse Sicherheit für den vorausberechneten kritischen Zustand besteht. Dementsprechend laufen die Anfahrvorgänge an bereits laufenden Reaktortypen wesentlich rationeller ab als an völlig neuen Typen.

In Tab. 5.2.5 ist ein solcher Vergleich für den WWER-2 gemacht worden. Als Vergleichskriterium wird die berechnete Reaktivitätsabweichung vom kritischen Zustand genommen, wenn der Rechnung die tatsächlichen kritischen Daten zugrunde gelegt werden. Die Abweichung von im Mittel 0,04% Reaktivität zeigt, daß der Reaktor lt. Rechnung früher kritisch wird. Dementsprechend befindet man sich mit der Vorhersage auf der sicheren Seite. Solche Aussagen sind für die Festlegung von Sicherheitsspannen, innerhalb derer besonders vorsichtig gefahren werden werden muß, von Wichtigkeit — abgesehen von der theoretischen Bedeutung.

Tabelle 5.2.5:

Gegenüberstellung von experimentellen und berechneten kritischen

Kampagnen-Nr.	Experiment									
	Absorberstabstellung h (in cm)							T_M	c_B	p
	HS1	HS2	AR1	AR2	K1	K2	K3	in °C	in g/kg	in MPa
2	0	250	0	0	0	0	97	51	0	0,1
	250	250	90	0	0	0	0	56,5	0	0,1
	250	250	123	0	0	0	0	100	0	9,81
3	250	250	250	250	250	139	0	34,8	2,2	0,1
4	250	250	185	185	250	250	106	31	2,41	0,1
	250	250	185	185	97	0	0	50	1,42	4,9
	250	250	114	0	0	0	0	102,5	0,32	9.81
5	250	250	185	185	250	203	0	27	2,4	0,1
	250	250	185	185	250	250	97	46	2,7	4,9
6	250	250	185	185	250	250	107	26	2,75	0,1
7	250	250	250	193	250	250	250	48	2,53	0,1
	100	250	185	185	250	250	212	36	2,53	0,1
8	100	250	185	185	250	84	0	105,5	1,85	4,9
	100	250	185	185	250	82	0	106	1,82	9,81
9	100	250	185	185	250	95	250	37	1,95	0,1
	100	250	185	185	250	88	250	44	2,03	0,1
	100	250	185	185	250	85	250	104	2,03	9,81
	100	250	185	185	250	75	250	103,5	1,91	9,81

5.2.4.2. Symmetriemessungen und Kopplungsmessungen

Eine wichtige Randbedingung zur Gewährung einer möglichst gleichmäßigen Beladung ist die Symmetrie der Brennstoffverteilung in radialer Richtung. Bei den Symmetriemessungen im Nullastbereich kommt es darauf an, vor der Leistungsaufnahme die Grobsymmetrie experimentell zu prüfen. In der Regel nimmt man dazu die Absorberkassetten. Von den vielen Möglichkeiten sei hier nur ein Beispiel aufgezeigt:

Um die Symmetrie der möglichst ungestörten Beladung zu prüfen, zieht man alle Kassetten bis auf die zentrale in die obere Endlage. Der Reaktor wird bei dieser und allen folgenden Handlungen bei Nulleistung kritisch gehalten. Seine Parameter, z. B. Druck, Temperatur und Borsäurekonzentration sollen während des gesamten Versuches exakt gleich bleiben. Von den Kassetten, die symmetrisch auf einem Radius zur zentralen liegen, wird

Daten bei Nulleistung des WWER-2 (nach [53], zusammengefaßt)

Rechnung				$\varrho^{\text{ber}}(h_k^{\text{exp}})$ $\times 10^{-2}$	ϱ_{korr} $\times 10^{-2}$
T_M in °C	c_B in g/kg	p in MPa	Bemerkung zur Absorberstabstell.		
40	0	9,81	mit K3 kritisch	+0,10	−0,16
40	0	9,81	mit HS1 kritisch	+0,29	+0,03
100	0	9,81	mit AR1 kritisch	−0,26	−0,36
40	2,20	9,81	mit K2 kritisch	+0,90	+0,09
40	2,41	9,81	mit K2 kritisch	+1,24	+0,38
40	1,42	9,81	mit K1 kritisch	+0,32	−0,18
100	0,32	9,81	mit AR1 kritisch	+0,36	+0,20
40	2,40	9,81	mit K2 kritisch	+0,92	+0,06
40	2,70	9,81	mit K2 kritisch	+0,36	−0,48
40	2,75	9,81	mit K2 kritisch	+0,87	−0,06
40	2,53	9,81	mit K3 kritisch	+1,40	+0,49
40	2,54	9,81	mit K2 kritisch	+0,85	−0,06
100	1,85	9,81	mit K2 kritisch	+0,20	−0,15
—	—	—	—	—	—
40	1,95	9,81	mit K2 kritisch	+0,96	+0,20
40	2,03	9,81	mit K2 kritisch	+0,53	−0,26
100	2,03	9,81	mit K2 kritisch	+0,16	−0,20
100	1,91	9,81	mit K2 kritisch	+0,21	−0,15

jeweils eine eingefahren. Mit der zentralen Kassette wird der Reaktor kritisch gehalten. Entweder fährt man die andere Kassette in die untere Endlage, oder man fährt sie so weit, bis die zentrale Kassette in der oberen Endlage ist. Das Kriterium für die Symmetrie jeweils einer Zone gleichen Radius ist die Stellung der Zentralkassette bzw. wenn diese in die obere Endlage gelangt, die Stellung der Kassetten auf dem betrachteten Ring.

Im Zuge der Ökonomisierung der Experimente macht man gewöhnlich nur Stichproben dieser Art oder versucht die sog. Kopplungsmessungen für die Probe auf Symmetrie auszunutzen. Die Prüfung der Kopplung der Kassetten an ihre Antriebe ist ein technologisch notwendiges Experiment, das am günstigsten im kritischen Zustand durchgeführt werden kann. Es entfällt natürlicherweise, wenn Symmetriemessungen mit allen Kassetten gemacht werden. Die Kopplung der Kassetten weist man durch Verfahren einer Kassette nach, indem man mit ihr einen deutlichen Reaktivitätshub erzeugt.

Man kann nun versuchen, die Reaktivitätshübe von Kassetten eines Rings untereinander zu vergleichen, um damit ebenfalls Aussagen zur Symmetrie zu gewinnen. Die Auswertung dieser Hübe ist jedoch sehr schwierig. Da meistens nur mit einer oder nur wenigen Ionisationskammern gemessen wird, hängt das Ergebnis von der Stellung des Detektors zur jeweiligen bewegten Kassette ab. Eine Korrektur der Ergebnisse mit dem Ziel, vergleichbare Reaktivitätshübe zu schaffen, halten wir für zu aufwendig. Sie würde eine Reihe zusätzlicher Rechnungen mit dreidimensionalen Programmen erfordern.

Da die Ergebnisse der Symmetriemessungen im Nullastzustand noch stark von weiteren Randbedingungen abhängen und tatsächlich nur geeignet sind, grobe Abweichungen von der Symmetrie festzustellen, kann es nicht ausbleiben, die Symmetrie noch einmal im Leistungszustand zu prüfen. Dazu dient ein System zur Messung von Kassettenaustrittstemperaturen, mit welchem im Leistungsbetrieb ohnehin die Gleichmäßigkeit der Leistungsverteilung über die Kassetten ständig kontrolliert wird. Bei den neueren und großen Reaktoren werden außerdem Incore-Neutronenflußdetektoren für solche Zwecke genutzt.

5.2.4.3. Messungen zur Kreislaufdynamik

Für die Gesamtbeschreibung der Dynamik des 1. Kreislaufes werden des öfteren Versuche bei Nulleistung unternommen, bestimmte Parameter auch hydrodynamischer Art zu messen. Dabei wird das globale Reaktivitätsverhalten durch Reaktivitätsmessungen erfaßt. In der Regel interessieren die Umwälzzeit des Primärwassers, sein Durchsatz, Laufzeiten der Zuspeisung und Dosierung etc.

Für die Messung hydrodynamischer Zeitkonstanten wird ein Borsäurekonzentrationsimpuls benutzt, seltener ein Temperaturimpuls. Die Technologie ist prinzipiell sehr einfach, praktisch jedoch oft mit Schwierigkeiten verbunden. Im Falle des Borsäureimpulses wird in einem Behälter eine hohe Borsäurekonzentration angesetzt und unter erhöhtem Druck durch schnelles Öffnen der Ventile in den Kreislauf eingespeist. Die Öffnungszeit der Ventile wird so kurz bemessen, daß einerseits eine genügende Menge Bor in den Kreislauf gelangt, andererseits jedoch der Impuls noch kurz genug ist. Das entspricht der Forderung nach deutlicher Meßbarkeit des Impulses der Reaktivität. Außerdem lassen sich dynamische Modelle am besten rechnen, wenn der Impuls wohldefiniert und klein ist (günstigstenfalls ein Delta-Impuls). Durch Anpassung des geeigneten Modells an die Meßwerte der Reaktivität bzw. Leistung erhält man Systemparameter, wie z. B. die Umwälzzeit des

Primärwassers. In Bild 5.2.33 ist ein Beispiel aufgezeigt. Dort wurde in den 1. Kreislauf ein Borsäureimpuls eingespeist. Man sieht am Reaktivitätsausschlag deutlich die Umwälzung und Verteilung des Borsäurepfropfens.

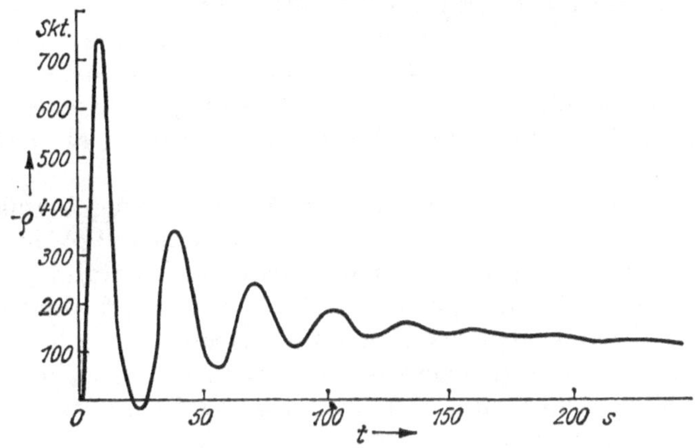

Bild 5.2.33
Reaktivitätsverlauf nach dem Einspeisen eines Borsäureimpulses in den 1. Kreislauf

5.2.5. Organisation der Messungen

Der Komplex stellt die Entwicklung und den Stand des notwendigen Umfanges reaktorphysikalischer Messungen während einer Kampagne und die Probleme beim ökonomischen „Aufeinander-Abstimmen" der Experimente dar. Es werden Beispiele zum Ablauf einer Meßreihe und der dazu notwendigen Versuchsprogramme angegeben.

5.2.5.1. Einführung

Bei der Inbetriebnahme und beim Betrieb von KKW mit WWER werden vom Reaktorphysiker unterschiedliche Aufgaben bearbeitet, um

- das Verhalten der Reaktoranlage in allen wichtigen Betriebssituationen zu kennen,
- entsprechende Rechenprogramme zu justieren und
- einen sicheren und ökonomischen Betrieb des Kernkraftwerks zu gewährleisten.

Dabei muß man zwischen dem Aufgabenumfang bei Erstinbetriebnahmen eines Reaktors (d. h. Messungen an der „jungfräulichen“ Spaltzone und in der ersten Reaktorkampagne) und bei Wiederinbetriebnahmen nach teilweisen Neubeladungen (d. h. bei hohem mittleren Abbrand der Spaltzone) unterscheiden. Im ersten Fall wird das Verhalten der Spaltzone mit schon gute Ergebnisse liefernden Abbrandrechenprogrammen in ihren „ersten Lebenstagen“ studiert; im zweiten Fall in einem Stadium, in dem die Abbrandrechenprogramme z. Z. noch größere Rechenungenauigkeiten aufweisen. Daraus folgen Gemeinsamkeiten aber auch voneinander abweichende Versuchsabläufe.

Die Experimente beim physikalischen Anfahren eines Kernkraftwerkes gehören zu den letzten Untersuchungen physikalischer Probleme der Spaltzone. Diesen voraus gingen Messungen an kritischen Anordnungen im Labor, mit denen viele reaktorphysikalische Probleme gelöst werden konnten. Allerdings sind die Möglichkeiten von Modellanordnungen beschränkt, und die Ergebnisse von Experimenten unter Laborbedingungen geben keine endgültige Aussage über die Gültigkeit wichtiger Kennwerte der Spaltzone des erbauten Kraftwerks.

Die physikalischen Experimente, die beim Anfahren eines Kernkraftwerkes durchgeführt werden, unterscheiden sich im Ablauf und Ausführung beträchtlich von gleichartigen Experimenten im Labor. Das Problem besteht darin,

- in kurzer Zeit möglichst umfassende Angaben über die physikalische Charakteristik der Spaltzone zu gewinnen und
- das Aufteten systematischer Fehler einzukalkulieren und sie auszuschließen.

Das hat zur Folge, daß die reaktorphysikalischen Experimente am Leistungsreaktor gut geplant, gründlich vorbereitet und planmäßig durchgeführt werden müssen. Die Experimente müssen in einem Ablaufplan so eingeteilt werden, daß jeweils die Bestimmung einer Kenngröße unter streng vorgegebenen und einzuhaltenden Bedingungen erfolgt und daß die Meßwerte nach einem ökonomisch optimalen Ablauf der sich abwechselnden Parameteränderungen erhalten werden. Jedem Experiment liegt ein Arbeitsprogramm zugrunde, das eine ausführliche Beschreibung der Versuchsbedingungen (technologische, d. h. anlagenbedingte und meßtechnische), der Versuchstechnik, der Meßtechnik, des Ausgangs- bzw. Dauerzustandes der wichtigsten Anlagensysteme bzw. -teile, der vorgesehenen Sicherheits- bzw. Sondermaßnahmen, der Versuchsdurchführung, der zu messenden Größe (Parameter), der Meßbereiche und der evtl. vorgesehenen Parameteränderungsgeschwindigkeiten enthält. Bei einer Störung der vorgesehenen Versuchsbedingungen wird die Messung entweder unterbrochen oder nach genauer

Einschätzung der neuen Situation entsprechend den neuen Verhältnissen weitergeführt (sofern das Ziel dieses Experiments trotz Ablaufänderung erreicht werden kann). Meist kann aus ökonomischen Erwägungen heraus nur letzterer Weg gegangen werden, was aber oft zu Informationsverlusten führt, da sich dann oft nicht einschätzbare systematische Fehler einstellen. Hierzu ein Beispiel aus [27]:

Um eine exakte Messung des Temperaturkoeffizienten durchführen zu können, müssen zwei Forderungen erfüllt sein. Die eine ist die ständige Gleichheit der Borsäurekonzentration im Volumenkompensator und im ersten Kreislauf, die andere ist die stetige Registrierung des Druckes während der Erwärmung. „Werden diese Forderungen erfüllt und der Fehler der Registrierung der Reaktivitätsänderung ist nicht größer als $(0{,}5 \ldots 1{,}0) \cdot 10^{-3}\,\beta_{\text{eff}}$. so erhält man bei Absolutwerten von mehr als $0{,}1 \cdot 10^{-2}\,\beta_{\text{eff}}/\text{K}$ eine hohe Genauigkeit (etwa 1 ... 3%) bei der Messung des Temperaturkoeffizienten. Daß die Genauigkeit bei der Messung kleinerer Absolutwerte des Temperaturkoeffizienten geringer wird, hängt damit zusammen, daß die Genauigkeit bei der Registrierung der Reaktivitätsänderung begrenzt ist."

5.2.5.2. Probleme der Auswahl zu messender reaktorphysikalischer Kenngrößen

Mit der zunehmenden Anzahl arbeitender Reaktoren erweitern sich die Möglichkeiten zur Meßdatengewinnung. Es liegen in steigendem Maße Erfahrungen vor in der Registrierung von Meßwerten, der Durchführung von Messungen und beim Vergleich von Meß- mit Rechenwerten. Trotzdem genügt das bisher bekannte Wissen noch nicht, alle Probleme aus dem Betrieb von Leistungsreaktoren als erkannt und erledigt anzusehen. Die Überlegungen zur Auswahl zu messender Kenngrößen müssen jedoch stark in die Richtung geleitet werden, die Antwort auf Fragen geben zu können, wie:

- Welche Messungen sind zum Vergleich mit Rechnungen besonders wichtig und entsprechen sie den Erfordernissen an den routinemäßigen Reaktorbetrieb?
- Welche Messungen müssen die Übernahme der Garantie eines sicheren Betreibens des Reaktors ermöglichen und wann müssen sie durchgeführt werden (am Anfang, in der Mitte und/oder am Ende der Kampagne)?
- Wann müssen welche Experimente wiederholt werden (z. B. am Anfang und am Ende einer Kampagne bei Nulleistung und bei hohem mittleren Abbrand der Spaltzone schon am Kampagnebeginn)?
- Welche Methoden liegen vor oder können erarbeitet werden, um die ständig anfallenden Betriebsmeßwerte für die benötigten Aussagen zu nutzen?

— Welche prinzipiellen Meßmethoden gibt es, um Ergebnisse während des Leistungsbetriebes zu erhalten, ohne den stationären Betrieb zu stören?
— Welche Möglichkeiten gibt es, Ergebnisse, die an einer Spaltzone erhalten wurden, als gültige für eine andere erklären zu dürfen (Identitätsnachweis der Spaltzonen muß dazu erbracht werden)?

Die Zeit, die beim Anfahren der Reaktoren für Experimente im Nullastbereich vorgesehen werden kann, reicht nämlich niemals aus, um alle interessierenden Probleme sofort und ausreichend zu lösen.

Das Meßprogramm bei Nulleistung und im Leistungsbetrieb richtet sich folglich nach den Möglichkeiten, die o. g. Fragen positiv beantworten zu können, und ist darüber hinaus meist noch ein Kompromiß gegenüber den ökonomischen, betrieblichen Aufgaben eines Kernkraftwerkes. Ein Ausweg wäre die eben angedeutete Nutzung der Identität der Spaltzonen der serienmäßig hergestellten Reaktoren (z. B. WWER-440), vorausgesetzt der Identitätsnachweis wurde lückenlos geführt und gilt auch für die Spaltzonen bei hohen mittleren Abbränden und nicht nur bei der Erstbeladung. Dann kann ein Block als „Standardblock" zum Experimentiergegenstand stellvertretend für alle anderen werden.

Im anderen Fall ist die sorgfältige Planung der Programme für künftige Experimente und die Systematisierung aller Kenndaten der Spaltzone an jedem Block sehr wichtig.

Welche Kenngrößen und ihre Abhängigkeit von bestimmten Reaktorparametern können prinzipiell gemessen werden?

— *bei Nulleistung*
  - die maximale Borsäurekonzentration bei verschiedenen Moderatortemperaturen (s. auch Kap. 5.2.),
  - kritische Borsäurekonzentration bzw. Borsäurekoeffizient und -effekt bei verschiedenen Moderatortemperaturen und Stabstellungen,
  - die differentielle und integrale Stabwirksamkeit bzw. die kritischen Stabstellungen bei verschiedenen Moderatortemperaturen und Borsäurekonzentrationen,
  - der Temperatur- und Druckeffekt und die Koeffizienten bei verschiedenen Temperaturen, Stabstellungen und Borsäurekonzentrationen

— *bei Leistung*
  - kritische Stabstellung und Borsäurekonzentration bei verschiedener thermischer Leistung und Temperatur,
  - stationäre Vergiftung und Leistungseffekt für verschiedene thermische Leistungen und Moderatortemperaturen,
  - instationäre Vergiftung anhand von h_{krit} (Kap. 5.3.),
  - Leistungsdichteverteilung bei stationärem Betrieb und bei Übergangsprozessen der Vergiftung.

Weitere Analysen betreffen:
- die Betriebskennziffern und ihren Zusammenhang mit Brennstoffbeladungen,
- die effektive Lebensdauer einer Beladung,
- Änderung von $c_{B,\text{krit}}$ bzw. h_{krit} vor und nach Brennstoffumladungen,
- Änderung von α_h, ϱ_h, α_M, ϱ_M, ϱ_P von einer Umladung zur nächsten mit Berücksichtigung der Brennstoffanordnung

und andere spezielle Untersuchungen.

Mitunter genügt es, die Betriebsmeßwerte zu analysieren; zur Erhöhung der Genauigkeit der Ergebnisse ist allerdings meist die Durchführung zusätzlicher, spezieller Messungen und die Verwendung spezieller Meßgeräte erforderlich.

Da während der Experimente bei Nulleistung keine Elektroenergie erzeugt werden kann, ist also zusammengefaßt besonders zu beachten:

- Planung der erforderlichen Experimente so, daß sie möglichst parallel zu technologisch notwendigen Vorgängen durchgeführt werden können,
- gute organisatorische Vorbereitung der Experimente (abgestimmter Verlauf für die Messungen, umfassende Versuchsprogramme — ggf. Standards — für das Versuchspersonal evtl. mit möglichen Varianten, Versuchsprogramme für das Betriebspersonal, Versuchsablaufpläne, Qualifizierung des Versuchs- und Betriebspersonals, gründliche Einweisung des Betriebspersonals),
- zügige Durchführung der Versuche und Einhaltung der geplanten Zeiten (Kontrolle und Abstimmung parallel ablaufender Arbeiten im 1. und 2. Kreislauf, rechtzeitiges Herstellen des erforderlichen Anlagenzustandes in Vorbereitung auf den nächsten Versuch, diszipliniertes Befolgen der Versuchsprogramme, elastisches Reagieren bei Störungen),
- gründliche Auswertung und Analyse bereits durchgeführter Experimente, Vergleich experimenteller mit berechneten Werten und Nutzung der gewonnenen Erfahrungen für weitere Versuche (Speicherung technologischer, meßtechnischer, wärmetechnischer und neutronenphysikalischer Daten z. B. in Form eines Reaktoratlasses, auf Magnetbändern oder in einem Erfahrungsbericht).

5.2.5.3. Entwicklung der Versuchsprogramme

Bei der Entwicklung und beim Betrieb der Druckwasserreaktoren der ersten Generation war der Umfang der zu lösenden Probleme ungleich größer als bei den weiterentwickelten Reaktoren in der Folgezeit und drückte sich auch aus im Umfang der vom Experimentator zu bewältigenden Aufgaben. Wenn auch viele Probleme gelöst sind, haben sich die zu untersuchenden Probleme zum größten Teil auf die Untersuchung von Details im Verhalten der Spaltzone und den Vergleich von Rechnung und Experiment verlagert, so daß zwar in zunehmenden Maße Experimente durch Rechnungen ersetzt. jedoch auf lange Sicht nicht völlig weggelassen werden können.

Zu Beginn der Entwicklung der Kernenergetik wurden im wesentlichen vier Entwicklungsetappen der Spaltzone unterschieden:

1. Etappe: Quantitative Abschätzung der physikalischen Besonderheiten des Reaktors an kritischen Anordnungen auf dem Versuchsprüfstand. Auf der Grundlage dieser Meßergebnisse korrigieren die Theoretiker die Rechenprogramme zum Studium der Besonderheiten der Wechselwirkungsprozesse der Neutronen mit den Materialien der Spaltzone.

2. Etappe: In der Spaltzone des Reaktors werden für verschiedene Varianten der Beladung

— die Leistungsdichteverteilung,
— die Wirksamkeit der Absorberstäbe,
— die Reaktivitätsreserve

gemessen. Auf der Grundlage der Ergebnisse werden die Rechenprogramme der Beladung korrigiert und die endgültige Erstbeladung festgelegt.

3. Etappe: Diese Etappe umfaßt die reaktorphysikalischen Experimente bei der Erstinbetriebnahme des Reaktors. Es werden u. a. auch Versuche durchgeführt, die unter Laborbedingungen nicht ausgeführt werden konnten (z. B. Messung α_M über den gesamten Temperaturbereich von 100 °C bis nahe der Betriebstemperatur). Einige Experimente haben zum Ziel, Maßnahmen abzuleiten, daß bei Brennstoffumladungen Havarien ausgeschlossen sind.

4. Etappe: Diese Untersuchungen erfolgen während des Reaktorbetriebs. Es werden Wirksamkeiten der Absorberstäbe, Xenonvergiftungsverläufe, Temperatur-, Borsäure-, Leistungskoeffizienten, Verhalten des Reaktors bei Übergangsprozessen u. a. gemessen. Untersuchungen zur Erhöhung der Reaktorleistung und zur Kampagneverlängerung stehen unter dem Gesichtspunkt der Verbesserung des Betriebes der Reaktoren durch eine Verringerung der Kosten der erzeugten Elektroenergie.

Die Experimente der 3. und 4. Etappe wurden und werden im wesentlichen auch bei Wiederinbetriebnahmen und während des Betriebs der Reaktoren nach Brennstoffumladungen durchgeführt.

Inzwischen ist der Erfahrungsschatz bei der Ausführung der Experimente gewachsen, und es konnten bedeutende Abstriche an den Programmen der einzelnen Etappen vorgenommen werden, besonders an den Voruntersuchungen der ersten und zweiten Etappe. Es hat sich bald ein Satz von Standardexperimenten herausgebildet, der sowohl bei der Erstinbetriebnahme als auch nach Brennstoffumladungen angewandt wird und die für den Betrieb des Reaktors und für die Korrektion der Rechenprogramme erforderlichen Informationen im wesentlichen liefert. Die wichtigsten sind:

1. Kritisches Experiment,
2. Bestimmung der Reaktivitätsreserve,
3. Messung der Absorberstabwirksamkeiten, des Temperatur- und Borsäurekoeffizienten,
4. Messung der instationären Vergiftung und
5. Messung des Druck- und Leistungskoeffizienten.

Die Messungen erfolgen oft bei verschiedenen Reaktorparametern, noch in geringem Maße wird bei verschiedenen Spaltzonenzuständen gemessen, um die Abhängigkeit der Kenngrößen von Effekten „2. Ordnung", wie z. B. vom Abbrand oder der Vergiftung, festzustellen.

Nachfolgend werden Varianten des Umfanges und Parameterablaufes reaktorphysikalischer Experimente in einer Kampagne vorgestellt, die sich je nach Erfordernis und Erkenntnisstand realisieren oder bei Bedarf kombinieren lassen. Angefangen wird bei den Anfahrexperimenten (Erst- oder Wiederinbetriebnahmen), und danach führt die Darstellung über die Leistungsexperimente in der Kampagne bis zu den Außerbetriebnahmeexperimenten am Ende einer Kampagne (natürlich sind auch hier im Rahmen der Weiterentwicklung völlig neue Varianten denkbar und zu erwarten). Nicht enthalten sind technologische Erprobungen, die zur Gewährleistung der Anlagensicherheit, z. B. die Erprobung der Borhavarieeinspeisung am WWER-440, notwendig sind, da sie nichts mit der Ermittelung reaktorphysikalischer Kenngrößen zu tun haben.

1. *Anfahrexperimente*

1.1. Maximalvariante

1.1.1. Kritisches Experiment bei vorgegebenen Parametern und vorgegebener Stellung der Absorberstäbe

1.1.2. Messung α_M unter 100 °C bei großer Borsäurekonzentration (nur am WWER-2)

1.1.3. Messung α_h, α_B und ϱ_R bei 100 °C einschließlich Stabfallexperimente

1.1.4. Messung α_M zwischen 100 °C und Betriebstemperatur bei geringer Borsäurekonzentration

1.1.5. Messung α_h, α_B bei oder nahe Betriebstemperatur einschließlich Stabfallexperimente

1.1.6. Messung α_M zwischen Betriebstemperatur und 100 °C bei hoher Borsäurekonzentration
1.1.7. Messung α_h, α_B bei einer Temperatur etwa in der Mitte zwischen 100 °C und Betriebstemperatur
1.1.8. Messung α_p bei vorgegebenen Parametern.
1.2. Zwischenvariante
1.2.1. Kritisches Experiment bei 100 °C
1.2.2. Messung α_h, α_B bei oder nahe Betriebstemperatur einschließlich Stabfallexperimente
1.2.3. Sondermessungen von z. B. α_M und α_p
1.3. Minimalvariante
1.3.1. Kritisches Experiment
1.3.2. Stichprobenartige Messung von α_h, α_B eines ausgewählten Absorberstabes bzw. eine andere Sondermessung.
1.4. Sondervariante
1.4.1. Kritisches Experiment
1.4.2. — Einstellen des kritischen Zustandes bei $T_M = 100$ °C und allen Absorberstäben in der oberen Endlage durch Borsäurekonzentrationsänderung, danach
— Aufwärmen auf 150 °C und den Reaktor durch c_B-Änderung kritisch machen (die Absorberstäbe bleiben in oberer Endlage),
— desgleichen bei 200 und 260 °C
1.4.3. Dynamische Reaktivitätsmessung, bis eine genügend große Zahl von Absorberstäben in die Spaltzone eingefahren ist
1.4.4. — Abkühlen auf 200 °C und Reaktor durch c_B-Änderung kritisch machen bei konstanter Stellung der Absorberstäbe,
— desgleichen bei 150 °C und 100 °C.

Anmerkung: Die Variante 1.4. erfordert höchste Genauigkeit der Borsäurekonzentrationsmessung, da i. allg. die c_B-Änderungen klein sein werden (vgl. Kap. 5.2.1.3.).

Die Maximalvariante wurde in der Regel bei Kernkraftwerken der ersten Generation (so auch am WWER-2) durchgeführt und entsprechend den Möglichkeiten und Erfordernissen bei Erstinbetriebnahmen einiger Blöcke WWER-440. Mit wachsendem Erfahrungsschatz und der Verbesserung der Übereinstimmung zwischen Rechnung und Experiment infolge genauerer Rechenprogramme konnten die langen Versuchszeiten der Maximalvariante reduziert werden.

Die Minimalvariante stellt den Abschluß der Entwicklung der Versuchsablaufprogramme dar, da das Kritische Experiment in seinem Wesen eine technologisch notwendige Operation ist und Stichprobenmessungen auch in Zukunft nicht ganz weggelassen werden können.

Im gegenwärtigen Übergangsstadium werden die Zwischenvarianten mit abnehmender Versuchsdauer vorherrschen, besonders bei Erstinbetriebnahmen. Der Schwerpunkt der Untersuchungen verlagert sich in die Richtung von Messungen bei höherem mittleren Abbrand und deren Vergleich mit Rechnungen. Folglich werden die Zwischenvarianten hier bis zur befriedigenden, d. h. notwendigen Übereinstimmung mit der Rechnung im angegebenen Umfang bzw. bei optimiertem Versuchsumfang am Beginn und am Ende einer repräsentativen Kampagne vorherrschen.

Bei allen Varianten sind natürlich solche Experimente nicht berücksichtigt, die auf Grund notwendiger Untersuchungen operativ in die Planung aufgenommen werden müssen.

Die Sondervariante kommt u. E. dem Problem der Vergleichbarkeit berechneter mit experimentellen Ergebnissen am nächsten (vgl. dazu Kap. 5.5.4.). Diese Variante ist nicht erprobt und stellt ein Beispiel dar.

2. *Leistungsexperimente am Anfang einer Kampagne*

2.1. Bestimmung des Leistungseffektes und der Absorberstabwirksamkeiten in Abhängigkeit von der Leistung beim Hochfahren der Leistung von Null- auf Nennleistung

2.2. Messung des Aufbaues der stationären Vergiftung

3. *Experimente im Verlauf einer Kampagne*

3.1. Messung des Leistungskoeffizienten und der Absorberstabwirksamkeit in regelmäßigen Abständen (z. B. alle 10 effektive Tage) bzw. nach Vorgabe

3.2. Experimente während eines geplanten Stillstandes

3.2.1. Messung des Leistungseffektes bei der Außerbetriebnahme

3.2.2. Messung der instationären Vergiftung nach dem Abfahren

3.2.3. wie Punkt 1.2. und 2.

3.2.4. Leistungsverteilungen in der Spaltzone bei verschiedenen Stellungen der Absorberstäbe (im stationären bzw. instationären Betriebsregime)

4. *Experimente am Ende der Kampagne*

4.1. Messung der instationären Vergiftung

4.2. wie Punkt 2.1. (sinngemäß)

Tatsächlich durchgeführte Versuchsablaufprogramme bestätigen den gegenwärtigen Trend zur Verkürzung der Versuchszeiten und die Notwendigkeit von Untersuchungen an Spaltzonen höheren mittleren Abbrands. Eine unverbindliche Orientierung für benötigte Versuchszeiten ist anhand des in Kap. 5.2.5.4. dargestellten Versuchsablaufes möglich. Die Zeiten beinhalten natürlich auch die technologische Vorbereitungszeit für das entsprechende Experiment.

5.2.5.4. Beispiel eines Ablaufplanes und eines Versuchsprogrammes

In diesem Abschnitt wird ein Beispiel eines Versuchsablaufes angegeben, in dem Umfang und Parameterverlauf dargestellt sind. Ergänzt wird dieser Abschnitt durch ein Beispiel eines ausführlichen Versuchsprogrammes. Anhand dieser Beispiele wird der notwendige organisatorische Umfang der Vorbereitung von Experimenten vorgestellt, wobei die Versuchsprogramme Standardcharakter haben, d. h. über einen langen Zeitraum gültig sind, und der Ablaufplan für jede Versuchsserie i. allg. neu erarbeitet werden muß.

Bild 5.2.34. zeigt ein Beispiel eines solchen Ablaufes für den WWER-440. Die Reihenfolge der Experimente wird so angelegt, daß ein möglichst optimaler Ablauf vorliegt, d. h., daß möglichst der Endzustand des vorausgegangenen Versuches der Ausgangszustand des nachfolgenden ist. Damit wird erreicht, daß zeitintensive technologische Operationen zur Vorbereitung des nächsten Versuches entfallen und ein erhöhter Medieneinsatz vermieden wird. Der anschauliche Verlauf der Parameter, als wichtigste die Änderung der Absorberstabstellungen, der Moderatortemperatur und der Borsäurekonzentration, wird ergänzt durch eine Reihe notwendiger Zusatzinformationen. Diese Zusatzinformationen, hier besonders einige Zahlenangaben, sind variable; sie werden aktualisiert, je nach dem Zeitraum des Experiments in der Kampagne und von Beladung zu Beladung (z. B. die voraussichtliche kritische Borsäurekonzentration). Folglich enthalten die Versuchsprogramme nur allgemeingültige Vorgaben, während die Zusatzinformationen im Ablaufplan u. a. die speziellen, nur diesem Experiment und diesem Zeitpunkt entsprechenden Vorgaben darstellen.

Nachfolgend ein Beispiel eines Versuchsprogrammes, dessen grundsätzlicher Aufbau für jedes reaktorphysikalische Experiment genommen werden kann.

Versuchsprogramm zur Bestimmung von Absorberstabwirksamkeiten, Borsäurekoeffizienten und der Reaktivitätsreserve nahe Betriebstemperatur ($T_M = 260$ °C)

1. Dauer: 30 h
2. Versuchsziel
   Messung zur Erarbeitung und Überarbeitung von Betriebsunterlagen sowie zum Vergleichen mit entsprechenden Rechenwerten.
3. Technologische Voraussetzungen
   Der Zustand der Anlage entspricht der Betriebsvorschrift. Weiterhin zählen hierzu Angaben über die einzustellende Reaktorleistung, die Absorberstabstellung zu Beginn der Messung, den Druck im 1. Kreislauf, benötigtes Behältervolumen für sauberes und schmutziges Kondensat,

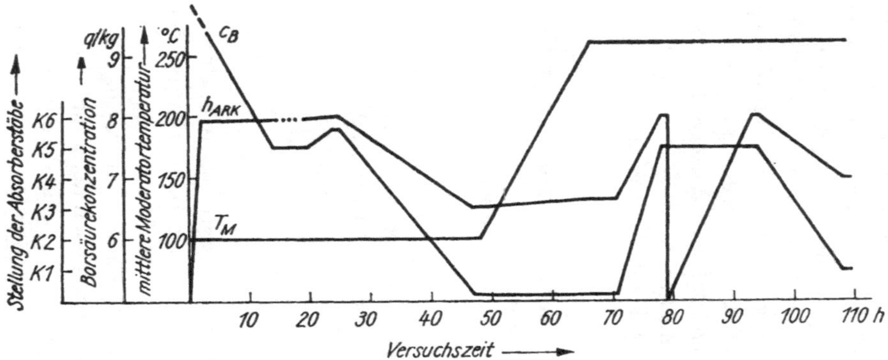

Bild 5.2.34
Beispiel eines Versuchsablaufplanes für reaktorphysikalische Experimente bei Nulleistung und zur Wiederinbetriebnahme (gekürzt)

1) Messung der Kopplung der Regelstäbe
2) Havarieborerprobung
3) Eichung der Temperaturmeßstellen für die Kassettenaustrittstemperaturen
4) Dampfpolster im Druckhalter herstellen

<table>
<tr><td>Experiment</td><td>PE1: kritisches Experiment</td><td>1)</td><td>2)</td><td>PE3: Messung α_h, α_B</td><td>PE4: Messung α_M</td><td>3)</td><td>4)</td><td>PE3; .....</td><td>Fallzeitmessung der Regelstäbe u.a.</td><td>PE3: .....</td></tr>
<tr><td>Parameter</td><td colspan="10" rowspan="7">Hier werden solche Hinweise gegeben, die nur für den geplanten Meßzyklus gültig sind (z. B. Parameter des berechneten kritischen Zustands des Reaktors, Mengenangaben für Zuspeisung und Absalzung, Reaktivitätsmeßbereich u.a.)</td></tr>
<tr><td>Frequenz der c_B – Messung</td></tr>
<tr><td>Forderung an die Wasserwirtschaft</td></tr>
<tr><td>technologische Hinweise</td></tr>
<tr><td>Vorbereitung für den folgenden Versuch</td></tr>
<tr><td>Hinweise für die Versuchsdurchführung</td></tr>
</table>

Schaltzustand weiterer Anlagen, wie Zuspeisesystem, spezielle Wasseraufbereitung, Speisewassersystem, Druckhaltesystem, Dampferzeuger u. a., das SUS-System u. a.

4. Meßtechnische Voraussetzungen

Hierzu zählen Angaben über benötigte Betriebsinstrumente und Sondermeßgeräte bzw. -kanäle, die geforderte Methode der Borsäurekonzentrationsbestimmung u. a.

5. Versuchsdurchführung

Die Borsäurekonzentration wird durch Zuspeisen von sauberem Kondensat und gleichzeitiges Ausschleusen von boriertem Wasser des 1. Kreislaufes abgesenkt. Die Zuspeisung erfolgt mit einer solchen Menge, daß $\dot{\varrho} \approx 7 \cdot 10^{-3}/\mathrm{h}$ beträgt (diese einmal eingestellte Menge wird während des Versuchs nicht mehr verändert). Um die daraufhin ansteigende Reaktivität zu kompensieren, werden schrittweise (ca. alle 10 bis 15 min) die ARK-Gruppen in betrieblicher Fahrfolge eingefahren. Die Anweisung über Beginn und Größe des Schrittes gibt der diensthabende Physiker.

Das Verstellen der ARK-Gruppe erfolgt so, daß die Wirksamkeit nur dieser Gruppe über die gesamte Stablänge gemessen wird. Der Versuch ist beendet, wenn die ARK-Gruppe K4 die untere Endlage erreicht hat.

6. Meßwerterfassung

Die Meßwerterfassung erfolgt mittels Schreiber, Notizen über den Versuchsablauf im Schichtbuch des diensthabenden Physikers und in Tabellen, die unmittelbar zur Auswertung herangezogen werden.

. Organisatorische Maßnahmen

Hierzu zählen Angaben über Schichtbesetzung, Versuchsleitung, sonstige Maßnahmen zur Absicherung eines reibungslosen Versuchsablaufes.

5.3. Messungen bei Leistung

Sind Reaktivitätskoeffizienten im Leistungsbetrieb bestimmbar? Unterscheiden sie sich wesentlich von denen, die zu gleichen Bedingungen bei Nulleistung bestimmt werden?

Diese Fragestellungen sind sowohl aus physikalischer als auch aus ökonomischer Sicht interessant. Den Physiker interessiert neben der Frage, ob er im Leistungsbetrieb durch Reaktivitätsmessungen Reaktivitätskoeffizienten bestimmen kann, auch die Frage, inwieweit es ihm möglich ist, die zu einem

Zustand (Leistung oder Nulleistung) ermittelten Größen einfach in dem anderen anzuwenden. Wenn das so ist, wird es aus ökonomischer Sicht unhaltbar, Experimente bei Nulleistung in größerem Umfang zu machen, wenn man die gleichen Ergebnisse auch in einem Zustand gewinnen kann, in dem bereits Leistung produziert wird. Die im ersten Fall eintretende Verfügbarkeitsminderung (bzw. der -ausfall) läßt sich dann schwer anhand der Ergebnisse begründen.

Abgesehen davon gibt es natürlich Reaktivitätseffekte, die nur im Leistungsbetrieb bestimmbar sind, weil sie im Nullastbereich nicht ins Gewicht fallen. So z. B. der Leistungseffekt.

Welche Methoden der Ermittlung von Reaktivitätskoeffizienten wollen wir hier darstellen? Um zunächst noch allgemein zu bleiben, wollen wir sehen, wie sich die Nulleistungsmethoden sinngemäß übertragen lassen. Eine wesentliche Voraussetzung der dynamischen Nulleistungsmethoden, die Rückkopplungsfreiheit der Spaltzone, ist im Leistungsbetrieb nicht mehr gegeben. Jede Leistungsänderung ist mit einer Änderung der Brennstofftemperatur und der Vergiftung zwangsläufig verbunden, die ihrerseits der Leistungsänderung entgegenwirken. Praktisch ist also der Verlauf der Reaktivität nach einer Stabverstellung nicht nur durch den gleitenden Parameter allein bestimmt, sondern durch eine Anzahl je nach Leistungsänderung mehr oder weniger ins Gewicht fallender Rückkopplungseffekte.

In Bild 5.3.1 sind drei solche Kurven $\varrho(t)$ bei unterschiedlichen Leistungen aufgezeigt. Sie machen nochmals deutlich: Der Reaktivitätsverlauf nach einer (auch kleinen) Stabverstellung läßt sich nicht mehr durch eine Gerade beschreiben. Die Kurve muß durch eine Funktion beschrieben werden, die die Rückkopplungseffekte beinhaltet. Bei der Anwendung von Reaktivitätsmessungen im Leistungsbetrieb werden daher die Versuchsdurchführung und die Auswertetechnik wesentliche Unterschiede zu denen bei Nullast aufweisen. Insbesondere werden die Auswertemodelle komplizierter sein. Die Anwendung der modernen Rechentechnik wird unumgänglich.

Man kann sich leicht vorstellen, daß aus den genannten Gründen die Stabfallmessungen im Leistungsbetrieb ebenfalls nicht anwendbar sind, abgesehen davon, daß ein solcher Stabfall stets einen Lastabwurf zur Folge hat. Andererseits wird man einen Stabfallversuch unter anderer Zielstellung durchführen, nämlich um dieses Lastabwurfverhalten zu studieren. Wenn die Auswertung über das bloße Studium der Parameterverläufe hinausgehen soll, wird man sich jedoch recht komplizierter Rechenmodelle bedienen müssen.

Dagegen ist die Übertragbarkeit der statischen Methoden wie sie in Kap. 5.2.2. beschrieben sind, ganz offensichtlich. Ihr Inhalt, die Reaktivitäts-

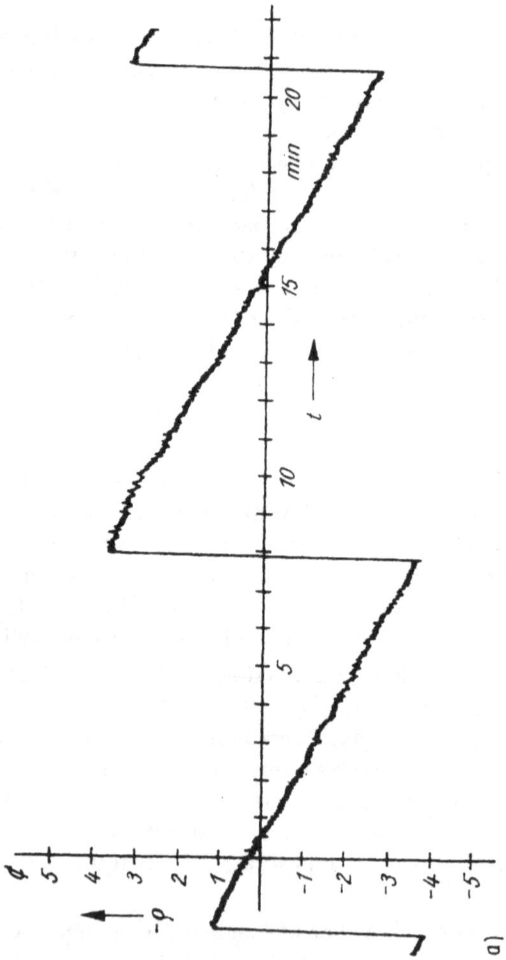

Bild 5.3.1.a
Verlauf der Reaktivität $\varrho(t)$ während dynamischer Nulleistungsmessungen beim Absenken der Borsäurekonzentration (WWER-2)

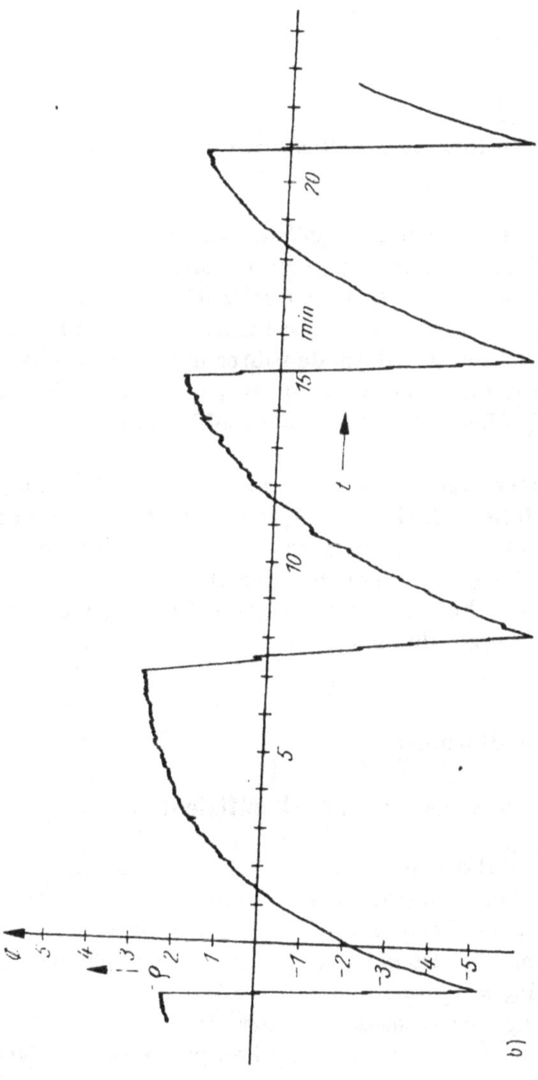

Bild 5.3.1.b
Verlauf der Reaktivität $\varrho(t)$ während des Aufwärmens mit geringer Reaktorleistung (WWER-2), $\bar{\dot{T}} \approx 20$ K/h

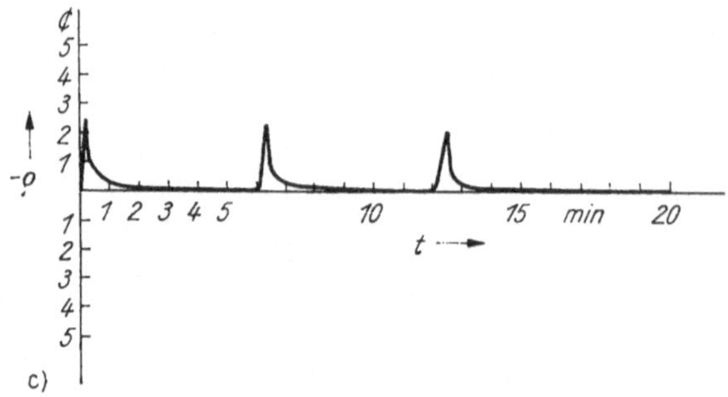

Bild 5.3.1.c
Verlauf der Reaktivität $\varrho(t)$ nach Stabverstellungen bei Nennleistung

bilanz, ist auch im Leistungsbetrieb gültig. Nur die Voraussetzungen, die in der Kenntnis der Reaktivitätskoeffizienten außer einem, den man bestimmen will, bestehen, lassen sich hier noch schwerer realisieren. Erstens ist die Kenntnis solcher Koeffizienten im Leistungsbetrieb mit noch größeren Unsicherheiten behaftet, weil die Methoden ihrer experimentellen Bestimmung aus Reaktivitätsmessungen noch nicht ausgereift sind. Zweitens gibt es zusätzliche Einflußgrößen: den Leistungskoeffizienten und die Vergiftung bei Leistung.

Im Ergebnis dieser Betrachtungen kann man im Leistungsbetrieb die Meßmethoden ebenfalls in zwei Arten einteilen: in statische und dynamische. Die Art der Versuchsdurchführung wird sich in vielen Fällen aber von analogen Methoden im Nullastbereich unterscheiden.

Im folgenden werden Beispiele solcher Methoden dargestellt. Wir beginnen dabei mit den einfacheren, den statischen.

5.3.1. Statische Methoden

5.3.1.1. Bestimmung des Leistungskoeffizienten

Die Grundidee der statischen Methode bestand darin (Kap. 5.2.2.), zwei stationäre Zustände zu erzeugen, die sich möglichst nur in zwei Parametern unterscheiden. Da in beiden Zuständen der Reaktor kritisch ist, muß die Reaktivitätsänderung $\Delta\varrho_x$ des einen Parameters x umgekehrt gleich der des anderen $\Delta\varrho_y$ sein: $\Delta\varrho_x = -\Delta\varrho_y$.

Bei der Ermittlung des Leistungskoeffizienten ist zwangsläufig der eine Parameter die Leistung $x = P_{th}$, für den kompensierenden Parameter verwendet man je nach Methode die Moderatortemperatur oder die Absorberstabstellung. Die mit jeder Leistungsänderung einhergehende Änderung der Vergiftung läßt sich entweder in den Grenzen einer Fehlergröße halten, die nicht ins Gewicht fällt, oder sie muß in Form von Korrekturen berücksichtigt werden.

Ersteres wird dadurch erreicht, daß die zur Ermittlung des Leistungskoeffizienten notwendigen zwei Zustände zeitlich sehr kurz aufeinanderfolgen, so daß sich die Vergiftung noch nicht wesentlich geändert hat. Da die Notwendigkeit einer Korrektur auch von der Größe der Leistungsänderung abhängt, ist man zweitens bestrebt, diese Änderung klein zu halten. Zur besseren Einschätzung der Korrekturnotwendigkeit sollte man für einige Fälle rechnerische Untersuchungen anstellen.

Die Versuchsdurchführung richtet sich nach der Art des zur Kompensation verwendeten Parameters. Verwendet man die Moderatortemperatur dazu, so besteht die Versuchsdurchführung darin, daß man, von einem stabilen Reaktorzustand ausgehend, die Turbinenleistung mit den entsprechenden Regeleinrichtungen ändert und den Reaktor ohne äußere Eingriffe auf das neue Leistungsniveau einlaufen läßt. Die Änderung der Dampfentnahme bewirkt über die Dampferzeuger eine Moderatortemperaturänderung. Die damit verbundene Reaktivitätsänderung zieht eine Änderung der Reaktorleistung nach sich, deren Reaktivitätsäquivalent genau umgekehrt ist. Es kommt zu einem neuen Gleichgewicht.

Über einen rechnerisch ermittelten Temperaturkoeffizienten α_T kann man in einfacher Weise den Leistungskoeffizienten ermitteln:

$$\alpha_P = \frac{-\alpha_T \cdot \Delta T}{\Delta P}.$$

Da es sich in der Regel um kleine Leistungsänderungen handelt ($\Delta P_{th} \leq \leq 20$ MW), ist diese Näherung noch gültig. Für große Leistungsänderungen, die die Verwendung integraler Effekte notwendig machen, ist diese einfache Form der Auswertung nicht mehr geeignet. Darüber hinaus gibt es für die Temperaturänderung ΔT auch technologische Grenzen. Um stationäre Zustände mit größerem Leistungsunterschied für die Ermittelung des Leistungseffektes zu nutzen, führt man den Versuch in der beschriebenenWeise von jedem dieser Zustände ausgehend aus. Auf diese Weise erhält man α_P in Abhängigkeit von P_{th} selbst ($\alpha_P[P_{th}]$) und kann den Leistungseffekt durch Integration bestimmen. Allerdings lassen sich die Zustände größeren Leistungsunterschieds nicht mehr ohne die Änderung weiterer Parameter einstellen, so daß eine mögliche Abhängigkeit des α_P von weiteren Parametern bei der Interpretation der Ergebnisse (s. auch Kap. 5.2.1.5.) berücksichtigt werden muß.

Eine zweite Methodik der Versuchsdurchführung besteht im Unterschied zur ersten darin, daß man durch geschicktes Fahren der Regelstäbe und der Turbine die Reaktorleistung parallel zur Turbinenleistung so ändert, daß die Moderatortemperatur im ersten Kreislauf konstant bleibt. Der neue stationäre Zustand unterscheidet sich dann in der Leistung und Stabstellung vom Ausgangszustand; die Ermittelung des Leistungskoeffizienten erfolgt hier über die Absorberstabwirksamkeiten:

$$\alpha_P = \frac{-\alpha_h \cdot \Delta h}{\Delta P}.$$

Beide Methoden lassen sich natürlich auch kombinieren. Zunächst ändert man die Turbinenleistung bei konstanter Stabstellung. Infolgedessen ändern sich die Moderatortemperatur und die Reaktorleistung. Hat T_M sich stabil eingestellt, so wird die Stabstellung bei konstanter neuer Leistung so verändert, daß die Moderatortemperatur wieder ihren Ausgangswert erreicht. Aus beiden Zuständen läßt sich der Leistungskoeffizient bestimmen, einmal über den Temperaturkoeffizienten und einmal über die Stabwirksamkeit.

Wie bereits angedeutet, ist das Ergebnis bei diesen Versuchen von der Geschicklichkeit, mit der die Anlage gefahren wird, abhängig. Man sollte es nicht versäumen, vor Versuchsbeginn mit dem anlagenfahrenden Personal ausführlich darüber zu sprechen.

Welche Quellen systematischer Fehler ergeben sich auf den ersten Blick? Eine erste Fehlerquelle ist für alle statischen Methoden typisch und besteht in der oft zu ungenauen Kenntnis der Reaktivitätskoeffizienten der kompensierenden Parameter. Einerseits ergibt sich diese Ungenauigkeit als Unsicherheit bei der Einschätzung rechnerischer Aussagen — die Überprüfung dieser im Leistungsbetrieb ist fast nur anhand stationärer kritischer Daten, aber nicht bezüglich einzelner Reaktivitätseffekte möglich — und andererseits als Unsicherheit über die Verwendbarkeit von Koeffizienten, die im Nullastbereich gemessen wurden. Zur Verwendung von Ergebnissen dynamischer Messungen im Leistungsbetrieb wird später ausgeführt.

Eine weitere Fehlerquelle stellt die nicht berücksichtigte Änderung der Vergiftung dar. Hier kann man sich mit Rechenwerten aushelfen, einerseits, um überhaupt eine Vorstellung über die Größe des Einflusses zu bekommen, andererseits, um die evtl. notwendige Korrektur zu berechnen. Allerdings muß man hier erwähnen, daß man sehr genaue Rechenverfahren (dreidimensionale und in Zeitabständen von Sekunden rechnende) verwenden sollte, damit der Fehler der Rechnung selbst nicht in die Größenordnung der Korrektur gerät. Damit ergeben sich im Nennlastbereich Fehler in der Größenordnung von 10% an α_P.

In folgendem soll eine weitere Variante der Auswertung vorgestellt werden, die bereits Elemente der dynamischen Methode enthält und anhand derer die Vergiftungskorrektur demonstriert wird. Hierzu werden im Rahmen der zuerst genannten Variante (verändertes T_M bei konstanter Stabstellung) die Zeitverläufe $T_M(t)$ und $P_{th}(t)$ anstelle der stationären Niveaus für die Auswertung genutzt. Die Meßwerte $T_M(t)$ und $P_{th}(t)$ werden mittels eines Minimisierungsverfahrens an eine geeignet gewählte Funktion angepaßt. Ist die gesamte Leistungsänderung klein, so gilt in guter Näherung:

$$\alpha_P = -\alpha_T \cdot \frac{\mathrm{d}T/\mathrm{d}t}{\mathrm{d}P/\mathrm{d}t}\,.$$

Will man hier und notwendigerweise bei größeren Leistungsänderungen eine Korrektur bezüglich der Vergiftung anbringen, so läßt man sich $\mathrm{d}\varrho_G/\mathrm{d}t$ berechnen und korrigiert den Wert $\alpha_T \cdot \frac{\mathrm{d}T/\mathrm{d}t}{\mathrm{d}P/\mathrm{d}t}$, indem man davon ausgeht, daß eigentlich

$$\frac{\mathrm{d}\varrho_P}{\mathrm{d}t} + \frac{\mathrm{d}\varrho_G}{\mathrm{d}t}$$

dem Verlauf der Temperatur entspricht.
Aus

$$\alpha_P \cdot \frac{\mathrm{d}P}{\mathrm{d}t} + \frac{\mathrm{d}\varrho_G}{\mathrm{d}t} = -\alpha_T \frac{\mathrm{d}T}{\mathrm{d}t}$$

folgt also

$$\alpha_P = -\left(\alpha_T \frac{\mathrm{d}T}{\mathrm{d}t} + \frac{\mathrm{d}\varrho_G}{\mathrm{d}t}\right) \Big/ \frac{\mathrm{d}P}{\mathrm{d}t}\,.$$

In der Praxis wird das Verfahren jedoch nur vereinfacht anwendbar, da in der Regel

- der Verlauf $P_{th}(t)$ für kleine Leistungsänderungen nur mit großen Fehlern gemessen werden kann und
- man gerade für die erste Zeit der T-Änderung recht komplizierte Funktionen für die Anpassung $T(t)$ verwenden muß; ebenfalls wegen der Meßfehler in $T(t)$ führen die Optimierungsverfahren auch zu hohen Schwankungen.

So verwendet man in praxi das über stationäre Zustände ermittelte ΔP und bestimmt das entsprechende ΔT aus dem Teil des Verlaufes $T(t)$, der nur noch durch die Xenonvergiftung bestimmt ist. Hierfür reicht in der Regel ein

Geradenausgleich aus. ΔT wird dann über den Anfangswert der Geraden T_2 und den Ausgangswert T_1 vor der Laständerung ermittelt. In Bild 5.3.2 sind die Verläufe schematisch dargestellt. Obiges Auswertemodell wird dann zu:

$$\alpha_P \approx -(\alpha_M \cdot \Delta T(t) + \Delta\varrho_G(t))/\Delta P, \qquad \Delta T'(0) = \Delta T\,.$$

Zum Schluß seien Fehlerquellen genannt, die die Meßwerte an sich betreffen. Abgesehen von den üblichen statistischen Schwankungen der Meßwerte können hier systematische Fehler bei der Ermittlung von P_{th} gemacht werden, insbesondere bei geringen thermischen Leistungen ($P_{th} < 100$ MW). Das liegt einerseits in der ungenauen Kenntnis wärmetechnischer Parameter fernab vom Nennzustand der Anlage und andererseits an den Meßgrößen (z. B. Temperaturdifferenz über der Spaltzone, Dampfmenge etc.) selbst;

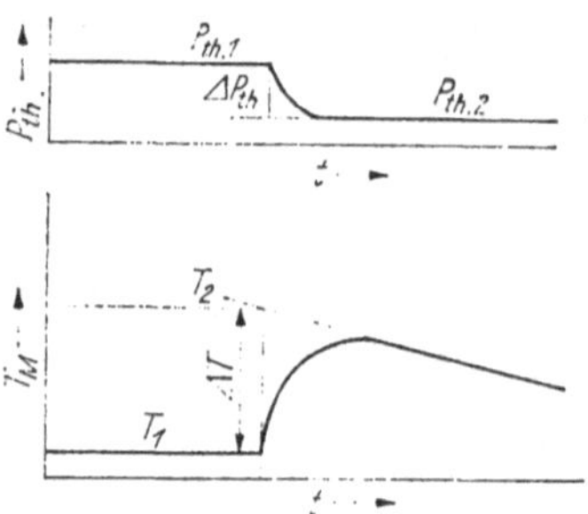

Bild 5.3.2
Schematische Darstellung der Verläufe $T(t)$ und $P(t)$

letzteres insbesondere, weil die projektmäßige Instrumentierung für kleine Meßsignale (meistens in größerem Abstand von Grenzparametern) ungenauer wird. Bei Leistungsänderungen, die mit Verformungen des Neutronenflusses einhergehen, sind auch Ionisationskammersignale für eine genaue Messung ungeeignet, abgesehen davon, daß der Kammerstrom ohnehin erst anhand herkömmlicher Leistungsmessungen geeicht werden muß; für kleine Leistungsänderungen sind aber Kammerströme ggf. geeignet. Nicht gelöst ist bei der Bestimmung des Leistungskoeffizienten das Problem der Leistungsmessung bei geringer thermischer Leistung, wodurch Fehler bis zu 50% in α_P entstehen können, und sich über die Integration mit entsprechendem Gewicht auch auf ϱ_P, den Leistungseffekt, fortpflanzen. Bild 5.3.3 zeigt ein Ergebnis $\alpha_P(P)$.

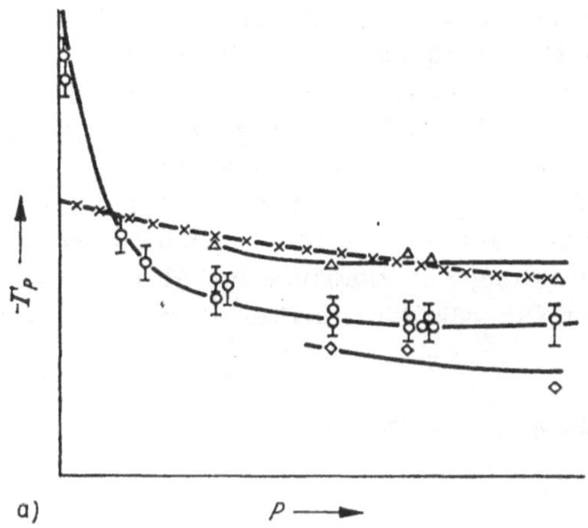

Bild 5.3.3.a
Verlauf des Leistungskoeffizienten bei unterschiedlichen Stabstellungen, nach [38]
× Rechnung mit PYTHIA; ○ Experiment bei K6 130 cm; △ Experiment bei K6 50 cm; □ Experiment bei K6 180 ... 200 cm

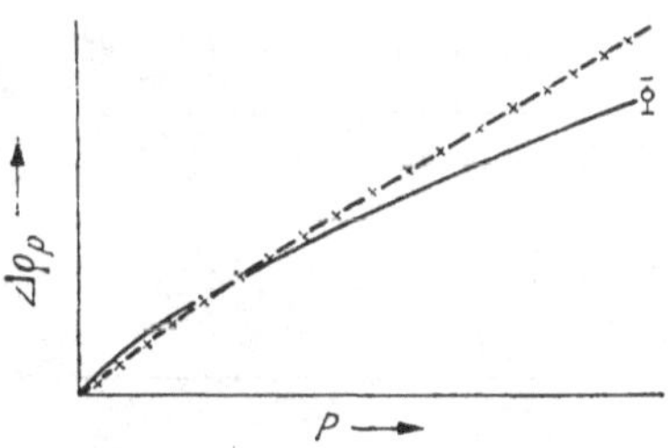

Bild 5.3.3.b
Verlauf des Leistungseffektes, nach [38]
× Rechnung mit PYTHIA; ○ Experiment

5.3.1.2. Bestimmung des Temperatur- und Borsäurekoeffizienten im Leistungsbetrieb

Setzt man die Absorberstabwirksamkeiten als bekannt voraus, so kann man bei Temperaturänderungen bzw. Änderungen der Borsäurekonzentration mit den Absorberstäben gegenkompensieren und über die Stabwirksamkeiten den Borsäure- bzw. Temperaturkoeffizienten berechnen. Insofern unterscheidet sich ein solcher Versuch nicht von analogen des Nullastbereiches.

Gegenüber den dortigen Möglichkeiten ist der Bereich der Parameteränderung hier eingeschränkt: Die Borsäurekonzentration kann nur in dem Maße geändert werden, wie es die Ungleichmäßigkeitsfaktoren für eine bestimmte Absorberstabstellung zulassen. Die Moderatortemperatur kann darüber hinaus nur soweit geändert werden, daß sie innerhalb der für die Anlagensicherheit notwendigen Grenzen liegt. Dagegen erweitert sich der Anwendungsbereich innerhalb dieser Schranken beträchtlich. Im Folgenden zwei Beispiele.

Wenn man bei Verwendung von Borsäure zur Abbrandkompensation in einer Kampagne die Borsäure schrittweise absenkt, wie es etwa in Bild 5.3.4

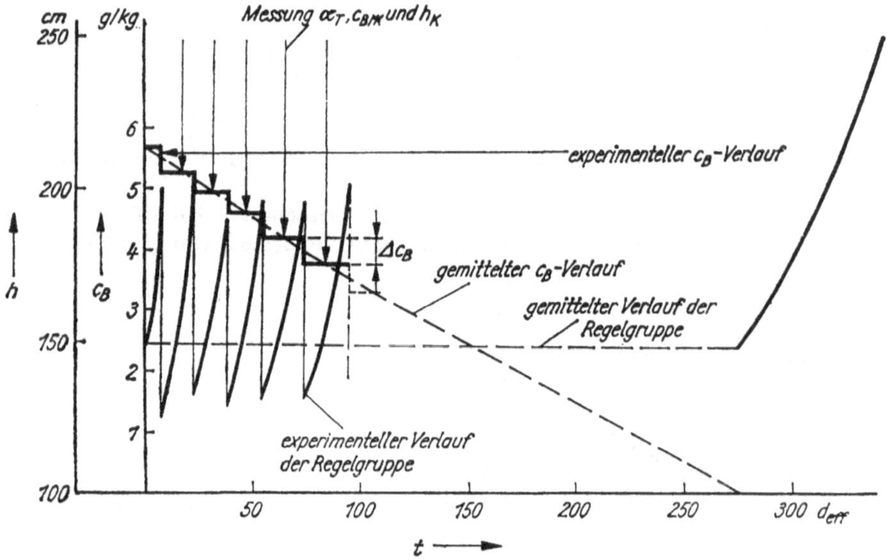

Bild 5.3.4
Ablauf einer Kampagne für die regelmäßige Ermittlung von α_h, α_B, α_M, c_{Bk} und h_k

gezeigt ist, und zwischen diesen Schritten reines Stabregime fährt, dann kann man zu jedem solchen Schritt einen Borsäurekoeffizienten ermitteln, im Idealfall für stets die gleiche Stabstellung h_0 und Temperatur T_0, so daß sich die Randbedingungen nur in Borsäurekonzentration c_B und Abbrand η unterscheiden:

$$\alpha_B(c_B, \eta, h_0, T_0) .$$

Neben experimentellen Erfahrungswerten erhält man gute Vergleichswerte zur entsprechenden Rechnung, insbesondere wenn die benötigten Stabwirksamkeiten mittels dynamischer Methoden (s. Kap. 5.3.2.) experimentell ermittelt werden.

Analog könnte die Messung des Temperaturkoeffizienten über die Dauer einer Kampagne aussehen, indem man zu Zuständen gleicher Temperatur, Stabstellung und Leistung — die Borsäurekonzentration ändert sich ja notwendigerweise mit der Reaktivitätsreserve — die Betriebstemperatur um 5 K ändert und mit den Stäben gegenkompensiert. Auch hier erhält man einen Satz sich im Laufe der Kampagne ändernder Temperaturkoeffizienten. Der Aufwand ist in beiden Fällen gering.

Natürlich gelänge es in der gleichen Weise aus dem Borsäure- oder dem Temperaturkoeffizienten — wenn berechnet — die Stabwirksamkeit zu ermitteln. Wir legten allerdings auf die erste Variante größeren Wert, weil die bisher bekannten direkten Messungen dynamischer Art nur die Stabwirksamkeit zu ermitteln gestatten, so daß man durch Kombination statischer mit dynamischen Messungen auch reine experimentelle Werte zu den Temperatur- und Borsäurekoeffizienten gewinnen kann.

5.3.1.3. Messung der stationären Vergiftung

Nach einem Anfahren von Nullast auf Voll- bzw. Teillast baut sich die im Kap. 4 beschriebene Vergiftung bis zu einem stationären Wert auf. Dieser stationäre Wert wird zu seinem größten Teil nach ca. 50 h stationärer Leistung erreicht. Äußerlich bemerkbar macht sich dieser Prozeß durch eine Reaktivitätsabnahme, die für Versuchszwecke durch Ziehen von Absorberstäben kompensiert wird. Reicht z. B. bei Vollastaufschaltungen der zulässige Stabfahrbereich nicht aus, so muß der Vorgang durch Borsäureänderungen unterbrochen werden.

Prinzipiell genügt die Stabstellung als Information zur Vergiftung für Vergleichszwecke mit einer Rechnung. In der Regel möchte man jedoch den Reaktivitätsverlauf bestimmen, so daß man die durch die Stäbe eingebrachte Reaktivität über die differentiellen Wirksamkeiten ermitteln muß. In diesem Fall sind letztere zu berechnen. Unter der Annahme, die Leistungsänderung erfolge rampenförmig, errechnet sich ϱ_G^{stat} aus $\alpha_h(h)$ über

$$\varrho_G^{\text{stat}} = -\int_{h_0}^{h_1} \alpha_h(h)\,\mathrm{d}h\,, \qquad (5.3.1)$$

wenn h_0 die Ausgangsstellung bei Erreichen des Leistungsniveaus und h_1 die Stellung bei Erreichen des stationären Vergiftungszustandes ist. Vorausgesetzt wurde, daß über die gesamte Zeit alle übrigen Parameter konstant sind. In der Regel kann man überdies noch den Verlauf $\varrho_G(t)$ konstruieren, indem man für erreichte Zwischenzustände ϱ_G in gleicher Weise berechnet, wie für den Endzustand h_1. Über $h(t)$ erfolgt die Zuordnung zum entsprechenden Zeitpunkt, z. B. wie folgt:

$$\varrho_G(t) = -\int_{h_0}^{h(t)} \alpha_h \, \mathrm{d}h \,. \tag{5.3.2}$$

Wie bereits dargestellt, nimmt man eine rampenförmige Leistungsänderung an. Der Anfangswert der Vergiftung $\varrho_G(0)$ ist aber auch in diesem Fall nur dann gleich Null, wenn die Vergiftung vor der Leistungserhöhung Null ist. Das trifft allerdings nur für die jungfräuliche Spaltzone zu. In allen anderen Fällen ist, selbst wenn Xenon abgeklungen ist, immer noch die Samariumvergiftung vorhanden, auch nach Umladungen (in teilabgebrannten Kasseten). Meistens vernachlässigt man Sm jedoch. In allen anderen Fällen, also

- wenn eine merkliche Vergiftung vorlag bzw.
- wenn die Leistungsänderung zu langsam (nicht mehr rampenförmig) erfolgte,

ist nach der Leistungsänderung ϱ_G nicht mehr annähernd Null und muß durch einen, nur rechnerisch ermittelbaren, Anfangswert ersetzt werden. Exakt tritt der Fall $\varrho_G(0) = 0$ für den Zeitpunkt unmittelbar nach der Laständerung niemals ein. In der Regel wird also durch (5.3.1) bzw. (5.3.2) nur die Änderung der Vergiftung gegenüber einem Anfangswert berechnet, der die Vergiftung unmittelbar nach erfolgter Laständerung darstellt:

$$\varrho_G'(t) = \varrho_0 + \varrho_G(t) \,.$$

Eine gewisse Einschätzung der Genauigkeit der Berechnung des Anfangswertes ist nur indirekt möglich, d. h. anhand der Gesamteinschätzung des Rechenprogrammes.

In Kap. 5.3.3. ist ein Verlauf dargestellt. Allerdings werden dort die α_h mittels dynamischer Methoden bestimmt.

5.3.2. Dynamische Messungen im Leistungsbetrieb

Die Probleme, die mit den dynamischen Messungen im Leistungsbetrieb im allgemeinen entstehen, sind eingangs schon angedeutet worden. Wir wählen hier den Weg, die praktische Seite dieser und noch weiterer Probleme anhand eines Beispiels zu erläutern, dem Beispiel der Störungsmessungen, wie sie in [16] und [36] vorgestellt wurden und an WWER-Blöcken bereits praktiziert werden. Die Störungsmessungen gehören zu den pseudostochastischen Methoden, die in vielfältiger Art an Nulleistungs- und neuerdings auch an Leistungsreaktoren, [16] und [37], zur Ermittelung reaktorphysikalischer Parameter angewendet werden. Da im Kap. 4.6. bereits die Grundidee und das Auswertemodell beschrieben wurden, um auf der theoretischen Seite die Probleme der Reaktivitätsmessungen bei kurzzeitigen Prozessen zu erörtern, können wir uns hier voll auf die praktische Seite der Methode konzentrieren. Notwendige Überschneidungen im Kap. 4.6. möge der Leser zur Erinnerung an die dort getroffenen Aussagen benutzen.

Die Versuchsdurchführung selbst stellt an das anlagenfahrende Personal so gut wie keine zusätzlichen Anforderungen. Im stationären Leistungsbetrieb wird ein Absorberstab oder eine ganze Gruppe um wenige Zentimer aus- bzw. eingefahren und kurz danach (z. B. nach 5 s) wieder in die Ausgangslage zurückgebracht. Bei entsprechender Gerätetechnik kann der Vorgang sogar automatisch und rechnergesteuert erfolgen. Mit Hilfe eines Rechners und dem im Kap. 4. beschriebenen Reaktivitätsmodell wird aus den Verläufen des Ionisationskammerstromes und der Reaktivität die differentielle Wirksamkeit der bewegten Gruppe, der Leistungskoeffizient und die Zeitkonstante τ ermittelt. In Bild 5.4.4 ist das Schema der Datenerfassung und -verarbeitung für die automatische on-line-Variante aufgezeigt. Der Auswertegang ist dort ersichtlich.

Da die erzeugte Reaktivitätsstörung sehr klein gehalten ($\leqq$ 0,5 $) wird, verursacht sie auch nur eine kleine, durch Rückkopplungseffekte gedämpfte Leistungsspitze (einige MW), die sich im ersten Kreislauf, vor allem aber in den Dampferzeugern verliert. Insbesondere wenn die Dauer der Störung kleiner als die Umwälzzeit des Mediums ist (30 bis 50 s), kann man den Einfluß auf die Eintrittstemperatur vernachlässigen, was bestimmte Modellvereinfachungen ermöglicht. Die Störung beeinträchtigt somit die Erzeugung der Elektroenergie nicht und verdient deswegen das höchste Augenmerk der Ökonomen. Meßmethoden zu haben, die es gestatten, Reaktorkenngrößen ohne Beeinträchtigung des Leistungsbetriebes zu gewinnen, ist eine der höchsten Zielstellungen der modernen Reaktormeßtechnik.

In Bild 5.3.5 sind zur Veranschaulichung die Verläufe der Parameter dargestellt.

In Folgendem wollen wir etwas näher auf das Auswertemodell eingehen, anhand dessen die gesamte Problematik der dynamischen Messungen sichtbar wird. Dies geschieht überblicksweise. Bezüglich detaillierter Ausführungen verweisen wir auf Kap. 4.6. bzw. die Originalliteratur [16] und [36].

Die durch die Stabverstellung aufgeprägte Reaktivität wird als äußere Reaktivität bezeichnet (ϱ_a). Sie führt zunächst zu einer Änderung der Brennstoffleistung und damit der Brennstofftemperatur T_B. Nach einer gewissen

Zeit, die von den Wärmeübertragungseigenschaften der Strecke Brennstoff-Hülle-Moderator abhängt, wirkt sich diese Änderung auch auf den Moderator aus. Ist diese Zeit geringer als der auszuwertende Teil der Störung, so kann diese Auswirkung auf den Moderator nicht mehr vernachlässigt werden. Die beiden genannten Temperaturänderungen ΔT_B und ΔT_M koppeln über ihre entsprechenden Reaktivitätseigenschaften somit auf die Leistungsänderung zurück. Das ihnen entsprechende Reaktivitätsäquivalent wird als innere Reaktivität ϱ_i bezeichnet, so daß in der Tat

$$\varrho = \varrho_a + \varrho_i \tag{5.3.3}$$

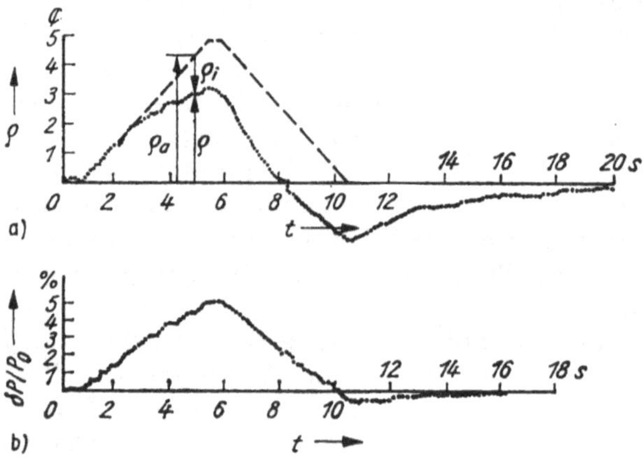

Bild 5.3.5
Verlauf der gemessenen Reaktivität (a) und der relativen Leistung (b) für einen Versuch, nach [16]
Die gestrichelte Kurve in (a) zeigt qualitativ den Verlauf der von den Regelkassetten erzeugten Reaktivität ϱ_a

gemessen wird. Für ϱ_a kann man bei kleinen Änderungen von h den Ansatz machen

$$\varrho_a = \frac{\partial \varrho}{\partial h}(h_0) \cdot (h - h_0) + O(h - h_0)\,. \tag{5.3.4}$$

Ggf. läßt sich in ϱ_a noch eine konstante Driftreaktivität ϱ_0 berücksichtigen, was das Modell nicht wesentlich kompliziert und dann angebracht ist, wenn sich die restlichen Versuchsparameter nicht ganz stabil halten lassen.

Aus den Bemerkungen zur inneren Reaktivität folgt als Ansatz für ϱ_i:

$$\varrho_i = \varrho_{T_B} + \varrho_{T_M} \,. \tag{5.3.5}$$

Der sich dann unter Berücksichtigung der Wärmeübergänge ableitende Formalismus wurde im Kap. 4.6. bereits gezeigt. Er führt zu Gleichung

$$\tau \frac{\mathrm{d}}{\mathrm{d}t} \varrho_i(t) + \varrho_i(t) = \frac{\alpha_B + \gamma \cdot \alpha_M}{(1-\gamma)\, k} \Delta P(t) \,, \tag{5.3.6}$$

mit $\tau = \tau_1/(1-\gamma)$. Demzufolge läßt sich bei Gültigkeit von (5.3.6) als Modell der Reaktivitätsrückkopplung bei einer Leistungsänderung

$$\alpha_P = \frac{\alpha_B + \gamma\alpha_M}{(1-\gamma) \cdot k} \tag{5.3.7}$$

als Leistungskoeffizient interpretieren. (5.3.6) hat die Lösung

$$\varrho_i(t) = \frac{\alpha_P}{\tau} \mathrm{e}^{-t/\tau} \int\limits_0^t \Delta P(t')\, \mathrm{e}^{t'/\tau}\, \mathrm{d}t' \,, \tag{5.3.8}$$

welche in dieser Form zusammen mit (5.3.4) in (5.3.3) eingeht. Durch Minimisierung der Zielfunktion

$$V_n = \frac{1}{n} \sum_{i=0}^{n-1} [\varrho^{\mathrm{meß}}(t_i) - \varrho(t)]^2$$

werden α_p, α_h und τ bestimmt. Sie führt wegen (5.3.8) zu Nichtlinearitäten in den Bedingungsgleichungen $\partial V_n/\partial\alpha_h = 0$, $\partial V_n/\partial\alpha_P = 0$ und $\partial V_n/\partial\tau = 0$, so daß man vereinfachenderweise für τ Werte vorgibt:

$$\tau = \tau_0 + m \cdot \Delta\tau \,,$$

und die Abbruchsbedingung der Optimierung von m abhängig macht ($V[m+1] > V[m]$).

Mit Hilfe dieses Modells ist es also möglich, durch Anpassung an entsprechende Meßwerte $h(t_i)$, $P(t_i)$ und $\varrho^{\mathrm{meß}}(t_i)$ die gewünschten Koeffizienten α_P und α_h zu ermitteln. Darüber hinaus erhält man in Form der Zeitkonstante τ bestimmte Aussagen über die Wärmeübergangseigenschaften.

An dieser Stelle ist es angebracht, auf Probleme der Interpretation und Modellgültigkeit hinzuweisen. Sie betreffen

- den Leistungskoeffizienten
- die Zeitkonstante und
- die Gültigkeit der Voraussetzung „Punktkinetik", die in der Benutzung des Reaktivitätsmessers ihren Niederschlag findet.

Der Leistungskoeffizient ist, durch die Einfachheit des Modells bedingt, zusammengesetzt aus α_B und α_M. Die Bezeichnung „Leistungskoeffizient" ist berechtigt, da er den gesamten Komplex der möglichen kurzzeitigen Reaktivitätsrückkopplungen auf eine Leistungsänderung beschreibt. Beim Vergleich mit Rechenwerten muß jedoch unbedingt darauf geachtet werden, daß die Berechnung ebenfalls nach (5.3.7) erfolgt — in der Regel wird nur der Dopplerkoeffizient α_B berechnet. Entsprechend der vereinfachten Darstellung der Prozesse tritt darüber hinaus in (5.3.7) eine scheinbare Abhängigkeit der Koeffizienten α_B und α_M auf, die rein mathematischer, nicht physikalischer Natur ist. Den physikalischen Eigenschaften entsprechend gibt es zu einem α_P nur ein physikalisch richtiges Paar der Werte α_B und α_M. Aufgrund der zu geringen Zahl der Informationen, die aus den Messungen gewonnen werden (z. B. mißt man weder T_M noch T_B während der Störung), ist es mit dem Modell nicht möglich, dieses dem gemessenen α_P entsprechende Paar zu ermitteln. Neben diesem realen Paar gibt es daher noch unendlich viele mathematisch mögliche Werte α_M und α_B, um α_P darzustellen.

Für einen Leistungssprung ($\Delta P = \text{const}$) liefert (5.3.8) $\varrho_i = \alpha_p \cdot \Delta P \cdot \times \left(1 - \exp\left(-t/\tau\right)\right)$. Somit ist τ die Zeitkonstante für das Wirksamwerden der Rückkopplung. Sie wirkt verzögert, weil erst eine gewisse Wärmemenge erzeugt und/oder übertragen werden muß, um ein neues Temperaturprofil aufzubauen. Diese Temperaturänderung verursacht dann die Rückkopplung. Für WWER gilt $5\,\text{s} \leqq \tau \leqq 10\,\text{s}$ ([16]; Kap. 4.6.).

Wesentlich ernstere Probleme ergeben sich aus der Verwendung der Punktkinetik an Leistungsreaktoren in Form der im Reaktivitätsmesser verwendeten Analogtechnik. Die nicht ausreichende Gültigkeit der Punktkinetik an Leistungsreaktoren führt bei Kurzzeitprozessen oft zu erheblichen Abhängigkeiten der Ergebnisse von Reaktivitätsmessungen vom Detektorort (Kap. 4.). Allerdings, so mußte experimentell festgestellt werden, sind die Abweichungen nicht unbedingt der Reaktorgröße proportional. Einen wesentlichen Einfluß hat auch die Struktur der Spaltzone während der Messung. So können bei Stabregelung die Abschattungseffekte durch Absorber (WWER-2) zu wesentlich größeren Abhängigkeiten führen, als bei größeren Reaktoren (WWER-440), bei denen zur Regelung nur eine Stabbank im oberen Drittel der Spaltzone bewegt wird. Eine gleichmäßigere Flußverteilung erhöht also den Anwendungsbereich der Meßmethode.

Aufgrund dieser Abhängigkeiten vom Detektorort wurden Modelle zur Korrektur des Detektorflusses aufgestellt [36]. Dieser korrigierte Fluß wird nunmehr in den punktkinetischen Gleichungen anstelle des gemessenen verwendet. Bei Einsatz eines Prozeßrechners zur Lösung dieser Gleichungen entstehen keine wesentlichen Nachteile gegenüber der Verwendung eines Reaktivitätsmessers. Im allgemeinen sind die Arbeiten in der Welt hierzu noch nicht abgeschlossen. Daher begnügen wir uns mit den Hinweisen, die das Kap. 4.6. dazu gibt, ohne tiefer in andere Arbeiten dazu einzudringen. Zum Schluß dieses Beispiels einer dynamischen Messung möchten wir noch auf eine Reihe von meßtechnischen Problemen hinweisen.

Die Methode verlangt, daß die Störungen klein bleiben bzw. zeitlich sehr kurz sind ($\leqq$ 25 s). Diese Forderung läßt sich in der Praxis gut realisieren. Andererseits besteht das Problem eines vernünftigen Signal-Untergrund-Verhältnisses, wodurch die Störung nicht unterhalb einer bestimmten Größe liegen darf. Letzteres läßt sich technisch oft nicht realisieren. Zum einen kann das an der zu geringen Wirksamkeit, zum anderen an der zu geringen Stabfahrgeschwindigkeit liegen, daß die Rückkopplung den Störimpuls zu schnell bzw. zu stark dämpft. Die Wichtigkeit dieses Punktes wird deutlich, wenn man bedenkt, daß aus einer recht kleinen Änderung am Neutronenhaushalt der Spaltzone eine Menge Informationen gewonnen werden sollen. Häufig bringt eine Unterdrückung des stationären Signals durch Kompensationsschaltungen und nachfolgende Verstärkung des Störpeaks keine Verbesserung. Damit ergibt sich eine vom Reaktortyp abhängende Einschränkung der Anwendung der Methode, die ggf. durch Spezialtechnik (z. B. schnellerer Stabfahreinrichtungen) wieder aufgehoben werden kann. Dennoch muß auch in relativ günstigen Fällen der statistische Fehler der Einzelmessung durch eine entsprechend hohe Serie ausgeglichen werden. An eine off-line-Auswertung ist dabei nicht mehr zu denken. Bei vertretbarem Zeitaufwand für die Auswertung muß man sich der Prozeßrechentechnik im on-line-Betrieb bedienen.

Mit einer solchen Technik kann man jeweils statistische Analysen der Ergebnisse vornehmen und häufig vorkommende „Ausreißer" nach statistischen Kriterien ausklammern. Dadurch wird eine mittlere relative Streuung der Ergebnisse von 5% erreicht, wodurch diese Methode von dieser Seite her mit anderen durchaus konkurrieren kann.

5.3.3. Kombination dynamischer und statischer Messungen

In der Regel wird bei den statischen Methoden die Kenntnis eines Reaktivitätskoeffizienten notwendig. Die Störungsmessungen bieten die beste Gelegenheit, einen solchen Koeffizienten experimentell zu ermitteln, der für fast alle statischen Messungen gebraucht werden kann: die differentielle Absorberstabwirksamkeit α_h. Wenn man als kompensierenden Parameter bei den statischen Messungen, wie es in Kap. 5.3.1. z. B. beschrieben ist, die Stabverstellung nimmt, so kann man auf den stationären Niveaus Störungsmessungen durchführen, die Wirksamkeit α_h bestimmen und sie für die Berechnung des der Stabverstellung äquivalenten Reaktivitätshubs $\Delta\varrho_h$ verwenden. Die Kenntnis von $\Delta\varrho_h$ war für die Ermittlung des Reaktivitätskoeffizienten des zweiten Parameters, z. B. α_B, nötig:

$$\alpha_B = -\Delta\varrho_h/\Delta c_B\,.$$

Wir wollen hier noch ein Beispiel einer solchen Kombination angeben: die Ermittlung der Abbrand- und Reservereaktivität des stationären Vollastbetriebes. In Bild 5.3.6 ist der Verlauf der Reaktivitätsreserve über der Kampagnedauer in Vollasttagen gezeigt. Mit dieser Reaktivität ist ein Wert

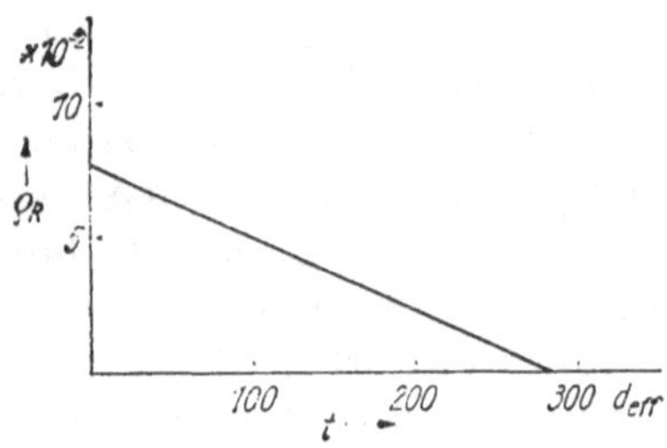

Bild 5.3.6
Beispiel eines Verlaufes der Reaktivitätsreserve ϱ_R in einer Kampagne (berechnet)

gemeint, der das Reaktivitätsäquivalent der Brennstoffreserve darstellt, die für die Dauer einer Kampagne durch die Beladung geschaffen werden muß und infolge des Abbrandes nach und nach verschwindet. Dementsprechend wird die zur Kompensation verwendete Borsäure abnehmen (s. Bild 5.3.4). Wie im Kap. 5.3.1.2. beschrieben, kann man nun die Borsäurekonzentration stufenweise absenken. Wenn man auf jeder Stufe Störungsmessungen macht, so kann man über die Wirksamkeiten und Borsäurekonzentrationsdifferenzen α_B ermitteln, und zwar den aktuellen Wert, wie bereits beschrieben. Darüber hinaus hat man für den Regelbereich der Stabgruppe für unterschiedliche Abbrandzustände eine Menge von α_h-Werten, anhand derer man die Veränderungen der Wirksamkeiten infolge des veränderten Abbrandzustandes studieren kann. Des weiteren kann man über α_B und Δc_B bzw.

$\Delta \varrho_h$ direkt die Reaktivitätsabnahme infolge des Abbrandes berechnen, z. B.

$$\Delta \varrho_A = -\alpha_B \cdot \Delta c_B \,.$$

Wenn man die Kampagne bereits von Anfang an so gefahren hat, kann man diese Werte zur sog. Abbrandreaktivität aufintegrieren.

$$\varrho_A(t_{\text{eff}}) = \sum_i \Delta \varrho_{A,i}$$

(i = Anzahl der Borsäureschritte bis zur betreffenden t_{eff}). Dabei ist darauf zu achten, daß die Zuordnung von ϱ_A zu denjenigen effektiven Tagen erfolgt, bei denen nach erfolgter Änderung Δc_B die der Rechnung zugrunde gelegte Normstellung der Regelorgane wieder erreicht wird. Über den Endwert am Ende einer Kampagne kann man dann auch die Reaktivitätsreserve am Kampagnebeginn bestimmen:

$$\varrho_R(t_{\text{eff}} = 0) = -\varrho_A \text{ (Ende der Kampagne)} \,.$$

Mit diesem Anfangswert ist dann auch der Verlauf gegeben:

$$\varrho_R(t_{\text{eff}}) = -\big(\varrho_A \text{ (Ende der Kamp.)} - \varrho_A(t_{\text{eff}})\big) \,.$$

Meistens interessiert dieser Wert für die operative Betriebsführung aber schon während der Kampagne. In diesem Fall muß man den Kompromiß eingehen und für $-\varrho_A$ (Ende der Kamp.) den Rechenwert von $\varrho_R(0)$ einsetzen.

Zur Vergleichbarkeit des ermittelten Wertes $\varrho_R(t_{\text{eff}})$ mit Rechenwerten sei hier der Hinweis gegeben, daß ϱ_R in der Rechnung so ermittelt wird, daß man bei dem zur entsprechenden t_{eff} gegebenen Abbrandzustand die die Reserve kompensierenden Absorber entfernt und den Reaktivitätshub berechnet.

Ein weiteres Beispiel stellt die in 5.3.1. genannte Messung der Vergiftung dar. Die dort benötigten Absorberwirksamkeiten werden mittels Störungsmessungen ermittelt. Man muß jedoch darauf achten, daß man in den ersten Stunden nach der Laständerung, wo sich die Vergiftung sehr stark ändert, genügend und sichere Meßergebnisse erhält, da der Reaktor besonders dort nicht stabil bleibt. Da die Reaktivitätsdrift von vornherein vorhanden ist, sollte man sie im Reaktivitätsmodell von ϱ_a (5.3.4) berücksichtigen. Durch die Messung erhält man eine Stabkurve $\alpha_h(h)$, in der die Änderung der Vergiftung und ihrer Verteilung berücksichtigt ist. Die Berücksichtigung einer Vergiftungsänderung und der ihrer Verteilung in einer analogen Rechnung für $\alpha_h(h)$ wird im allgemeinen für zu aufwendig gehalten, so daß die Meßmethodik — natürlich unter Beachtung der in Kap. 5.3.2. gemachten Einschränkungen — größere Vorteile gegenüber den reinen statischen Methoden (s. 5.3.1.3.) bietet. In Bild 5.3.7 ist das Ergebnis einer solchen Messung dargestellt.

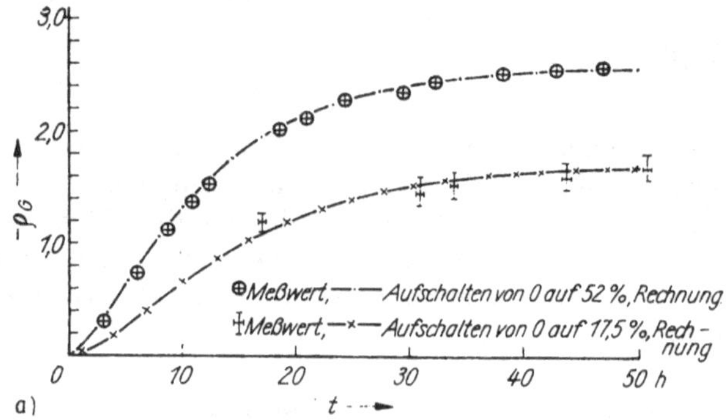

Bild 5.3.7a
Aufbau der stationären Xenonvergiftung bei verschiedenen Leistungsstufen, nach [37]

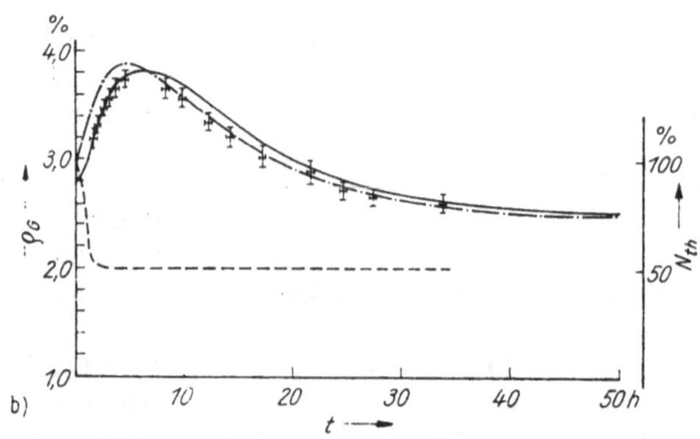

Bild 5.3.7.b
Vergiftungsänderung beim Abschalten der Reaktorleistung von 100% auf 50%, nach [37].
——— Abschalten von 100 auf 50% Leistung, Rechnung entsprechend Leistungsverlauf; — — — N_{th} Reaktorleistung —·—·— Abschalten von 100 auf 50% Leistung (Flußverteilung 100%), Rechnung für promptes Abschalten

5.3.4. Übertragbarkeit der Ergebnisse

Absorberkassetten- oder Stabwirksamkeiten. Vergleiche haben gezeigt, daß die Stabwirksamkeiten bei 100% Leistung größere Unterschiede zu denen bei Nulleistung und sonst gleichen Bedingungen berechneten aufweisen. In der Regel ist das Maximum der Wirksamkeiten bei Leistung breiter und flacher als das bei Nulleistung. Erste Messungen dazu scheinen diese Tendenz zu bestätigen. Dagegen treten diese Unterschiede im Gesamtreaktivitätsgewicht aller und auch einzelner Gruppen nicht in diesem Maße zutage. In erster Linie wird man die o. g. Tendenz auf die Verteilung der Vergiftung bei Leistung im Unterschied zu der bei Nullast zurückführen können. Die höhere Vergiftungskonzentration im Spaltzonenkern führt zu einem anderen Verhältnis der Absorptionsquerschnitte als bei Nulleistung, wo die möglicherweise vorhandenen Reste der Vergiftung im wesentlichen als gleichmäßig verteilt angesehen werden.

Aus dem Gesagten wird deutlich, daß eine einfache Übertragbarkeit der Ergebnisse vom Leistungsbereich in den Nullastbereich nicht möglich bzw. nur beschränkt möglich ist. Bild 5.3.8 veranschaulicht noch einmal die Situation.

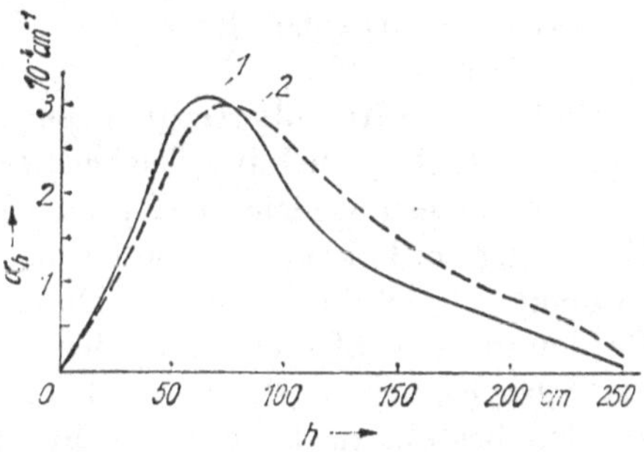

Bild 5.3.8
Wirksamkeit der Regelstabgruppe K2 des WWER-2 am Anfang einer Kampagne (berechnet)
1: $P_{th} \approx 0$, $c_B = 0$, $T_M = 256$ °C
2: $P_{th} = 100\%$, $c_B = 0$, $T_M = 256$ °C

Borsäure- und Temperatureffekt. Experimentelle Aussagen mit einer guten Sicherheit sind über die Übertragbarkeit dieser Effekte bisher nicht veröffentlicht worden, so daß es hier nicht angebracht ist, eine tiefere Darstellung der Problematik zu machen. Wir wollen hier lediglich das Ergebnis theoretischer Überlegungen angeben. Danach gibt es bezüglich des Borsäurekoeffizienten keinen Unterschied zwischen der Nulleistungs- und Leistungskenngröße. Geringe Verschiebungen des Neutronenspektrums und die Anwesenheit der für den Leistungsbetrieb typischen Reaktorgifte, die das Verhältnis der Absorptionsquerschnitte verändern, führen gegenüber dem großen Absorptionsvermögen der Borsäure im Moderator zu keinen merklichen Veränderungen. Rechnungen bestätigen das.

Beim Moderatortemperaturkoeffizienten dürfte es nach ähnlichen Überlegungen ebenfalls keine oder nur geringe Änderungen geben. Hier wollen wir darüber hinaus noch darauf hinweisen, daß der Vergleich einer genauen Betrachtung der Struktur des Koeffizienten bedarf. Da durch die Messungen bei Nulleistung wie auch bei Leistung α_M und α_B nicht getrennt zu ermitteln sind, hat man bei Nullast stillschweigend vereinbart, daß als Moderatortemperatureffekt $\Delta\varrho_M/\Delta T_M$ der gesamte Effekt unter der Voraussetzung $T_B = T_M$ bezeichnet wird, da ursächlich die Moderatortemperatur geändert und die Reaktivitätsänderung auf diese Temperaturänderung bezogen wird. Damit ist aber der als Leistungseffekt bezeichnete Doppleranteil genaugenommen das Reaktivitätsäquivalent der über den Wert von T_M hinausgehenden Brennstofftemperaturänderung. Nimmt man im Leistungsbetrieb eine Änderung der Moderatortemperatur vor, so ist die von der Messung her sinnvollste Vergleichsgröße zum Nullastbereich die Reaktivitätsänderung, die der Änderung ΔT_M der Moderator- und der zwangsläufig damit verbundenen Änderung der Brennstofftemperatur bei konstanter Leistung entspricht. Welche Unterschiede ergeben sich?

Ändert sich T_B infolge veränderter Wärmeübertragung bei Leistung anders als T_M, so kann das entsprechende ΔT_B auch bei gleicher Leistung anders als ΔT_M sein. Bei Nullast war die Änderung gleich ($\Delta T_B = \Delta T_M$). Da aber die Abweichungen bei den Messungen im Leistungsbetrieb wenige K betragen — T_M ändert sich nur um wenige K(< 8 K) — und der Dopplerkoeffizient α_B ($-10^{-5}\,\mathrm{K}^{-1}$) etwa eine Größenordnung kleiner ist als der Moderatortemperaturkoeffizient α_M ($10^{-4}\,\mathrm{K}^{-1}$ bei $c_B < 5$ g/kg), ist ein Vergleich gerechtfertigt. Ein weiterer Unterschied besteht darin, daß die Brennstofftemperaturänderung bei einer wesentlich höheren Temperatur T_B erfolgt als die analoge im Nullastbereich ($T_B = T_M$) und bezüglich des Doppleranteiles an α_M eine geringere Wirkung erzeugt. Insgesamt ist also eine, wenn auch geringe und für den Vergleich unwesentliche sowie meßtechnisch kaum nachweisbare, Verringerung von α_M zu erwarten.

5.4. Meßtechnik

In diesem Abschnitt wird ein kurzer Überblick über die Meßtechnik gegeben, die bei reaktorphysikalischen Messungen an Leistungsreaktoren im Nullleistungs- und im Leistungsbereich allgemein verwendet wird. Besonders wird dabei auf nukleare Meßkanäle und die Meßwerterfassung eingegangen, wobei jedoch nur out-core-Systeme betrachtet werden. Einige Varianten der Auswertung mit EDVA werden diskutiert.

Dieser Überblick ergänzt und rundet die in diesem Buch behandelte Problematik ab und soll nicht die überaus zahlreiche, ausführliche und spezielle Literatur hierzu ersetzen.

5.4.1. Nukleare Meßtechnik

Bei der Instrumentierung in Kernkraftwerken unterscheidet man zwischen konventionellen, wie Druck, Temperatur, Durchfluß, und nuklearen Meßkanälen, wie Neutronenfluß und Reaktorperiode.

Die Meßgröße, die Informationen über den Verlauf der Kettenreaktion liefert, ist der Neutronenfluß $\Phi(t)$, d. h. die Zahl der durch die Flächeneinheit je Sekunde hindurchtretenden Neutronen. Sie ist für die Überwachung des reaktorphysikalischen Verhaltens eines Leistungsreaktors unentbehrlich und bildet die wichtigste Eingangsgröße für das nukleare Sicherheitssystem des Reaktors.

Es hat sich ein für alle Reaktortypen in gleicher Weise notwendiger Meßkanalaufbau, bestehend aus Neutronendetektor, elektronischem Verstärker, Anzeige- bzw. Registriergeräten einschließlich der hochabgeschirmten Kabel zur Signalfortleitung durchgesetzt (Bild 5.4.1).

Die Detektoren befinden sich in den projektmäßigen Meßkanälen des Ringwasserbehälters, der das Druckgefäß umgibt (Bild 5.4.2). Die vertikale Position der Detektoren ist meist über eine Bewegungsvorrichtung längs der gesamten Spaltzone verstellbar. Die Stromversorgung erfolgt mit Hoch-

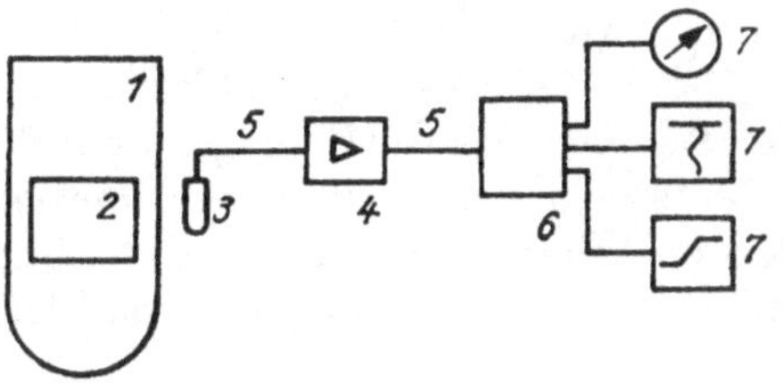

Bild 5.4.1
Schema eines nuklearen Meßkanals
1: Reaktor, 2: Spaltzone, 3: Detektor, 4: elektronischer Verstärker, 5: Signalkabel, 6: Meßelektronik, 7: Registrierung (Galvanometer, Schreiber, Grenzwertmelder u. a.)

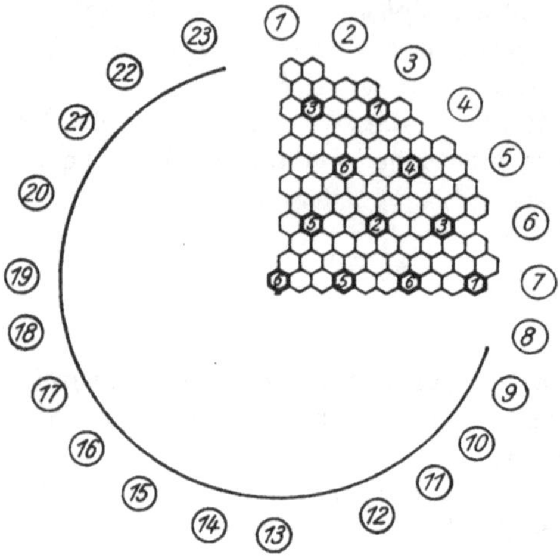

Bild 5.4.2
Anordnung der I-Kammerschutzrohre am WWER-440 (Übersicht)

spannungsnetzgeräten bzw. Spezialbatterien. Exakte Messungen bei den zur Verfügung stehenden Strömen von 10^{-7} bis 10^{-6} A sind möglich durch

— Isolierung der Detektoren gegenüber der Metallwand der Schutzrohre,
— Erdung der Gehäuse aller Meßgeräte,
— Zusammenführung der Abschirmungen und Erdungen in einem Punkt und
— sorgfältige Verlegung der hochabgeschirmten Signalkabel.

Für den Einsatz an Leistungsreaktoren haben sich wegen der besonderen thermischen, mechanischen und nuklearen Bedingungen aus der Vielzahl der zum Nachweis der Kettenreaktion verwendeten Detektortypen nur einige als brauchbar erwiesen. Die Detektoren sind im allgemeinen wie folgt aufgebaut:

Die Innenseite der meist zylinderförmigen Neutronendetektoren ist in der Regel mit einer Bor- bzw. ^{235}U-Schicht ausgekleidet. Sie sind mit einem Gas, z. B. He, BF_3, gefüllt. In der Schicht oder Gasfüllung führen die Neutronen zu Kernreaktionen und die entstehenden Kernteilchen ionisieren das Gas. Mit der zwischen den Elektroden anliegenden hohen Gleichspannung von ca. 500 V werden die Ionen und Elektronen getrennt und der Elektronenstrom bzw. der Elektronenimpuls fortgeleitet.

An den Reaktoren des Typs WWER werden Ionisationskammern der Bauart KNK-56 für den Anfahrbereich, KNK-53 und KNK-57M für den Leistungsbereich eingesetzt. Diese Kammern sind gegenüber dem γ-Untergrund kompensierbar. Für einige spezielle Meßaufgaben — besonders zum Anfahren des Reaktors — werden auch Zählrohre des Typs SNM-11 eingesetzt. Spaltkammern des Typs RJ-1000, die zu einem Meßkanalsystem ILR-5 gehören, gestatten empfindliche Messungen in allen Betriebszuständen des Reaktors, d. h. sowohl im Anfahr- als auch im Leistungsbereich. Da auf Grund des technischen Fortschritts auch die Detektoren weiterentwickelt werden, soll die hier angegebene Beschreibung eine Vorstellung über Größenordnungen vermitteln und allgemeine Zusammenhänge erkennen lassen. Dazu einige technische Daten:

KNK-56: γ-kompensierbare Strom-Ionisationskammer

Empfindlichkeit:	$\approx 10^{-12}$ A/nv
Meßbereich:	10^{-12} A $< I <$ 10^{-7} A
Länge:	(750 ± 5) mm
Durchmesser:	(50 ± 1) mm
Länge des aktiven Volumens:	$(525 \pm 1{,}5)$ mm
Füllung:	BF_3

KNK-53: γ-kompensierbare Strom-Ionisationskammer

Empfindlichkeit:	$4 \cdot 10^{-14}$ A/nv
Meßbereich:	10^{-8} A $< I < 2 \cdot 10^{-4}$ A
Länge:	578 mm
Durchmesser:	50 mm
Länge des aktiven Volumens:	500 mm
Füllung:	BF_3

RJ-1000: γ-kompensierbare Strom- und Impulskammer

Empfindlichkeit:	im Impulsbereich 0,7 Imp/n_{th}v im Strombereich 10^{-13} A/n_{th}v
Meßbereich:	im Impulsbetrieb 0,51 Imp/s $\leqq Z \leqq 10^3$ Imp/s im Strombetrieb 10^{-11} A $\leqq I \leqq 10^{-3}$ A
Länge:	361 mm
Durchmesser:	50 mm
Länge des aktiven Volumens:	285 mm
Füllung:	^{235}U-Beschichtung (90% angereichert); Argon + 2% Stickstoff.

Da die im Reaktor entstehende Spaltprodukt-γ-Strahlung den durch die Neutronenreaktion entstehenden Kammerstrom verfälscht, werden die Detektoren γ-kompensiert. Der Vorgang dabei ist folgender: Die I-Kammer besteht aus zwei separaten Teilkammern, die elektrisch gegeneinander geschaltet sind. Die eine Teilkammer ist meist mit Krypton gefüllt und registriert nur die auftreffende γ-Strahlung, die andere Teilkammer hat den geschilderten Aufbau und registriert die γ- und Neutronenstrahlung. Die Differenz der in den Teilkammern entstandenen Ströme ergibt bei richtig vorgenommener Kompensation den gesuchten Kammerstrom des Neutronenflusses.

In einem Leistungsreaktor erstreckt sich der Neutronenflußbereich von der Anfahr- bis zur Nennleistung über 10 bis 12 Dekaden. Um diesen großen Bereich lückenlos erfassen zu können, werden i. allg. unterschiedliche Detektortypen und Meßverstärker eingesetzt.

Es ist üblich, den großen Bereich in drei sich überlappende Bereiche einzuteilen: Anfahr-, Zwischen- und Leistungsbereich (Bild 5.4.3).

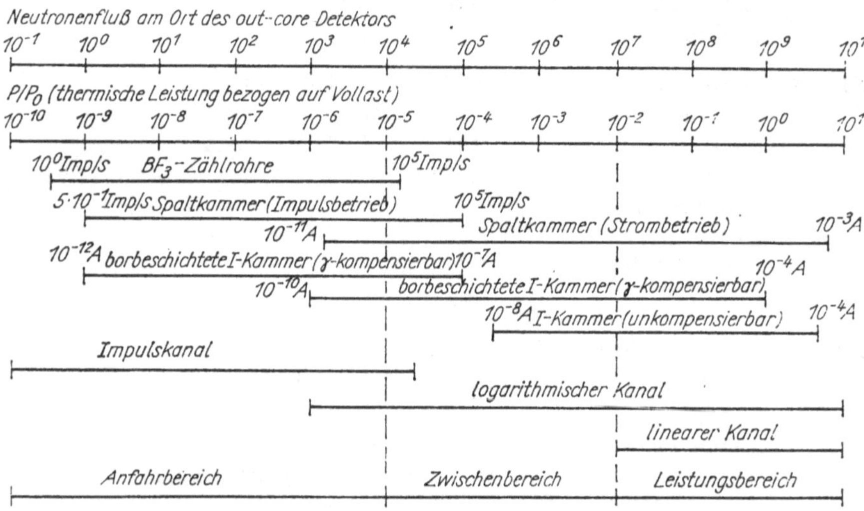

Bild 5.4.3
Meßbereiche der nuklearen Meßkanäle zur Neutronenflußmessung

Im *Anfahrbereich* (10^0 bis 10^7 Neutronen/cm^2 s) wird der Neutronenfluß mit Zählrohren bzw. Spaltkammern im Impulsbetrieb erfaßt. Die Empfindlichkeit der Detektoren liegt grob bei 0,04 bis 4 Imp/nv.

Im *Zwischenbereich* (10^7 bis 10^{10} Neutronen/cm^2 s) werden hauptsächlich Neutronenionisationskammern meist im Gleichstrombetrieb eingesetzt. Die Empfindlichkeit der *I*-Kammern liegt für thermische Neutronen bei 10^{-12} bis 10^{-14} A/nv.

Im *Leistungsbereich* (10^{10} bis max. 10^{14} Neutronen/cm^2 s) werden ebenfalls I-Kammern eingesetzt. Eine γ-Kompensation ist wegen des großen Neutronenflusses für die Betriebsüberwachung nicht unbedingt notwendig, jedoch für Experimente sicherlich zweckmäßig. Die Empfindlichkeit liegt bei 10^{-14} A/nv.

Die Detektoren des Anfahr- und Zwischenbereiches sind mittels Bewegungsvorrichtung in der Höhe verstellbar, um sie vor Überlastung zu schützen; die Detektoren für den Leistungsbereich sind in der Regel nahe der Oberkante der Spaltzone angebracht und nicht verstellbar.

Das Detektorsignal wird meist mittels im Reaktorbereich strahlenresistenter, d. h. oft keramisch isolierter und gegen elektromagnetische Störungen hoch abgeschirmter Kabel, auf Galvanometer und/oder Schreiber gegeben. Bei reaktorphysikalischen Messungen kommen vorrangig elektronische Schreiber zum Einsatz; als Detektoren werden für den gesamten Neutronenflußbereich an den Reaktoren WWER meist I-Kammern KNK-56 bzw. KNK-53 eingesetzt. Sie sind in der Höhe verstellbar.

5.4.2. Einige meßtechnische Probleme bei der Anwendung nuklearer Meßkanäle für reaktorphysikalische Messungen

Die Messung des Neutronenflusses wird am Leistungsreaktor erschwert durch
- den hohen Untergrund an Spaltprodukt-γ-Strahlung,
- die Abmessungen der Spaltzone, da die Spaltzone ein Vielfaches der kritischen Masse an Spaltmaterial enthält und damit sowohl hinsichtlich der Detektoreffektivität als auch ortsabhängiger Meßergebnisse Probleme aufwirft,
- die Lage der Detektoren außerhalb des Reaktordruckgefäßes und
- die Einstreuung elektromagnetischer Störungen in den Meßkanal.

Um ein befriedigendes Ergebnis zu erhalten, muß der gemessene Neutronenfluß der thermischen Reaktorleistung auch dann proportional sein, wenn die Absorberstäbe bewegt werden und sich dadurch das örtliche Neutronenflußprofil verschiebt. Das ist wegen der großen Abmessungen der Leistungsreaktoren schwer realisierbar und macht die Interpretation von Meßwerten (-ergebnissen) problematisch.

Die fehlerfreie Neutronendetektion ist die Grundvoraussetzung jeder Reaktivitätsmessung. Daraus folgt als Problem die richtige γ-Diskriminierung und als Forderung an einen Detektor
- die hohe Untergrundunterdrückung (Faktor 10^7 bis 10^{10}), um den Fehler der Flußmessung, der hauptsächlich durch die intensive γ-Strahlung der Spaltprodukte verursacht wird, in Grenzen zu halten,

— eine hohe Effektivität des Detektors bezüglich der im Reaktor stattfindenden Spaltungen,
— die Standfestigkeit gegenüber hohen γ-Flüssen bis zu Dosisleistungen 10^{-2} A/kg bis 1 A/kg,
— die Standfestigkeit gegenüber kurzzeitig hohen Neutronenflußspitzen und Umgebungstemperaturen und
— geringer Platzbedarf.

Um der Forderung einer optimalen γ-Kompensation zu genügen, sollte der nukleare Meßkanal mit einer automatischen γ-Intensitätsnachstellung ausgerüstet sein, da die γ-Strahlung sich stets mit dem Leistungsniveau verändert. Die andere Möglichkeit, die Messung mit unkompensierten I-Kammern, ist bezüglich der Ermittlung von Reaktivitäten nicht untersucht worden.

Um ein einwandfreies Signal registrieren zu können, müssen alle Forderungen an einen fachgerechten, elektronisch sauberen Meßkanalaufbau erfüllt sein. Zwei eingangs schon erwähnte Hauptkriterien sind:
— Realisierung einwandfreier Erdung aller zur Messung verwendeten Geräte und
— Verhinderung der Einstreuung parasitärer elektromagnetischer Störfelder in die Signalkabel.

Die Realisierung dieser Forderung kann erfolgen durch
1. Anschluß aller Meßsysteme (nuklearer Meßkanal, Meßwerterfassungssysteme) an eine separate Meßerde, an die niemals ein Betriebsmeßgerät o. a. angeschlossen werden darf,
2. Speisung der Meßsysteme über Trennverstärker oder Batterien,
3. Betreiben der Meßsysteme im System „erdfrei“, was jedoch kaum aus arbeitsschutztechnischen Gründen realisiert werden kann,
4. Abschirmung der Detektoren gegenüber metallischer Fremdberührung,
5. Verlegen der Signalkabel in separaten, abgeschirmten und geerdeten Rohren, die überdies nicht neben Stromkabel betrieblicher Aggregate verlegt werden, und
6. Filterung von Speise- und Signalspannungen.

5.4.3. Meßwerterfassung

Die Entwicklung der Kernenergetik und damit die zunehmende Verfeinerung der Aufgabenstellungen auf experimentellem Gebiet macht eine Ablösung der herkömmlichen Meßtechnik durch leistungsfähigere Meß- und Auswertemethoden auf der Basis der elektronischen Rechentechnik erforderlich. Daher verläuft die Entwicklung der Meß- und Auswertemethoden nicht unabhängig von der Entwicklung der EDVA und Meßelektronik. In den letzten Jahren hat sich stark die Peripherie der nuklearen und konventionellen Meßkanäle verändert und sich dementsprechend auch die Verarbeitung der Meßdaten von der manuellen Auswertung zur Verwendung von Klein-, Groß- und Prozeßrechnern hingewandt. Das entspricht einerseits einfach dem Erfordernis nach Reduzierung der manuellen Arbeit bei der Auswertung und der Verkürzung der Zeit für die Auswertung, andererseits hat die Entwicklung der Meßmethoden auch zu solchen Verfahren geführt, die den Einsatz von EDVA unumgänglich machen. Ungeachtet dessen werden aber nach wie vor alle o. g. Stufen der Entwicklung mit gleicher Berechtigung nebeneinander weiter bestehen.

5.4.3.1. Reaktivitätsmesser

Als erstes Gerät dieser Zielstellung wurde der Reaktivitätsmesser entwickelt. Er ist ein spezieller Analogrechner, der aus einem Neutronendetektorsignal mittels der elektronisch simulierten punktkinetischen Gleichungen (s. Kap. 4.4.) die momentane Reaktivität des Reaktor berechnet. Die Berechnung der Reaktivität in der Einheit Dollar erfolgt nach der Gleichung

$$\varrho = \frac{\Delta k}{k \cdot \beta} = 1 - \frac{1}{u(t)} \left\{ \sum_{j=1}^{6} \lambda_j \beta_j \, \mathrm{e}^{-\lambda_j t} \int_{-\infty}^{t} u(t') \, \mathrm{e}^{\lambda_j t'} \, \mathrm{d}t' + u_s^*(t) \right\}, \quad (5.4.1)$$

wobei $u(t)$ die Ausgangsspannung des Eingangsteils, $u_s^*(t)$ die Spannung zur Berücksichtigung des Einflusses externer Neutronenquellen und β_j, λ_j die Konstanten der Gruppen verzögerter Neutronen sind. Die Reaktivität wird also in Form einer Spannungsänderung, die der Neutronendichte proportional ist, ermittelt. Der Reaktivitätsmesser hat neben dem elektronischen Rechenteil, das als passives Netzwerk einschließlich einiger Rechenverstärker Gleichung (5.4.1) nachbildet, noch andere elektronische Baugruppen, die der internen Störungsüberwachung, der Meßbereichsüberwachung, der Fortleitung der Signale für Anschlußgeräte und ggf. der Digitalisierung der Signale dienen.

5.4.3.2. Meßwertlochersysteme

Der zunehmende Einsatz von EDVA für die Auswertung reaktorphysikalischer Experimente führte zwangsläufig auch zu einer Umstellung in der Datenbereitstellung und -sicherung bei Messungen. Der einfachste digitale

Meßwertspeicher ist hierfür das Lochband (bzw. die Lochkarte), das mittels Meßwertlochersystem hergestellt wird.

Das Lochersystem besteht aus einer Ansteuereinheit, in der auch der gewünschte Lochbandcode programmiert werden kann, und einem Lochbandstanzer.

5.4.3.3. Automatisches Meßwerterfassungssystem (AMS)

Das AMS hat die Aufgabe, die benötigten Meßstellen in vorgegebener Reihenfolge abzufragen und die anliegenden Meßwerte entweder mittels Lochersystem auf Lochband zu speichern oder in die Speichereinheit eines angeschlossenen Rechners (Kleinsteuerrechner, Prozeßrechner o. ä.) abzugeben. Das AMS besteht aus den Hauptteilen Meßstellenschalter, Digitaluhr, Stromversorgung, Analog- und Digitalteil, Ausgabeeinheit. Mit dem Meßstellenschalter werden die Meßstellen in versuchsspezifischen Zyklen abgefragt, gesteuert wird er von der Digitaluhr, die als Taktgeber fungiert. Digitale und analoge Meßstellen geben ihre Signale über Eingangsbuchsen in den Digital- bzw. Analogteil ein. Im Analogteil findet eine A/D-Konversion statt.

5.4.3.4. Prozeßrechner

Prozeßrechner stellen entsprechend ihrer Leistungsfähigkeit eine höhere Stufe der Meßwerterfassung und gleichzeitigen -verarbeitung dar. Die in 5.4.3.1. bis 5.4.3.3. beschriebenen Gerätesysteme sind meist in das Prozeßrechnersystem integriert. Das Prozeßrechnersystem dient der Signalerfassung, -verarbeitung und -protokollierung und in fortgeschrittener Form zur automatischen Regelung wichtiger Prozeßgrößen.

Die Entwicklung umreißt V. K. Kalasnikov in [45] in etwa so: „Der Trend vom reinen informationserfassenden System bis hin zum prozeßsteuernden ist völlig gesetzmäßig und notwendig“. Jedoch sind die Vorteile der Prozeßrechner (und in der fortgeschrittensten Form das Mikroprozessorsystem), wie schnelle Verarbeitung einer Vielzahl von Signalen, Meßwertverdichtung, Berechnung nicht direkt meßbarer Größen, Ermittlung von Reaktivitätskoeffizienten und Prozeßmodellen, Grenzwertsignalisation u. v. a. m., nur ausnutzbar bei hochentwickelten und stabilen Meßkanälen und Automatisierung des Prozesses.

5.4.4. Meßtechnik für reaktorphysikalische Meßmethoden

In diesem Abschnitt wird eine Zusammenstellung der Meßgeräte angegeben, wie sie für die einzelnen Meßmethoden i. allg. am günstigsten ist. Bild 5.4.4 zeigt das Gesamtschema des Aufbaus des Systems „Meßtechnik" im Rahmen reaktorphysikalischer Messungen.

(1) Dynamische Messungen

Die nukleare Meßwerterfassung bei der dynamischen Reaktivitätsmessung kann nach zwei Varianten erfolgen:

1. Variante

Detektor → Reaktivitätsmesser → Schreiber → manuelle Auswertung

2. Variante

Detektor [→ Reaktivitätsmesser / ——→] AMS → [Lochersystem / Prozeßrechner] → {externer Rechner}

Die einfachste und auch für die Betriebsbelange ausreichende Meßlinie ist die entsprechend Variante 1. Sie erfordert aber ein hohes Maß an manueller Tätigkeit, um die Messung auszuwerten. Die Variante 2 ist ungleich eleganter, dafür bedeutend kostspieliger, und man kommt auch hier nicht völlig ohne manuelle Tätigkeit aus.

(2) Stabfallmessungen

Wegen der aufwendigen Auswertmodelle ist in der Regel die maschinelle Auswertung der in Punkt (1) genannten Variante 2 notwendig.

(3) Messungen im Leistungsbereich

Auch hier wird im allgemeinen die Variante 2 aus (1) praktiziert. Die Messungen nach der Methode „Störungsmessungen" sind infolge der kurzen Meßzeit und des komplizierten Optimierungsmodelles ohne maschinelle Meßwerterfassung und -auswertung nicht denkbar, d. h. ein Kleinsteuerrechner bzw. Prozeßrechner ist unbedingt notwendig (s. auch Kap. 5.3.2.).

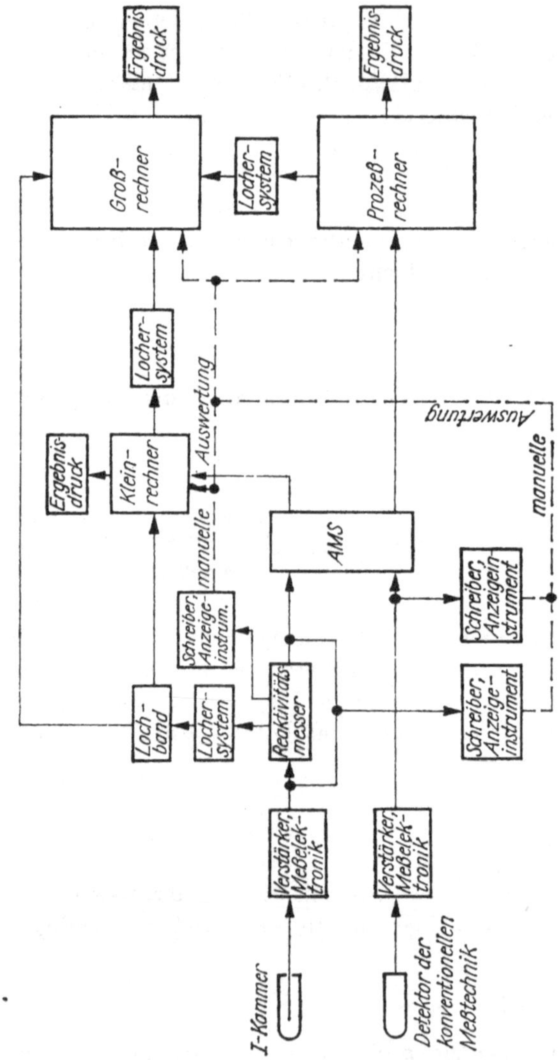

Bild 5.4.4
Schema der Meßwerterfassung und -auswertung reaktorphysikalischer Experimente

5.5. Probleme der Meßfehler und des Vergleiches mit der Theorie

In den vorangegangenen Abschnitten wurden die Meßmethoden, die Meßprogramme und die Meßtechnik für reaktorphysikalische Experimente an Leistungsreaktoren vorgestellt. Da jedoch alle Meßwerte mit Meßfehlern behaftet sind, ist es nötig, sich bei jeder Messung den Meßwerten hinsichtlich ihrer Ungenauigkeit und Unsicherheit kritisch gegenüberzustellen.

Die Genauigkeit des Meßergebnisses einer reaktorphysikalischen Kenngröße bzw. eines wichtigen Reaktorparameters interessiert den Betreiber von KKW ebenso wie den auf dem Gebiet der theoretischen Reaktorphysik arbeitenden Wissenschaftler, insbesondere den an entsprechenden Modellen über das Verhalten des Reaktors arbeitenden Theoretiker.

Es wird ein Überblick über den derzeitigen Stand und die anzutreffenden Ansichten gegeben und die Frage nach der erforderlichen Genauigkeit der Messung und der rechnerischen Vorhersage diskutiert. Dieser Abschnitt kann die Problematik Genauigkeitsanforderungen und Probleme der Vergleichbarkeit experimenteller mit berechneten Erebnissen besonders im Nullleistungsbereich nicht erschöpfend behandeln, jedoch zur Diskussion darüber beitragen.

5.5.1. Gültigkeit der Meßergebnisse

Die Ergebnisse reaktorphysikalischer Experimente stellen im Rahmen der Meßgenauigkeit ein Abbild der ablaufenden Prozesse im Reaktor dar. Von Nachteil ist dabei, daß die Experimente nur bei bestimmten, festgelegten Parameterkombinationen, die von der vorliegenden Spaltzonenzusammensetzung fixiert sind, durchgeführt werden können. Das wird deutlich anhand des [48] entnommenen Beispiels, das gleichlautende Aussagen anderer Autoren vertritt: „Die Reaktivität eines Reaktors ist als globale, über sein gesamtes Volumen gemittelte Größe definiert; trotzdem ist die reaktivitätsbezogene Wirkung von Steuerabsorbern oder Experimenten auf das gesamte System sowohl durch ihren eigenen Absorptionsquerschnitt bestimmt, als auch durch Grad und Form der Umbauung mit Spaltstoff, Moderator, Reflektor und Absorbern".

Mithin wird die Wirksamkeit eines Absorberstabes von der Stellung der übrigen Stäbe, von den jeweiligen Temperaturen des Brennstoffes und des Moderators und anderen Reaktorparametern, wie Druck, Borsäurekonzentration, Vergiftung abhängen. Die Wirksamkeit gilt also streng nur für den während der Messung vorhandenen Reaktorzustand, der folglich zu näheren

Charakterisierung eines Meßergebnisses umfassend mit beschrieben werden muß:

Eine bei Nulleistung und unvergiftetem Reaktor gemessene Wirksamkeitskurve gilt bei und nach längerem Leistungsbetrieb allenfalls qualitativ, jedoch nicht mehr quantitativ. Das gilt besonders für Spaltzonen, die aus frischen und teilweise abgebrannten Brennelementen und Absorberstäben gemischt aufgebaut sind, sowohl in einer Kampagne, von Kampagne zu Kampagne als auch im Vergleich zur Erstinbetriebnahme des Reaktors.

Dieses Beispiel der Gültigkeit von Absorberstabwirksamkeiten gilt sinngemäß auch für andere reaktorphysikalische Kenngrößen.

Man kann also kein vollständiges Spektrum der Effekte über den gesamten interessierenden Parameterbereich erhalten, da die sonst meist notwendige gleichzeitige Änderung mehrerer Parameter zu kaum mehr separierbarer Überlagerung verschiedener Abhängigkeiten der Kenngrößen führt. Einen vollständigen Satz kann nur die Rechnung liefern, so daß eine umfassende Übersicht über das Verhalten der Spaltzone bei der Inbetriebnahme, während des Betriebs und zum Nachweis der Sicherheit gegeben ist.

Die Anzahl notwendiger Experimente zur Stützung der Rechenwerte hängt von der Genauigkeit der Rechnung ab, die Genauigkeit wiederum kann nur durch die experimentellen Daten nachgewiesen werden.

5.5.2. Übersicht zum Problem der Genauigkeit reaktorphysikalischer Kenngrößen

Der Betreiber von Kernkraftwerken wird an die Kenngrößen, die das Reaktivitätsverhalten der Spaltzone bestimmen, prinzipiell die Forderung stellen, daß die gesamte betrieblich interessierende Reaktivitätsbilanz genügend genau berechnet werden kann. Er wird eine solche Genauigkeit fordern, daß die Kenngrößen mit möglichst geringem Aufwand bestimmt werden können, jedoch die Reaktorsicherheit während der Kampagne gewährleistet ist und das Kraftwerk wirtschaftlich betrieben werden kann. Sobald der Genauigkeitsgrad einer Messung nur auf Kosten der Auslastung des Kraftwerkes erhöht werden kann, wird der Kosten-Nutzen-Vergleich besonders wichtig.

Um die notwendige Genauigkeit zu ermitteln, müssen drei betriebliche Aspekte berücksichtigt werden:

(1) Sicherheit der Anlage in geplanten und allen außerplanmäßigen Situationen.

(2) Ökonomischer Betrieb der Anlage in stationären und instationären Zuständen.

(3) Planbarkeit (Berechenbarkeit) des zeitlichen Parameterverlaufes bei Abweichungen vom Normalbetrieb.

Die höchste Priorität hat die nukleare Sicherheit der Anlage:

(1) Der Reaktor muß sicher aus dem unterkritischen Zustand angefahren werden. So muß die Genauigkeit des vorausgesagten kritischen Parameters beim Anfahren (z.B. nach einer Havarieabschaltung) einem Reaktivitätswert entsprechen, der im ungünstigsten Fall noch innerhalb des Anfahrintervalls liegt bzw. bei dem die Betriebsinstrumentierung einen sicher kontrollierbaren Reaktor anzeigt.
(Das Anfahrintervall entspricht einem Reaktivitäts-Sicherheitszuschlag, um den der Reaktor früher kritisch werden kann, als in der Bilanzrechnung ermittelt wird.)

(2) Der Reaktor muß sicher abgeschaltet werden können (z.B. muß der Leistungseffekt kompensiert werden können) und er muß sicher unterkritisch bleiben.

Der ökonomische Betrieb der Anlage ordnet sich dieser Maxime unter, hat aber bei Einhaltung der genannten Forderungen nicht minder großes Gewicht. Fragen der Ökonomie sind:

(1) Die ,,Ökonomie der Laständerung", d. h. die Planbarkeit des Parameterverlaufes bei Lastwechsel und unvorhergesehenen Ereignissen, die sich darin äußert, daß die kritischen Parameter bei Laständerungen so genau vorausgesagt werden, daß möglichst nur geringe Borsäurekonzentrationsänderungen nötig und die laut Betriebsvorschrift zulässigen Stabstellungen eingehalten werden.

(2) Die Planbarkeit der Kampagnedauer bzw. des Brennstoffeinsatzes pro Kampagne.

(3) Die Frage nach der Größe der jederzeit bereitstellbaren Reaktorleistung, u. a. deren Planbarkeit in der Abbrandverlängerung, die nur so genau sein kann, wie die Kenngrößen bekannt sind.

(4) Überlastfahrweise.

Wichtig zur Beurteilung der Sicherheit und Ökonomie ist die Kenntnis der Reaktivitätsbilanz des Reaktors. Nicht die Genauigkeit einer reaktorphysikalischen Kenngröße ist in jedem Fall entscheidend, sondern deren Einfluß auf die Reaktivitätsbilanz. Ein Reaktivitätseffekt, der im Vergleich zu einem anderen sehr klein ist, hat auch dann noch einen geringen Einfluß auf die Reaktivitätsbilanz, wenn er nur mit großem Fehler angegegeben werden kann. Aus der Analyse der o. g. betrieblichen Probleme wurde ein Vorschlag für die erforderliche Genauigkeit reaktorphysikalischer Kenngrößen abgeleitet, der in Tab. 5.5.1 dargestellt ist.

Der Entwickler von Rechenprogrammen muß sich an diesen Genauigkeiten orientieren, wenn er die komplexen Abbrandrechenprogramme mit

Tabelle 5.5.1:

Forderungen an die Genauigkeit reaktorphysikalischer Kenngrößen (Auszüge, Stand 1978)

Kenngröße bzw. Parameter	zugelassene Fehler bzw. Reaktivitätsabweichungen		
	Nulleistungsbereich		Leistungsbereich
	$T_M = 100$ °C	$T_M = 260$ °C	$T_M \approx 280$ °C
integrale Absorberstabwirks.	±20%	±10%	±20%
Borsäurekoeffizient	±10%	±10%	±10%
Temperaturkoeffizient	±20%	±10%	±20%
Leistungskoeffizient	—	—	±10%
Xenonvergiftung	±10%	±10%	±10%
Unterkritizität	±0,02 Reaktivität	± 0,02 Reaktivität	—
Reaktivitätsreserve	±0,02 Reaktivität	±0,015 Reaktivität	—
Kampagnenlänge	—	—	±5%
Druckkoeffizient	±20%	±20%	±20%
diff. Absorberstabwirksamkeit im Maximum	—	±5%	±10%

Tabelle 5.5.2:

Erreichte Meßgenauigkeiten bei Wiederinbetriebnahmemessungen und aus der Literatur (Übersicht, Stand 1978)

Kenngröße	Literaturauswertung	WWER-2	WWER-440	
			Block 1	Block 2
integrale Absorberstabwirksamkeit ϱ_h	≦10%	5%	8%	8%
Borsäurekoeffizient α_B	< 5%	10%	15%	14%
Temperaturkoeffizient α_T	3 ... 10%	10 ... 15%	18 ... 22%	6 ... 14%
Leistungskoeffizient α_p	8 ... 10%	10%	—	—
kritische Borsäurekonzentration $c_{B,\text{krit}}$	3 ... 4% (kleinster Wert 0,5%)	1 ... 3%	rd. 2%	rd. 2%
Reaktivitätsreserve ϱ_R	4 ... 6%	4 ... 6%	rd. 3%	rd. 4%
Kampagnendauer t_K	$\pm 10 d_{\text{eff}}$	≦ 4%	—	—

experimentellen Ergebnissen justiert, woraus sich eine enge Verbindung theoretischer und experimenteller reaktorphysikalischer Untersuchungen ergibt. Um die Genauigkeit vorausberechneter rektorphysikalischer Kenngrößen und die Erfüllung der in Tab. 5.5.1 dargestellen Genauigkeitsforderungen beurteilen zu können, muß man aussagen, wie genau diese Kenngrößen gemessen werden. Dabei ist der Unterschied zwischen Meß- und Auswertefehlern zu beachten. Meßfehler können durch eine verbesserte Meßtechnik oder bessere Meßmethoden, Auswertefehler durch Methoden der Korrektion und/oder anspruchsvollere Auswerteprogramme verringert werden.

Die Tabelle 5.5.2 gibt einen Überblick über den in der Literatur ausgewiesenen bzw. über die an den Reaktoren WWER-2 bzw. WWER-440 des KKW Greifswald erreichten Genauigkeiten ausgewählter reaktorphysikalischer Kenngrößen, anhand derer man sich bei der Festlegung notwendiger Genauigkeiten orientieren kann.

5.5.3. Abschätzung der Genauigkeiten experimenteller Werte

In diesem Kapitel werden unabhängig vom gegenwärtigen experimentellen Stand Fehlergrenzen für reaktorphysikalische Kenngrößen vorgegeben, und es wird kurz erläutert, wie die Kenngrößen in die Reaktivitätsbilanz eingehen. Ausgehend von diesen Werten wird anschließend untersucht, ob eine sichere Betriebsführung des Reaktors möglich ist, falls sich die Kenngrößen innerhalb der angegebenen Fehlergrenzen bewegen. Dabei soll vor allem der größtzulässige Fehler ermittelt werden, um den Aufwand für die Bestimmung der Kenngrößen gering zu halten.

5.5.3.1. Allgemeine Angaben zur Meßgenauigkeit

Nachfolgend werden Meßfehler (zufällige Fehler) solcher Parameter, die zur Bestimmung von Kenngrößen benötigt werden, angegeben, damit die Größenordnung des Fehlers einer Einzelmessung besser eingeschätzt werden kann. Diese Angaben sind daher als Beispiele zu werten.

(1) Reaktivität

- Analogwert des Reaktivitätsmessers:
  $\pm 3\%$ vom Maximalwert der Anzeige (entspricht $\pm 3{,}7$ mm auf dem Reaktivitätsschreiber)
- Digitalwert des Reaktivitätsmessers:
  $\pm 3{,}3\%$ vom Maximalwert

— Analogwert am Reaktivitätsschreiber:
Fehler der Eichung ±0,5%
Fehler der Ablesung vom Papier ±2,0 mm.

Die Reaktivitätswerte sind in mm angegeben, da die Fehlerangabe dann unabhängig vom eingestellten Reaktivitätsmeßbereich ist.

(2) Absorberstabstellung

— Fehler bei der Ablesung vom Betriebsinstrument: ± 0,5 cm
— Fehler bei der Ablesung vom speziellen Gerät: ±0,1 cm.

Ein eventuell vorhandener Schlupf zwischen Anzeigegerät und Stellmotor ist hier nicht berücksichtigt.

(3) Moderatortemperatur T_M

— Fehler bei Ablesung vom Anzeigegerät, Schreiberpapier der Betriebsinstrumentierung: ±2 K
— Prozeßrechner: ±1 K
— Fehler bei der Temperaturänderung bei einer Temperaturkoeffizientenmessung: ±1 K

(4) Borsäurekonzentration c_B

Fehler bei der manuellen Titration: ± (1 ... 3)% im Bereich von 0,2 g/kg $\leqq c_B \leqq$ 10 g/kg.

5.5.3.2. Untersuchngen zur erforderlichen Genauigkeit

(1) Absorberwirksamkeiten (α_h, ϱ_h)

±5% ... ±10% Beim An- und Abfahren sowie bei Laständerungen werden Absorberstäbe bewegt, so daß sie stets in einer Reaktivitätsbilanz oder bei Sicherheitsbetrachtungen berücksichtigt werden müssen.

(2) Temperaturkoeffizient,-effekt (α_M, ϱ_M)

±20% Für Anfahrvorgänge am Kampagneanfang, sobald $c_B \geqq$ $\geqq$ 5 g/kg ist. In diesem Fall ist α_M klein.

±10% Für Temperaturänderungen nahe Betriebstemperatur und im Leistungsbetrieb bei Borsäurekonzentrationen $\approx$ 4 g/kg $\geqq c_B \geqq$ 1 g/kg.

±5% Für Temperaturänderungen in der Nähe des Kampagneendes, da $c_B \approxeq$ 0 g/kg ist und dann α_M groß ist.

(3) Borsäurekoeffizient, -effkt (α_B, ϱ_B)

±10% Beim An- und Abfahren des Reaktors sowie bei Laständerungen wird c_B oft geändert, obwohl stets zunächst die

Absorberstäbe verfahren werden und dann erst die Borsäurekonzentration geändert wird, wenn in Vorschriften festgelegte zulässige Stabstellungen überschritten werden.

(4) Leistungskoeffizient, -effekt (α_P, ϱ_P)

±10% Diese Kenngröße wird in Reaktivitätsbilanzen, bei der Ermittlung (Vorhersage) kritischer Stabstellungen (Parameter) nach Abschaltungen sowie zur Beurteilung der Reaktorsicherheit benötigt.

(5) Xenonvergiftung (ϱ_{Xe})

±5% Für Reaktivitätsbilanzen ist die Kenntnis der Größe der stationären und instationären Xenonvergiftung wichtig. Für Sicherheitsbetrachtungen ist die Kenntnis der zeitlichen Änderung der instationären Xenonvergiftung zum einen erst ab ca. 30 Stunden nach einer Abschaltung notwendig, zum anderen aber zur rechnerischen Einschätzung des Verlaufes der maximalen Ungleichmäßigkeitskoeffizienten beim Anfahren bzw. bei Laständerungen praktisch schon ab Zeitpunkt $t = 0$.

Mit den vorgegebenen Fehlergrenzen wurden Reaktivitätsbilanzen ausgewertet. Es wurden u. a. untersucht:

— Anfahren des Reaktors nach einer Abschaltung aus Volleistung bei $T_M = 260$ °C; der Reaktor soll bei verschiedenen Zeitpunkten nach der Abschaltung kritisch sein (Berücksichtigung der Xenonvergiftung).
— Anfahren nach einer Abschaltung aus Volleistung bei $T_M = 100$ °C; Berücksichtigung der Xenonvergiftung.
— Abfahren von Volleistung auf 55% der Volleistung bei $T_M = 280$ °C; Berücksichtigung der Xenonvergiftung und
— Leistungserhöhung von 55% der Volleistung auf 100% bei $T_M = 280$ °C; Berücksichtigung der Xenonvergiftung.

Das Ergebnis: Die Kenntnis der angegeben reaktorphysikalischen Kenngrößen mit einem Fehler von 10% reicht aus, um kritische Parameter bei Anfahrvorgängen und Lastwechsel sicher (im Rahmen der Vorschrift) bestimmen zu können.

5.5.4. Probleme des Vergleichs von Rechnung und Experiment

Die Zielstellung des Vergleiches zwischen Rechnung und Experiment wurde bereits mehrfach erwähnt. Das Ergebnis des Vergleiches soll eine Aussage darüber sein, in welchem Umfange man Rechenwerte verwenden kann, um von einem gegebenen realen Reaktorzustand ausgehend zukünftige Reaktorzustände vorauszusagen.

Am günstigsten ist es, diese Reaktorzustände mit dreidimensionalen Rechenprogrammen zu berechnen. Das ist praktisch jedoch kaum möglich. Einerseits würde die Vielzahl der in der Praxis eintretenden Fälle eine Vielzahl aufwendiger Rechnungen nach sich ziehen, andererseits würde der Reaktorbetreiber wegen der Aufwendigkeit anspruchsvoller Rechenverfahren oft länger auf die Ergebnisse warten müssen, als er es sich von der Ökonomie her erlauben kann. Daher gibt es für Anwendungsfälle der Rechnung, wo operative Entscheidungen notwendig sind, bestimmte Vereinfachungen. Sie werden von Fall zu Fall unterschiedlich sein, was z. T. auch von den in einem Kraftwerk gegebenen Möglichkeiten abhängt. Solche Vereinfachungen sind in der Regel

— Reaktivitätsbilanzen auf der Grundlage eines bestimmten Satzes von Reaktivitätskoeffizienten bzw. -effekten (sog. Physikalische Charakteristik)
— die Anwendung weniger aufwendiger Rechenverfahren auf einem hauseigenen Rechner, z.B. Prozeßrechner, wie die punktkinetische Behandlung der Vergiftung.

Dabei ist auch im ersten Fall die Bearbeitung der Bilanz auf einem Kleinrechner möglich, man muß die entsprechenden Reaktivitätskenngrößen nur in geeigneter Form in den Rechner eingeben (Tabellen, Parameterdarstellungen).

Der Vergleich zwischen Rechnung und Experiment läßt sich daher in zwei größere Gebiete einteilen und bringt im Detail dort unterschiedliche Probleme mit sich. So wird es auf der einen Seite notwendig, kritische Zustände zu vergleichen, auf der anderen sind es die Reaktivitätskenngrößen selbst.

5.5.4.1. Vergleich kritischer Zustände

In der Regel werden nur solche realen kritischen Zustände S^{exp} für den Vergleich ausgewählt, die mit entsprechend berechneten Zuständen S^{ber} bis auf einen Parameter x übereinstimmen:

$$S^{\text{ber}} = \{x_i, x_\alpha^{\text{ber}}\}\ , \ S^{\text{exp}} = \{x_i, x_\alpha^{\text{exp}}\}\ , \ i \neq \alpha\ .$$

Die Abweichung zwischen Rechnung und Experiment läßt sich dann besonders einfach mit x_α selbst ausdrücken:

$$\Delta x_\alpha = x_\alpha^{\text{ber}} - x_\alpha^{\text{exp}} \quad \text{bzw. relativ}$$

$$\frac{\Delta x_\alpha}{\Delta x_\alpha^{\text{ber}}} \quad \text{bzw.} \quad \frac{\Delta x_\alpha}{\Delta x_\alpha^{\text{exp}}} \quad \text{bzw.} \quad \frac{\Delta x_\alpha}{\frac{1}{2}\left(x_\alpha^{\text{ber}} + x_\alpha^{\text{exp}}\right)}\ . \tag{5.5.1}$$

Eine von der konkreten Art des Vergleichsparameters x_α unabhängige Aussage erhält man in Form der Reaktivitätsabweichung, die man entweder direkt berechnen läßt:

$$\varrho^{\text{ber}}(S^{\text{exp}}) = \Delta\varrho \tag{5.5.2}$$

($\varrho[S^{\text{exp}}]) = 0$) bzw. über berechnete oder gemessene Koeffizienten ermittelt:

$$\Delta\varrho = \alpha_{x_\alpha}^{\text{ber}} \cdot \Delta x_\alpha \quad \Delta\varrho = \alpha_{x_\alpha}^{\text{exp}} \cdot \Delta x^\alpha , \tag{5.5.3}$$

wobei letzteres den Nachteil mit sich bringt, daß der Fehler der Rechnung, der durch die Abweichung erst ermittelt werden soll, bereits bei der Berechnung der Abweichung wirksam wird, bzw. daß in $\alpha_{x_\alpha}^{\text{exp}}$ der Meßfehler enthalten ist.

In der Praxis gibt es jedoch nur eine beschränkte Menge von Zuständen, die sich von entsprechend vorausberechneten nur in einem Parameter x_α unterscheiden. Die Parameter x_i unterliegen oft betriebsbedingten Schwankungen, die ebenfalls zu Abweichungen $x_i^{\text{ber}} \neq x_i^{\text{exp}}$ führen. Es hat sich gezeigt, daß ein Umrechnen solcher Abweichungen in Korrekturen an Δx_α wegen der zu ungenau bekannten Umrechnungskoeffizienten α_{x_α} zu Fehleinschätzungen des Übereinstimmungsgrades führen. Daher sollte das nur bei kleinen Abweichungen versucht werden.

Darüber hinaus kommen in solchen Fällen praktisch noch zwei Methoden zur Anwendung: Die direkte Nachrechnung des kritischen Zustandes ($\varrho^{\text{ber}}[S^{\text{exp}}]$) oder die Auswahl nur solcher experimenteller Zustände, bei denen die Abweichungen $x_i^{\text{ber}} - x_i^{\text{exp}}$ klein sind. Letzteres ist der Fall, wenn die Summe der entsprechenden Reaktivitätsabweichungen $\sum_i |\Delta\varrho_{x_i}|$ kleiner als die geforderte Abweichung zwischen Experiment und Rechnung ist. Im ersten Fall wird wie in (5.5.2) $\varrho^{\text{ber}}(S^{\text{exp}})$ ermittelt. Übereinstimmung von Rechnung und Experiment herrscht dann vor, wenn ϱ^{ber} ebenfalls Null ist oder dem Betrage nach kleiner als das Reaktivitätsäquivalent der Meßfehler von x_α und x_i ist. Letzteres ist außerdem auch als Forderung aufzufassen. Eine Übereinstimmung zu fordern, so daß die Abweichung (in x_α wie in ϱ) wesentlich kleiner als die zu erreichende Meßgenauigkeit ist, ist nicht sinnvoll, weil sich eine solche Übereinstimmung nicht objektiv feststellen läßt — das Kriterium der Güte der Rechnung ist der zum Vergleich herangezogene Meßwert. Der erforderliche Grad der Übereinstimmung von Rechnung und Experiment ist daher stets durch die Meßgenauigkeit nach unten begrenzt.

Es sei an dieser Stelle darauf hingewiesen, daß man darüber hinaus durch einen einmaligen Vergleich keineswegs zu einer gesicherten Aussage über die Rechnung gelangt, selbst wenn x_α^{exp} bereits durch Mittlung über viele Werte hervorgegangen ist. So ist z.B. aus der Übereinstimmung der Daten beim kritischen Experiment noch nicht zu schlußfolgern, daß beim nächsten Anfahren unter ähnlichen Bedingungen die gleiche Abweichung zu erwarten ist, abgesehen davon, daß sich die Bedingungen selbst ändern können (s. Kap. 5.5.4.3.).

Welche kritischen Daten werden vorwiegend mit der Rechnung verglichen? Es sind die der Rechnung adäquaten stationären kritischen Zustände bei Leistung und Nulleistung, wie sie vor allem in den Kap. 5.2.2., 5.3.1. und 5.3.3. dargestellt wurden. Dazu gehören, um einen Mindestumfang anzugeben, bei Nullast

— der erste kritische Zustand bei Nullast (kritisches Experiment).
— der kritische Zustand der Spaltzone im kalten und heißen Zustand, wenn alle Absorberstäbe gezogen sind bzw. nahe der oberen Endlage stehen

und bei Vollast

— die stationären Vollastdaten, d. h. die bei Normbedingungen gemessenen Stellungen der Regelorgane (bei Stabregelung) bzw. Werte der Borsäurekonzentration.

Während erstere eine Prüfung der Rechnung vor Lastaufnahme gestatten, liefern letztere über die im Kap. 5.3. und 6.1. gemachten Aussagen hinausgehend die für die nächste Beladung wichtigen Informationen — z.B. hängt von der Fahrweise der vorausgegangenen Kampagne der Startabbrand umgeladener Kassetten ab.

Beispiele solcher Vergleiche findet man für den WWER-440 in [23] und [2] wie auch im nächsten Kapitel, auf das wir auch bezüglich weiterer Ausführungen verweisen (s. Kap. 6).

5.5.4.2. Vergleich von Reaktivitätskoeffizienten und -effekten

Die meisten Rechenprogramme basieren auf stationären Modellen der Spaltzone. Daher ist die der Rechnung adäquate Vergleichsgröße der stationäre kritische Zustand. Diese Aussage wird in ihrer Gültigkeit dadurch noch unterstützt, daß für die Feststellung des kritischen Zustandes keine gesonderten Meßmethoden mit speziellen Spaltzonenmodellen erforderlich sind — der kritische Zustand läßt sich unabhängig vom Ort der Meßfühler feststellen.

Wie eingangs gesagt, ist es jedoch notwendig, für die operative Vorhersage kritischer Zustände auch Reaktivitätsbilanzen zu benutzen. Soweit die dazu notwendigen Reaktivitätskoeffizienten ausschließlich aus der Rechnung entnommen werden, ist es unproblematisch, ob diese Größen innerhalb der Rechnung nur Hilfsmittel per Definition sind oder darüber hinaus vergleichbare Größen in der Praxis besitzen; denn für den Reaktorbetrieb ist nur das Ergebnis der Bilanz von Bedeutung, d. h. der vorausgesagte kritische Zustand $S^{\text{ber}}(x_i, x_\alpha^{\text{ber}})$. Der Vergleich würde dann wie in 5.5.4.1. beschrieben durchgeführt werden.

Problematisch wird jedoch der Vergleich einzelner berechneter Koeffizienten mit experimentell ermittelten. Einer im Bereich der Rechnung nur als Hilfsmittel fungierenden Größe „Reaktivität", die auf der Grundlage einer stationären Theorie aus den Materialeigenschaften global ermittelt wird, wird eine experimentelle Größe „Reaktivität" gegenübergestellt, die aus den Eigenschaften des Neutronenfeldes an einer einzigen Stelle, dem Detektorort, ermittelt wird. Die damit verbundenen Probleme wurden in Kap. 4 bereits ausführlich diskutiert und die Gültigkeit der meist verwendeten Punktkinetik abgegrenzt. Infolge der dort gewonnenen Ergebnisse muß erneut die Frage nach dem Sinn des Vergleichs zwischen Rechnung und Experiment bezüglich Reaktivitätskenngrößen gestellt werden. In der Regel wird man den Vergleich deshalb anstellen, um bei Abweichungen die Ursachen enger eingrenzen zu können. Erfüllbar ist dieses Vorhaben jedoch auch nur dort, wo auf beiden Seiten — Rechnung und Experiment — eine vergleichbare Größe „Reaktivität" definierbar ist (Kap. 4). Setzen wir das im Folgenden voraus, dann ergeben sich darüber hinaus noch weitere Schwierigkeiten des Vergleiches, die ebenfalls aus dem Umstand resultieren, daß in der Rechnung die Reaktivität aus der Änderung der Materialeigenschaften (Σ_f, Σ_a etc.), im Experiment aber aus Flußänderungen ermittelt wird.

Demzufolge wird in der Rechnung die Reaktivität ϱ der Einfachheit halber infolge der Änderung eines einzigen Parameters x_α berechnet: $\varrho = \varrho(x_\alpha, x_i)$, $x_i = \text{const}$. Dabei kann man sich in der Rechnung beliebig weit vom kritischen Zustand entfernen. Im Experiment muß der Reaktor kritisch gehalten werden, in der Regel durch die Änderung eines zweiten Parameters x_β, $\beta \neq i$, so daß die Reaktivitätskoeffizienten α_{x_α} längs des „kritischen Wegs" $\varrho(x_\alpha, x_\beta; x_i = \text{const}) = 0$ bestimmt werden. Damit ist eine Ermittlung eines reinen Koeffizienten

$$\alpha_{x_\alpha} = \left.\frac{\partial \varrho}{\partial x_\alpha}\right|_{x_\beta,\, x_i = \text{const}},$$

wie es in der Rechnung geschieht, im Experiment nicht mehr möglich. Im Experiment wird

$$\alpha_{x_\alpha}^{\exp} \approx \left.\frac{\Delta\varrho(x_\alpha, x_\beta)}{\Delta x_\alpha}\right|_{x_i = \text{const}} \qquad \alpha, \beta \neq i$$

bzw.

$$\alpha_{x_\beta}^{\exp} \approx \left. \frac{\Delta\varrho(x_\alpha, x_\beta)}{\Delta x_\beta} \right|_{x_i = \text{const}}$$

ermittelt, wobei bei den dynamischen Nulleistungsmessungen $x_\beta = h$ zumindest intervallweise konstant ist. Beim Vergleich mit der Rechnung spielt nicht so sehr die Näherung des Differentials durch eine endliche Größe Δ eine Rolle, da diese Näherung auf der Seite der Rechnung ebenfalls gemacht wird, sondern die zusätzliche Abhängigkeit von dem zweiten sich verändernden Parameter, was bei der Integration zu einem Effekt besondere Auswirkung hat. Während in der Rechnung der Effekt $\varrho_{x_\alpha}(x_\alpha)$ als

$$\varrho_{x_\alpha}(x_\alpha) = \int\limits_{x_\alpha = x_\alpha^0}^{x_\alpha} \alpha_{x_\alpha}(x_\alpha'; x_\beta, x_i = \text{const})\, dx_\alpha' = \varrho(x_\alpha) - \varrho(x_{\alpha_0})$$

ermittelt wird, bestimmt man aus den experimentellen Werten α_{x_α}

$$\varrho_{x_\alpha}(x_\alpha, x_\beta) = \int\limits_{x_\alpha = x_\alpha^0}^{x_\alpha} \alpha_{x_\alpha}(x_\alpha', x_\beta; x_i = \text{const})\, dx_\alpha',$$

wobei über $\varrho(x_\alpha, x_\beta) = 0$ eine scheinbare Abhängigkeit von x_α und x_β zustande kommt [analog im Falle $\varrho_{x_\beta}(x_\alpha, x_\beta)$]. Anders ausgedrückt: Man integriert längs des kritischen Wegs.

Die Ergebnisse α_{x_α} bzw. ϱ_{x_α} können mit entsprechend berechneten Werten verglichen werden, d. h. mit Werten α_{x_α}, die durch Interpolation zwischen zwei Punkten verschiedener Kurven der Kurvenschaar $\alpha_{x_\alpha}(x_\alpha; x_\beta = \text{const})$ gewonnen werden (z.B. $\alpha_{x_\alpha}[x_\alpha, x_\beta^1]$ und $\alpha_{x_\alpha}[x_\alpha, x_\beta^2]$). Für grobe Einschätzungen der Rechnung kann man bei wenigen Koeffizienten auf die Interpolation verzichten, z.B. wenn man aus Rechnungen weiß, daß für bestimmte Stabgruppen die Stabwirksamkeit nur schwach von der Borsäurekonzentration abhängt.

Der Temperaturkoeffizient indessen ist deutlich von der Stabstellung abhängig. In Bild 5.5.1 ist ein Beispiel aufgezeigt.

Diese Ausführungen verdeutlichen, daß für einen genauen Vergleich die Rechnung die Stelle ist, an der die Bedingungen variiert werden müssen. Das bedeutet einen sehr großen Aufwand an Rechenleistungen, der prinzipiell aber nicht umgangen werden kann. Die Wichtigkeit dieses genauen Vergleichs wird dadurch verdeutlicht, daß aus dem Vergleich Aussagen über die Genauigkeit der Rechnung abgeleitet werden, deren Ergebnisse man

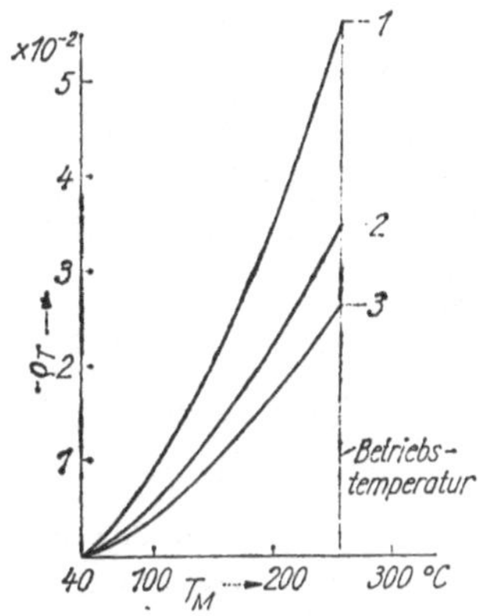

Bild 5.5.1
Temperatureffekt des Moderators (Rechenwerte für den WWER-2)
1: alle Absorberstäbe in unterer Endlage;
2: HS1, HS2, K1, K3 in oberer Endlage; AR1, AR2 = 185 cm (vgl. Bild 2.3);
3: alle Absorberstäbe in oberer Endlage

auch für Zustände verwenden muß, die im Experiment prinzipiell oder aus Gründen des Aufwandes nicht erreichbar sind (z.B. ist es unmöglich, am Anfang einer Kampagne Reaktivitätskoeffizienten für Abbrandzustände, die sich im Verlauf der Kampagne erst einstellen werden, zu messen).

Die statistischen Schwankungen der Parameter (auch anderer außer x_β) finden ihren Niederschlag im Meßfehler selbst (s. Kap. 5.5.3.). Mit einer Auswirkung über die Abhängigkeit der α_{x_α} von weiteren Parametern x_γ ist nicht zu rechnen, da diese Abhängigkeiten erst über größere Parameteränderungen, wie sie die des kompensierenden Parameters darstellen, wirksam werden. Das Problem bleibt daher auf die Abhängigkeit vom kompensierenden Parameter beschränkt.

5.5.4.3. Probleme der Reproduzierbarkeit von Vergleichsergebnissen

Ein einmal gewonnenes Vergleichsergebnis, sich äußernd in einer bestimmten Abweichung von Rechnung und Experiment, ist noch nicht repräsentativ für die Rechnung insgesamt. Die Zeitpunkte, zu denen kritische Zustände vorhergesagt werden, unterscheiden sich durch den Abbrand der Spaltzone innerhalb einer Kampagne und durch die Abbrandverteilung zwischen verschiedenen Kampagnen. Letztere kann sich je nach Fahrweise auch innerhalb einer Kampagne mehr oder weniger stark ändern. Damit liegt ein Spezialfall der in 5.5.4.2. genannten Probleme vor: Die physikalischen Kenngrößen sind natürlich auch vom Abbrandzustand (mittlerer Abbrand und Abbrandverteilung) abhängig. Die Frage nach der Reproduzierbarkeit von Vergleichsergebnissen impliziert daher die Frage, inwieweit die Rechnung den Einfluß des Abbrandzustandes richtig berücksichtigen kann. Wie stark der Abbrand-

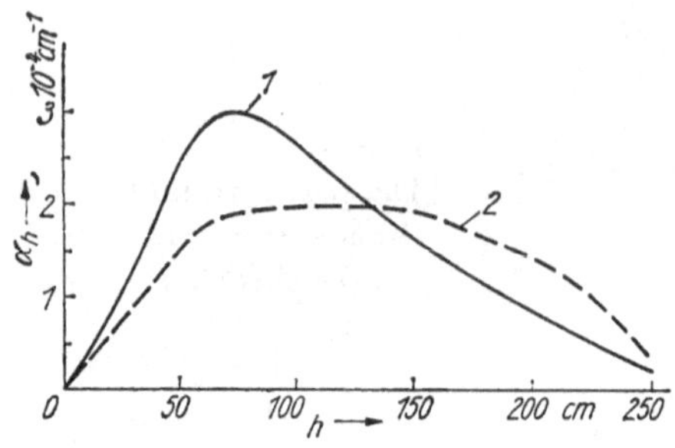

Bild 5.5.2
Veränderung der differentiellen Wirksamkeit der Regelgruppe K2 des WWER-2 in einer Kampagne (nach Rechnung)
1: am Anfang der Kampagne; 2: am Ende der Kampagne

einfluß sein kann, verdeutlicht Bild 5.5.2 anhand des Beispiels der Kassettenwirksamkeit. Bild 5.5.3 zeigt diesen Einfluß für die Xenonvergiftung. Dagegen wurden solche Einflüsse für den Borsäure- und den Temperaturkoeffizienten experimentell gezielt noch nicht untersucht. In [26] sind einige Ergebnisse für den WWER-440 dargestellt, die die Änderung der physikalischen Charakteristik mit dem Abbrand deutlich machen.

Die bisher bekannt gewordenen Ergebnisse zeigen, daß die stärkeren Abhängigkeiten vom Abbrand von der Rechnung gut wiedergegeben werden. Trotzdem sollte man die Untersuchungen auf diesem Gebiet nicht als abgeschlossen betrachten, denn die Messungen gestatten den Abbrandeinfluß nur mit anderen Einflüssen zusammen zu erfassen. Auch in diesem Zusam-

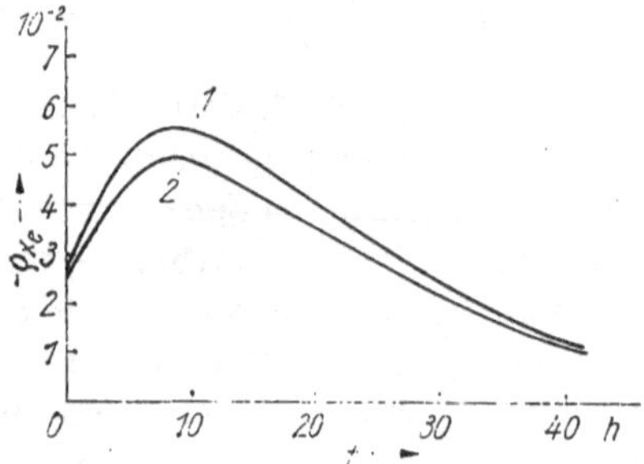

Bild 5.5.3
Xenonvergiftung nach Abschaltungen von P_{th} 100% auf Nullleistung am Anfang und am Ende einer Kampagne des WWER-2 (berechnet).
1: am Anfang der Kampagne; 2: am Ende der Kampagne

menhang sei darauf hingewiesen, daß eine Seperation vom Betreiber nicht gefordert wird. Nach wie vor kommt es ihm auf die richtige Funktionsweise des Gesamtsystems der Reaktivitätskenngrößen an.

Im Ergebnis der Darlegungen tritt daher der in jüngster Zeit immer häufiger vertretene Standpunkt zutage, daß es wenig sinnvoll ist, über eine bestimmte Genauigkeit hinaus den Vergleich von Reaktivitätseffekten und -koeffizienten zur Verbesserung von Rechenprogrammen voranzutreiben. Deutlich wird: Stationäre Rechenprogramme müssen anhand stationärer kritischer Daten überprüft werden. Bei festgestellter Übereinstimmung sollte man für Reaktivitätsbilanzen nur berechnete Reaktivitätskenngrößen benutzen. Wird diese Übereinstimmung nicht erzielt, kann man Messungen von Reaktivitätskoeffizienten als Vergleichskriterium heranziehen, um die Ursachen für Abweichungen zu lokalisieren.

6. Betriebsmeßdaten

Durch die laufende Überwachung des Reaktors mit entsprechenden Meß- und Registriergeräten fällt eine Menge von Daten an, die, nach bestimmten Gesichtspunkten ausgewählt, zum Vergleich mit Rechnungen herangezogen werden. Damit ist für die Gewinnung solcher Daten kein besonderes Experiment nötig, die Auswahl läßt sich jedoch erweitern durch eine bestimmte Art der Organisation der Erfassung solcher Daten. Diese Organisation ist auf die Herstellung der Randbedingungen gerichtet, die zum Vergleich mit der Rechnung notwendig sind.

6.1. Stationäre Zustände

Mit der Kampagne- oder Zyklusberechnung werden für eine vorgegebene Beladung

- der Verlauf des abbrandkompensierenden Parameters (bei Borsäureregelung: c_B, bei Stabregelung: h_k in vorher festgelegter Ausfahrfolge der Gruppen) als direkt meßbare Größe,
- der Verlauf der Reaktivitätsreserve ϱ_R bei Vollast,
- der Verlauf des mittleren und lokalen Abbrandes,
- der Verlauf der mittleren und lokalen Leistungsdichte,
- der Verlauf des Dopplereffektes u. a. m.

in Abhängigkeit von der kumulativen Energieerzeugung berechnet. Letztere wird meistens in Tagen effektiven Vollastbetriebes t_{eff} ausgedrückt.

Die Randbedingungen für die Rechnung sind

- bei Borsäureregelung eine bestimmte fixierte Stellung der Absorberstäbe nahe der oberen Endlage bzw. bei Stabregelung eine bestimmte Ausfahrfolge der Absorberstäbe (d. h. eine Stabgruppe wird jeweils bewegt, die restlichen sind fixiert; wenn die eine Gruppe die Endlage erreicht, wird die als nächste definierte Gruppe bewegt),

— eine feste Moderatortemperatur und ein fester Druck des Moderators,
— 100% Leistung,
— stationäre Vergiftung.

Man nennt diese Bedingungen oft Normbedingungen im Gegensatz zur Veränderlichkeit des abbrandkompensierenden Parameters. Der Vergleich mit der Rechnung kann also nur dann ohne Korrekturen erfolgen, wenn im stationären Betrieb die Normbedingungen eingehalten wurden. Der Vergleich erfolgt dann anhand des abbrandkompensierenden Parameters.

In der Praxis gibt es jedoch begründete Abweichungen von den Normparametern. Bei Borsäureregelung müssen z.B. die Kurzzeitprozesse mit Stäben ausgeregelt werden, so daß letztere im allgemeinen nicht in der Normstellung stehen. Nachfolgend werden zwei Möglichkeiten genannt, Umrechnungen dieser Abweichungen in Korrekturen zu vermeiden.

Die erste Möglichkeit erfordert lediglich die Konsequenz, des Betreibers in regelmäßigen Abständen, z.B. alle zwei Tage, die Normparameter einzustellen und für ein bis zwei Stunden zu halten. Die günstigsten Zeiten sind die Nachtstunden, wo über das Netz nur wenig Schwankungen auf das Kraftwerk zurückkoppeln. Die bisherige Erfahrung zeigt, daß dies die ökonomischste und fehlerärmste Art ist, Vergleichswerte für die Rechnung zu erhalten.

Will man dennoch die Vielzahl der im Regelbereich liegenden und von den Normparametern abweichenden Daten nutzen, so muß man — so die zweite Möglichkeit — nach bestimmten Kriterien auswählen. Ein solches Kriterium wäre, daß die in Reaktivität umgerechnete resultierende Abweichung nicht größer als die Reaktivitätsabweichung ist, die man für den Vergleich zwischen Rechnung und Experiment bezüglich der Zyklusdauer fordert. In Abhängigkeit von der Zahl der zur Verfügung stehenden Werte kann man diese Grenzen noch enger fassen.

Größere Abweichungen muß man über Reaktivitätsbilanzen in eine Korrektur am abbrandkompensierenden Parameter umrechnen. Die Praxis zeigt, daß es dabei oft zu Ungenauigkeiten und damit zur Fehleinschätzung der Rechnung kommt (s. auch Kap. 5.5.4.).

Bei all den genannten Varianten muß allerdings die wichtigste Bedingung immer erfüllt sein: die Vergiftung muß stationär sein, d. h. nur solche Daten zuzulassen, die nach mindestens 50 h stationären Vollastbetriebs ermittelt wurden.

Zum Schluß dieses Abschnitts noch einige Bemerkungen zum Ergebnis des Vergleiches mit der Rechnung. Das wichtigste, die Physik und Ökonomie in gleicher Weise betreffende Ergebnis ist die Aussage über die Genauigkeit der Vorausberechnung der Dauer eines Zyklus. Im Falle einer nicht zu Ende gefahrenen Kampagne wird der Zeitpunkt des Abschaltens verglichen mit dem Zeitpunkt in der Rechnung, zu dem dort die Parameter erreicht werden, die unmittelbar vor dem Abschalten tatsächlich vorlagen. Im Falle der zu Ende gefahrenen Kampagne ist der Vergleich unproblematisch. Im Falle des strech-out muß man ggf. das Vollastende zum Vergleich heranziehen oder den strech-out nachrechnen lassen. Nach Expertenschätzungen ist eine Genauigkeit der Vorhersage der Zyklusdauer von 5% erreichbar und aus ökonomischen Gründen auch anzustreben. Das Beispiel des WWER-2 in

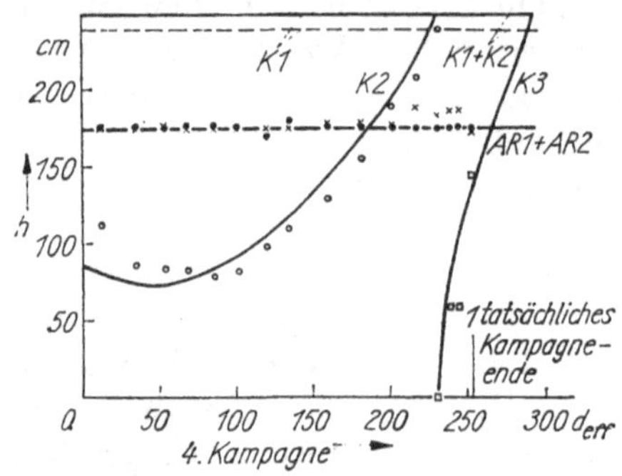

Bild 6.1
Kritische Absorbergruppenstellung h im Verlauf der 4. Kampagne des WWER-2 nach Rechnung und Experiment, nach [54]
——— Rechenwerte; — — — Meßwerte im Falle unveränderter Stabstellung × Stellung des AR1-Brennstoffteiles in der Spaltzone; ○ Stellung des K2-Brennstoffteiles in der Spaltzone; □ Stellung des K3-Brennstoffteiles in der Spaltzone

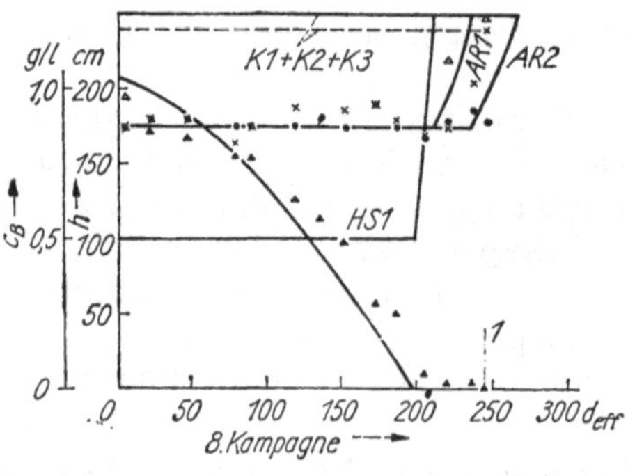

Bild 6.2
Kritische Absorbergruppenstellung h und Borsäurekonzentration c_B im Verlauf der 8. Kampagne des WWER-2 nach Rechnung und Experiment, nach [54]. □ HS1: ▲ Meßwerte für c_B; sonstige Bezeichnungen siehe Bild 6.1

Tabelle 6.1:
Gegenüberstellung von „experimentellen“ und berechneten Daten zum Kampagnenende (nach [54] gekürzt)

Kampagnen-Nr.	Tatsächliche Kampagnendauer t_{eff} in d	Kritische Parameter am Kampagnenende (Absorberstabstellung h in cm, Borsäurekonzentration c_B in 10^{-3} g/l) „Experiment“	Rechnung	1	2	3	4
1	301,94	K3: 203	K3: 235	K3: 208	K3: 238	293	−3,0
3	226,51	K3: 175	K3: 190	K3: 197	K3: 192	229	0,9
4	253,27	K3: 144	K3: 140	K3: 135	K3: 138	252	−0,4
5	290,74	AR1: 193	AR1: 175	AR1: 187	AR2: 220	≈ 304	≈4,5
6	240,24	c_B: 359	c_B: 210	c_B: 0,265	c_B: 0,210	235	−2,1
7	234,01	c_B: 188	c_B: 90	c_B: 0,296	c_B: 0,090	209	−10,8
8	244,83	AR2: 179	AR2: 195	AR2: 183	AR2: 195	239	−2,5
9	219,78	HS1: 190	HS1: 150	HS1: 221	AR1: 190	211	−4,1

1: korrigierte kritische Absorberstellung bzw. Borsäurekonzentration am tatsächlichen Kampagnenende (h in cm c_B in g/l)
2: für das tatsächliche Kampagnenende berechnete kritische Parameter
3: Dauer t_{eff} in d, nach der die korrigierte experimentelle Endstellung (s. 1) gemäß Rechnung erreicht wurde bzw. würde
4: t_{eff} (nach 3) $-t_{eff}(\text{Ist})/t_{eff}(\text{Ist})$ in %

Tab. 6.1 zeigt, daß diese Zielstellung im Mittel erreicht wird (Genauigkeit ca. 4%). Am gleichen Beispiel sieht man jedoch auch, daß es hier und da noch sog. „Außreißer" geben kann. Bild 6.1, die Darstellung einer Kampagne mit Stabregime, und Bild 6.2, die Darstellung einer Kampagne mit Borsäureregime, zeigen darüber hinaus, daß der für das Kampagneende erzielte Übereinstimmungsgrad nicht a priori für die gesamte Kampagne gilt. Besonders am Anfang der Kampagne gibt es oft größere Abweichungen zwischen Rechnung und Meßwerten, die in der Regel zum Ende der Kampagne hin geringer werden.

6.2. Instationärer Leistungsbetrieb

Im Kap. 5.3. wurden Vergiftungsmessungen im Leistungsbetrieb beschrieben. Die Problematik von Messungen bei instationären Zuständen soll hier jedoch genauer gefaßt werden.

Prinzipiell können sich alle Reaktorparameter zeitlich ändern, sofern sich die Änderung innerhalb der technologisch zulässigen Grenzen bewegt. Wir wollen unter diesen Änderungen nur solche ins Auge fassen, die betrieblich notwendig sind, bei denen sich nur wenige Parameter gleichzeitig ändern und bei denen der Reaktor im Mittel kritisch bleibt. Als Beispiele werden angegeben:

— die Leistungsänderung bei Lastwechsel oder beim An- und Abfahren,
— die Veränderung der Vergiftung bei konstanter Leistung nach Laständerungen und
— den strech-out-Betrieb, der allerdings schon als Grenzfall zwischen stationären und instationären Prozessen bezeichnet werden kann.

Bei diesen Vorgängen wird die Änderung der Vergiftungsverteilung, wie sie in großen Reaktoren vorkommt, nicht separat berücksichtigt. Ihr Einfluß ist also in den globalen Meßwerten von vornherein enthalten und muß ggf. auf der Seite der Rechnung berücksichtigt werden, mit der man die Vergleichsdaten ermittelt.

Für die Erfassung solcher Daten ist keine spezielle Meßmethodik notwendig. Zur Meßwerterfassung wird die betriebliche Instrumentierung und, sofern noch nicht in diese integriert, ein automatisches Meßwerterfassungs- und Verarbeitungssystem (z. B. Prozeßrechner) genutzt. Die Auswertung ist je nach Art des Vorganges und Zielstellung der Messung verschieden. Im einfachsten Falle studiert man eine Reihe solcher Vorgänge, um Erfahrungen über das Betriebsverhalten des Reaktors zu sammeln. Solche Erfahrungen fließen in die zukünftige Betriebsführung, in die theoretische Behandlung instationärer Prozesse und ggf. in konstruktive Änderungen ein. Eine weitergehende Auswertung könnte in der theoretischen Nachberechnung der Parameterverläufe bestehen. Dann würden diese experimentellen Daten zur Einschätzung der Genauigkeit solcher Rechnungen herangezogen. Erste Vergleiche haben jedoch gezeigt, daß die Behandlung solcher Vorgänge mit einfachen Modellen (punktkinetische, eindimensionale etc.) in keiner Weise für größere Reaktoren befriedigende Ergebnisse liefert. Andererseits ist eine raum-zeitliche Behandlung der Vorgänge ein z. Zt. noch nicht praktisch gelöstes Problem. In der Regel beruht eine anspruchsvolle Vergleichsrechnung daher nach wie vor auf einem stationären Modell. Der instationäre Vorgang wird dann in viele Stufen stationären Verhaltens zerlegt. Dadurch wird zumindest eine Beschreibung langsamer Prozesse — allerdings mit entsprechendem Aufwand — möglich.

Eine weitere Nutzung solcher Prozesse ist im Hinblick auf die Ermittlung von Reaktivitätseffekten in Analogie zu der statischen Methodik (Kap. 5.2.2. oder 5.3.1.) und durch Anwendung dynamischer Methoden (Kap. 5.3.2. und 5.3.3.) denkbar. Hier, wie bereits bei der bloßen Erfassung kritischer Daten, ist das Ergebnis umso sicherer, je „sauberer“ der instationäre Vorgang gefahren wurde. Da instationäre Prozesse zu einem hohen Prozentsatz infolge zufälliger Ereignisse stattfinden, ist die Forderung, den Reaktor kritisch zu halten und nur wenige (zwei) Parameter zu ändern, nicht immer erfüllbar. Das Angebot instationärer Betriebsmeßdaten ist daher zwar groß, der Anteil auswertbarer jedoch gering. Um ihn zu erhöhen, versucht man gelegentlich, Meßprogramme in die Betriebsvorschriften einzuarbeiten. Damit erfaßt man solche Vorgänge, die innerhalb kurzer Zeit noch planbar sind und nachrechenbar werden. In der Regel handelt es sich um An- und Abfahrvorgänge oder Lastwechsel, die infolge von Entscheidungen herbeigeführt werden.

Zum Schluß des Abschnitts wollen wir noch etwas näher auf den in diesem Buch noch nicht behandelten Strech-out-Betrieb eingehen, weil er ebenfalls ein zeitlich veränderlicher Vorgang ist, anhand dessen man experimentelle Daten gewinnen kann. Wie der Name bereits sagt, wird die Kampagne über ihr Vollastende „hinausgestreckt“ und mit absinkender Teillast weitergefahren. Man nutzt also die Reaktivitätsreserve aus, die über den Leistungseffekt und die geringere Xenonvergiftung bei Minderlast freigesetzt wird. Da bei Minderlast meistens noch die Kühlmitteltemperatur geringer sein darf, als bei Vollast, wird zusätzlich noch Reaktivität verfügbar. Infolge dieser positiven Effekte bei Minderlast kann über längere Zeit eine noch ziemlich hohe Leistung gefahren werden. Man bedient sich dabei zweier Strategien

— der Gleitdruckfahrweise (man läßt die Leistung praktisch so abfallen, wie es naturgemäß durch den Abbrand geschieht) und
— des stufenweisen Absetzens der Leistung.

Im ersten Fall hat man zu jedem Zeitpunkt die maximale Leistung, im zweiten Fall über eine bestimmte Zeit ein konstantes Leistungsangebot und für eine gewisse Zeit eine Regelreserve. Allerdings kann man sich zwar im ersten Fall auch eine Regelreserve schaffen, indem ein Teil der freiwerdenden Reaktivität bereits von Anfang an zu diesem Zweck gebunden wird, jedoch ist der Rechnung angepaßter der zweite Fall, insofern in der Rechnung die Laständerung nur prompt, d. h. in Stufen berücksichtigt werden kann.

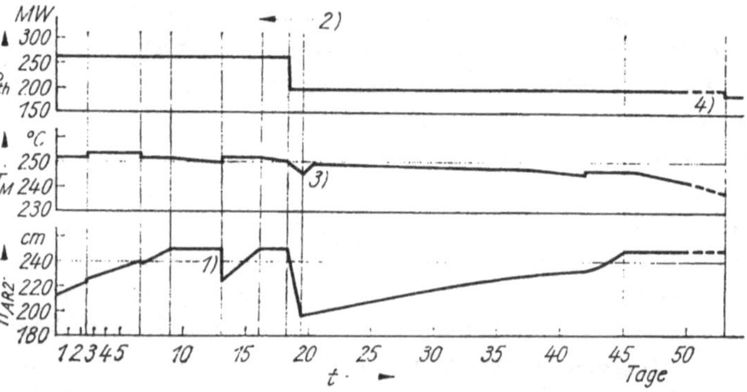

Bild 6.3
Strech-out am Ende einer Kampagne des WWER-2 — Methode der stufenweisen Absenkung der Leistung am Beispiel der Vollast- und ersten Teillaststufe

1) Letzte Stabgruppe umkompensiert gegen Regelgruppe AR2,
2) Beginn des eigentlichen Strech-out,
3) nicht mit Stabstellung und Leistung synchrone T_M-Änderungen sind durch Regelventilverstellungen an der Turbine bzw. Dampffeuchte bedingt,
4) bei ca. 50 Tagen Lasteinsenkung, ab ca. 53 Tagen nächste stabile Laststufe

Dementsprechend läßt sich der zweite Fall auch besser auswerten im Hinblick auf

— die pro Schritt freiwerdende Reserve,
— die Reaktivitätsänderungsgeschwindigkeit infolge des Abbrandes bei verschiedenen Leistungen und
— die für Minderlast typischen Werte „minimale" Moderatortemperatur, thermische Leistung und Dampferzeugerdruck.

Diese Werte sind für Vorhersagen des Verlaufes zukünftiger Strech-out von großer Bedeutung. Bild 6.3 und 6.4 zeigen zwei Strech-out-Fälle für den WWER-2.

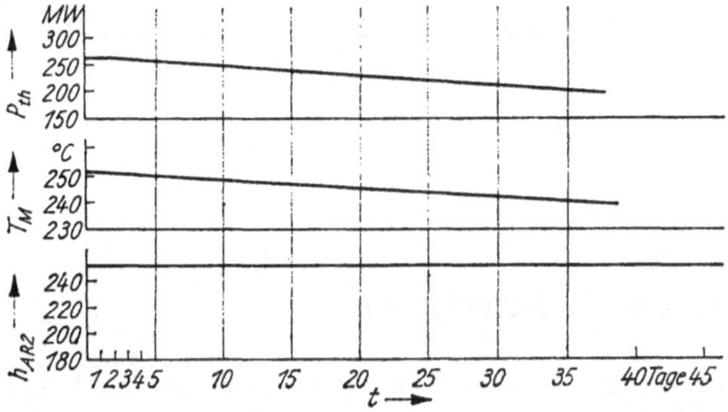

Bild 6.4
Prinzipieller Parameterverlauf bei Strech-out in Gleitdruckfahrweise (WWER-2)

7. Übertragbarkeit der Methoden und Ausblick

7.1. Andere Reaktortypen

Die Reaktivität wird mit Gleichungen definiert, die noch unspezifisch für den jeweiligen Reaktor sind. Somit wird die Messung der Reaktivität für alle Reaktortypen qualitativ ähnliche Probleme aufweisen. Jedoch können die Reaktivitätskoeffizienten unterschiedlicher Reaktortypen unterschiedliche Größe und Vorzeichen haben. Darüber hinaus gibt es wenige Effekte, die bei einem Typ zu berücksichtigen sind, bei einem anderen aber nicht auftreten.

Die den Reaktoren des Typs WWER verwandten Typen sind der schwerwassermoderierte Reaktor, der fortgeschrittene Druckwasserreaktor und der Druckröhrenreaktor sowie einige Typen leichtwassermoderierter Nullleistungsreaktoren. In ihnen sind die gleichen Effekte dominierend, wie bei Reaktoren des Typs WWER. Ein ebenfalls verwandter und sehr verbreiteter Typ großer Leistung ist der Siedewasserreaktor. Für ihn und für den fortgeschrittenen Druckwasserreaktor ist über die behandelten Effekte hinaus der Einfluß des hohen Dampfgehaltes im Kühlmittel auf das Reaktivitätsverhalten zu beachten. Für Reaktoren, bei denen Moderator und Kühlmittel getrennt vorliegen (z.B. der D_2O-moderierte oder der graphitmoderierte Reaktor), werden die entsprechenden Temperatureffekte getrennt aufgeführt: als Moderatotemperatur- und als Kühlmitteltemperatureffekt.

Allen Reaktoren gemeinsam ist die Steuerung schnell ablaufender Prozesse mittels Steuerstäben, auch Steuer- oder Absorberkassetten genannt. Diese unterscheiden sich zwar im Aufbau — z.B. verwendet man im Siedewasserreaktor kreuzförmige — und in der Zusammenlegung zu Gruppen (als Einzelstab, als Regelgruppe, als Kompensationsstab oder -gruppe und letztlich als Havarieschutzgruppen für die die Abwerfbarkeit im Havariefall immer gegeben sein muß), die Ermittlung ihrer Wirksamkeit erfolgt jedoch in der beschriebenen Weise.

Allen wassermoderierten Reaktoren gemeinsam ist die Abhängigkeit der moderierenden Eigenschaften von der Dichte. Dementsprechend gibt es bei diesen Reaktoren einen Druck- und Moderatortemperatureffekt — natürlich in unterschiedlicher Größe. Während der Druckeffekt beim Druckwasserreaktor eine (fast immer) vernachlässigbare Größe ist (10^{-4}/MPa), stellt er beim Siedewasserreaktor, wie erwähnt, eine dominierende Größe dar. Unterschiedliche Werte gibt es auch für die Moderatortemperaturkoeffizienten der Reaktoren. Wegen der geringen Absorption überwiegt bei D_2O- und graphitmoderierten Reaktoren der Spektrumseffekt über den Dichteeffekt (beim Druckwasserreaktor ist es umgekehrt), wodurch der Moderatortemperatureffekt sehr klein sein kann und bei höheren Abbränden und damit höheren Pu-Konzentrationen meistens positiv wird.

Der Dopplereffekt und die Vergiftung treten bei allen Druckwasserreaktoren in Abhängigkeit von der Neutronenflußdichte auf und haben, da sich für diese Reaktoren Brennstofftemperatur, Anreicherung und Neutronenflußdichte nur wenig unterscheiden, auch entsprechend wenig unterschiedliche Werte.

Für die Gesamtheit der Temperatureffekte wird schon bei der Konzeption des Reaktors angestrebt, daß der resultierende Temperatureffekt im Leistungsbetrieb negativ ist, um eine selbststabilisierende Wirkung gegenüber Laständerungen zu garantieren. Ausnahmen zeigen, daß der umgekehrte Fall regelungstechnisch ebenfalls beherrschbar ist (KKW Obrigheim, BRD), man ist jedoch bei der Konzeption größerer Reaktoren wieder zu o. g. Prinzip zurückgekehrt.

Mit dem Gesagten wird deutlich, daß die meisten der in den Kap. 5 und 6 erwähnten Verfahren und Methoden (einschließlich der Theorie) in evtl. modifizierter Form für alle wassermoderierten Reaktoren verwendbar sind, ja sogar darüber hinaus béi anderen Typen praktiziert werden können.

Obwohl der Aufbau des Reaktivitätsmeßkanals überall der gleiche ist, sind die technologischen Unterschiede (Anordnung der Kammern, Kabelführung, etc.) in vielen Fällen erheblich. Auf diese Feinheiten einzugehen, lohnt sich für den von uns gesteckten Rahmen nicht. Daher wurde im Kap. 5.4. auch nicht über die prinzipiellen Fragen der Meßtechnik hinausgegangen.

Damit ergibt sich als Resumeé: Die Meßmethoden und der prinzipielle Aufbau der Meßtechnik sowie die genannten Probleme sind auf andere Reaktoren übertragbar, auf wassermoderierte Reaktoren in der konkret geschilderten Weise. Die zitierten bzw. aus eigener Erfahrung angegebenen Werte gelten natürlich nur für die dazugehörigen Reaktoren des Typs WWER, falls nicht gesondert etwas anderes vermerkt wurde, ihre Größenordnung ist jedoch für Druckwasserreaktoren mit diesem Leistungsbereich typisch.

7.2. Schwerpunkte und ihre Verlagerung

Reaktorphysikalische Experimente werden seit Bestehen von Reaktoren durchgeführt. Die Entwicklung begann mit Versuchsanlagen, die meist als

Nulleistungsreaktoren ausgelegt waren. So ist es verständlich, daß man die für solche Reaktoren entwickelten Meßmethoden auf Leistungsreaktoren übertragen wollte und dabei auf verschiedene Probleme gestoßen ist, die von den gravierenden Unterschieden der Reaktoren herrühren. Solche Unterschiede sind:

— die Größe der Reaktoren hinsichtlich Ausmaß und Leistung,
— die Verfügbarkeit der Reaktoren für physikalische Experimente.

Während die Versuchsanlagen der Wissenschaft dienten, muß beim Betreiben von Leistungsreaktoren die Wissenschaft den Anlagen dienen. Aus der Notwendigkeit hoher Leistungsverfügbarkeit ergeben sich eindeutige Forderungen des Betreibers an den Experimentator wie:

— minimale Versuchszeiten für die unbedingt notwendigen Nullastexperimente,
— allseitige Nutzung von Meßwerten und daraus resultierend die Gewinnung sicherer Aussagen zur Güte der Rechnung,
— Verlagerung von Versuchen in den Leistungsbetrieb und verstärkte Nutzung von Betriebsmeßdaten.

Aus der Größe der Reaktoren ergibt sich das oftmals erwähnte Problem der Ortsabhängigkeit der Ergebnisse von Reaktivitätsmessungen, das seine tieferen Ursachen in der unterschiedlichen Ermittelung der Reaktivität in der Rechnung einerseits und im Experiment andererseits hat. Damit wird die Verlagerung der Schwerpunkte deutlich:

— die Erfassung stationärer Betriebsmeßwerte erlangt für die routinemäßige Überwachung des reaktophysikalischen Verhaltens der Spaltzone immer mehr an Bedeutung, auch für den Vergleich theoretischer und experimenteller Werte;
— die Arbeiten zur ortsabhängigen Beschreibung des dynamischen Verhaltens für spezielle Untersuchungen steigen in dem Maße an, wie die Reaktoren größer werden; organisch damit verbunden sind die zunehmende Entwicklung und der Einsatz von incore-Detektoren, spezieller Detektoren sowie der Einsatz besonders instrumentierter Kassetten;
— den Meßmethoden, die bei Leistung angewandt werden, verbunden mit einer Verfeinerung der Auswertemodelle, wird zunehmend Beachtung geschenkt; in gleicher Weise wächst die Rolle der EDV für die Auswertung;
— die Arbeiten zur Beschreibung und Erfassung des dynamischen Gesamtverhaltens eines Kernkraftwerkes nehmen zu.

Diese Verlagerung der Schwerpunkte bei der Beschreibung des globalen Verhaltens der Spaltzonen bedeutet jedoch nicht, daß man allumfassend auf die herkömmlichen Methoden und ihre Ergebnisse verzichten kann. In dem Maße, wie man Nulleistungskenngrößen benötigt und sich der entsprechenden Rechnungen dazu noch nicht sicher ist, werden weiterhin Nulleistungsexperimente notwendig sein. Das trifft insbesondere zu für neu installierte Kraftwerksblöcke gleichen bzw. verschiedenen Typs. Erst im Laufe einer langjährigen Betriebserfahrung wird man die Nullastexperimente ausschließlich in Verbindung mit den notwendigen Parameteränderungen durchführen, z.B. durch Kopplung mit dem kritischen Experiment oder mit dem Aufwärmen des Moderators.

Große Leistungsreaktoren im Routinebetrieb sind keine erklärten Objekte der Forschung. Andererseits ergeben sich über die ohnehin notwendigen Betriebsmessungen zur Kontrolle und Überwachung des Verhaltens der Blöcke Anknüpfungspunkte für eine Erforschung des Betriebsverhaltens im Sinne einer Betriebsstatistik. Daher werden neuerdings häufiger Bestrebungen unternommen, solche Betriebs- und auch Sondermeßdaten in größeren Sammelwerken (z. T. mit Hilfe der EDV) zu sammeln bzw. zu systematisieren (Handbücher, Reaktoratlanten, Betriebsstatistiken, Datenbänke etc.). Diese Werke sind das Hauptinstrument des betriebsbetreuenden Physikers, denn nicht alle Betriebsfälle sind vorausberechnet bzw. theoretisch untersucht. Hier und da macht es sich notwendig, auf früher eingetretene zurückzugreifen und die Erfahrungen wieder zu nutzen. Es deutet sich an, daß die Sammlung und Aufbereitung von Daten, die Experimenten oder der Betriebsführung entstammen, zu einem Schwerpunkt der Betriebsbetreuung vor allem dort wird, wo infolge einer großen Anzahl von Reaktoren die Verfolgung der Geschichte der Reaktoren für den Einzelnen unüberschaubar wird.

Mit zunehmender Standardisierung der Typen (z.B. die 1000 MW-Linie der WWER [14] bzw. 1200 MW-Linie der Reaktoren des Typs Biblis, BRD [55]) ergibt sich die Notwendigkeit, die experimentellen Vorhaben ebenfalls zu standardisieren. Erste Vorschläge dazu wurden in [56] gemacht.

Literaturverzeichnis

Literatur zum Kapitel 2:

[1] ACKERMANN, A., A. GEISTHARDT, Das Kernkraftwerk Rheinsberg. Energietechnik **18** (1968) 292.

[2] NOVIKOV, A. N. et al., Überprüfung der Berechnungsgenauigkeit für den Temperaturkoeffizienten der Reaktivität, der Wirksamkeit der Regelkassetten und die Borsäurewirksamkeit anhand von Meßwerten bei den Anfahrexperimenten an den Reaktoren des Blockes 4 des KKW Nowo-Woronesh und des Blockes 2 des KKW Kola. Kernenergie **20** (1977) 316.

Literatur zum Kapitel 3:

[3] Беляева, Е. Д., Д. М. Петрунин, БИПР-4-пограмма для расчёта трехмерных полеи энерговы делении топлива приближении для реакторов типа ВВЭР. Препринт ИАЭ-2093, М. 1971.

[4] MEYER, K., Einführung in die Grundlagen der Kernreaktortechnik; Lehrbrief Teil I bis III. Ingenieurhochschule Zittau 1975.

[5] Феинбирг, С. М. и.д., Теория ядерных реакторов; Том 1: Элементарная теория реакторов. Москва атомиздат 1978.

[6] HEINRICH, H., Randbedingungen an der Oberfläche hohler, bremsender Steuerstäbe nach der Dreigruppentheorie. Kernenergie **6** (1963) 146.

[7] KÖHLER, B., Berechnung von Regelorganen nach einer modifizierten Eingruppentheorie. Kernenergie **3** (1960) 959.

[8] Кипин, Д. П., Физические основы кинетики ядернов реакторов. Перевод с англ., Атомиздат 1967.

[9] SUSCHOWK, G., K.-F. PÖTTER, V. RIEHN, Untersuchungen zur Leistungsdichtevergleichmäßigung. Kernenergie **19** (1976) 116.

[10] STOUT, R. B., A. H. ROBINSON, Determination of Optimum Fuel Loadings in Pressurized Water Reaktors Using Dynamic Programming. Nucl. Techn. Vol. **20** (1973) 86.

Literatur zum Kapitel 4:

[11] THOMAS, S., Programmbericht für das BESM-6-FORTRAN-Programm PYTHIA 3. VEB KKAB Berlin, Bericht KKAB-23-73-0, unveröffentl.

[12] BELL, G. I., S. GLASSTONE, Nuclear Reactor Theorie. Van Nostrand Reinhold Company, 1970.

[13] LAMARSH, J. R., Introduction to Nuclear Reactor Theorie. Addison-Wesley Publishing Company, 1966.

[14] Аборина, И. Н., Физические исследования реакторов ВВЭР. Атомиздат 1978.

[15] Овчинников, Ф. Я. и. д., Эксплуационные режимы водоводяных энергетических ядерных реакторов. Атомиздат 1977.

[16] FUGE, R., D. ZIEGENBEIN, Eine Methode zur Bestimmung von differentiellen Reaktivitäten am Leistungsreaktor. Kernenergie **16** (1973) 245.

[17] FORTI, G., COSTAX-BOIL, A Computer Programme of the Constanza Series for the Axial Dynamics of BWR and PWR Nuclear Reactors. EUR 4497e.

[18] FUGE, R., D. ZIEGENBEIN, REAK — Ein SYPS-4000 Programm zur Lösung der inversen kinetischen Gleichungen. Arbeitsbericht RPN-5/76 des ZfK Rossendorf.

Literatur zum Kapitel 5:

[19] LIEWERS, P., Reaktivitätsmessungen — Probleme, Methoden und Anwendungsmöglichkeiten. Kernenergie **4** (1961) 593.

[20] FRACH, K.-H., Reaktorphysikalische Experimente an Leistungsreaktoren, Teil I: Messungen bei Nulleistung. Kernenergie **20** (1977) 117.

[21] Physics Measurements in Operating Power Reactors, Proceedings of an International Seminar. Rom 1966, Paris 1967.

[22] MÜLLER, A., W. ZENKER, Bestimmung von Reaktivitätseffekten und Steuerstabwirksamkeiten aus dynamischen Reaktivitätsmessungen im Kernkraftwerk Rheinsberg. Kernenergie **12** (1969) 88.

[23] SEMENOV, V. N. et al., Übersicht über die neutronenphysikalischen Betriebsdaten von WWER-Reaktoren und ihr Vergleich mit berechneten Werten. Kernenergie **20** (1977) 319.

[24] FRACH, K.-H., H. GREINER-MAI, Reaktorphysikalische Experimente am WWER-2 des KKW Rheinsberg, Teil 3: Messungen der Xenonvergiftung. Kernenergie **20** (1977) 246.

[25] FRACH, K.-H., H. GREINER-MAI, Reaktorphysikalische Experimente am WWER-2 des KKW Rheinsberg, Teil 1: Wirksamkeiten von Absorberkassetten. Kernenergie **19** (1976) 125.

[26] NOVIKOV, A. N., Probleme der Analyse der neutronenphysikalischen Daten beim Betrieb von Reaktoren WWER-440. Kernenergie **20** (1977) 325.

[27] ADRIANOV, G. Ja. et al., Zusammenstellung und Diskussion der Ergebnisse von physikalischen Untersuchungen an Spaltzonen von Reaktoren WWER-440 beim Anfahren. Kernenergie **20** (1977) 373.

[28] KÖHLER, B., K.-H. LOTH, Theoretische und experimentelle Untersuchungen über die Anwendbarkeit von Stabfallexperimenten an Druckwasserreaktoren. Dissertation TU Dresden 1973.

[29] Schultz, M. A., Steuerung und Regelung von Kernreaktoren und Kernkraftwerken. Berliner Union, Stuttgart 1965.

[30] Kommissarov, L. V., G. L. Lunin, Experimente an kritischen Anordnungen und ihr Zusammenhang mit Experimenten, die in Kernkraftwerken durchgeführt werden. Kernenergie **15** (1972) 253.

[31] Rambusch, K., W. Strehober, Errichtung und Inbetriebnahme des 1. Blockes des Kernkraftwerkes „Bruno Leuschner" Greifswald. Kernenergie **17** (1974) 222.

[32] Loth, K.-H., Das physikalische Anfahren des Reaktors des KKW „Bruno Leuschner", Block 1. Kernenergie **19** (1976) 107.

[33] Scheifler, W. et al, Umladeexperimente an den WWER-440 des KKW „Bruno Leuschner" Greifswald und Vergleich mit Rechnungen. Vortrag auf der 2. Arbeitstagung der thematischen Gruppe des IZK Budapest zur „Übersicht über die neutronenphysikalischen Betriebsdaten von WWER", Moskau, Mai 1978.

[34] Bronner, G. et al., Neutronenphysikalische Untersuchungen bei der Inbetriebnahme des KWO. Atomwirtschaft **13** (1968) 618.

[35] Frach, K.-H., Einige physikalische Aspekte beim Einsatz von Borsäure im Kernkraftwerk Rheinsberg, Kernenergie **15** (1972) 81.

[36] Fuge, R., D. Ziegenbein, Zur Berücksichtigung ortsabhängiger Effekte bei Reaktivitätsmessungen. Kernenergie **19** (1976) 371.

[37] Köhler, B. et al., Bestimmung von Reaktivitätseffekten im Leistungsbetrieb eines Reaktors auf der Grundlage von Störungsmessungen, Kernenergie **21** (1978) 16.

[38] Fuge, R. et al., On-line-Reaktivitätsmessungen am Leistungsreaktor. Kernenergie **20** (1977) 385.

[39] Merz, L., Regelung und Instrumentierung von Kernreaktoren, Bd. 1: Grundbegriffe und Grundlagen. R. Oldenburg, München 1961.

[40] Jervis, M. W., Instrumentierung von Kernkraftwerken. Braunschweig 1964.

[41] Fratscher, W., Felke, H., Einführung in die Kernenergetik. VEB Deutscher Verlag für Grundstoffindustrie, Leipzig 1973.

[42] Frach, K.-H., H. Greiner-Mai, Reaktorphysikalische Experimente an Leistungsreaktoren, Teil III: Meßtechnik, Auswerteprogramme. Kernenergie **21** (1978) 309.

[43] Hessel, G., P. Liewers, Themenstudie „Messung großer negativer Reaktivitäten in Druckwasserreaktoren für Überwachungszwecke". ZfK Rossendorf, Arbeitsbericht RPN-8/71.

[44] Матвеев, В. В., и. др., Ядерное приборостроение — измерително информационная осмова атомнои науки и техники. Атомная Энергия 43 (1977) 11.

[45] Kalasnikov, V. K. et al, Steuersysteme von Kernkraftwerken mit Prozeßrechnern. Kernenergie **18** (1975) 302.

[46] Fuge, R., J. Klebau, Prozeßrechner in Kernkraftwerken. Kernenergie **18** (1975) 1.

[47] Frach, K.-H., H. Greiner-Mai, Reaktorphysikalische Experimente an Leistungsreaktoren, Teil IV: Probleme der Genauigkeit gemessener reaktorphysikalischer Kenngrößen und ihre Vergleichbarkeit mit Rechnungen. Kernenergie **21** (1978) 337.

[48] Kalker, K.-J., Über inverskinetische Reaktivitätsmessungen an FRJ-1, FRJ-2 und AVR (Jülich), DR 3 (Risø) und FRG-0 (Geesthacht). Reaktortagung 1973 des DatF in Bonn (BRD), S. 62.

[49] Schenk, H., et al., Anforderungen des Reaktorbetriebes an die Vorhersage physikalischer Kenngrößen, Atomkernenergie **25** (1975) 75.

[50] Schultheiss, G. F., Stand und Erfordernisse der Vorhersage physikalischer Kenngrößen für thermische und schnelle Leistungsreaktoren. Vorträge auf der KGT-Fachtagung, 29.—31. 01. 1974, Karlsruhe (BRD), KFK 1931.

[51] Hultzsch, E., Ausgleichsrechnung mit Anwendungen in der Physik. Akademische Verlagsgesellschaft, Leipzig 1971

[52] Hoffmann, H., H. Küster, Fortschritte bei der Vorhersage physikalischer Kenngrößen. KTG-Fachtagung 23.—25. 01. 1973 in Jülich (BRD).

[53] Liewers, P., J. Scholz, Ein Verfahren zur Durchführung und Auswertung von Stabfallmessungen. Kernenergie **17** (1974) 136.

Literatur zum Kapitel 6:

[54] Frach, K.-H. et al., Reaktorphysikalische Experimente am WWER-2 des KKW Rheinsberg, Teil 2: Vergleich experimenteller und berechneter kritischer Daten für den Reaktor WWER-2 des KKW Rheinsberg. Kernenergie **20** (1977) 41.

Literatur zum Kapitel 7:

[55] Oldekop, W. et al., Druckwasserreaktoren für Kernkraftwerke. Thiemig Taschenbücher, Bd. 51, Verlag Karl Thiemig, München 1974.

[56] Reaktortagung 1978 des DAtF in Bonn (BRD).

Symbolverzeichnis

B^2, B_g^2, B_m^2	Buckling, geometrisches Buckling, materielles Buckling
c	Konzentration, als Index: auf core bezogen
c_1, c_2	effektive Wärmekapazitäten des Brennstoffs (1) und des Kühlmittels (2)
c_B	Borsäurekonzentration
c_M	spezifische Wärme des Kühlmittels
C_i	Dichte der verzögerten Neutronen der i-ten Gruppe bzw. Dichte der Mutterkerne verzögerter Neutronen
D	Diffusionskonstante
d	Extrapolationslänge
f_G	Anteil der Borsäure- und Spaltproduktvergiftung an k_∞
f_D	Anteil des Dopplereffektes an k_∞
h	Höhe, Lage, Stellung der Absorberstäbe (Steuer-, Regelstäbe)
h_0, h_1, h_2	Stellung der Absorberstäbe im Zustand 0, 1 bzw. 2
h_k	kritische Stellung
J_{stat}	stationäre ^{135}J-Konzentration
k	Multiplikationsfaktor
k	Wärmeübergangskoeffizient Brennstoff zu Moderator
k_∞, k_{eff}	unendlicher, effektiver Multiplikationsfaktor
k_t, k_s	Multiplikationsfaktor für solche thermischen (schnellen) Neutronen, die thermischen (schnellen) Spaltungen entstammen
L	Diffusionslänge
M^2	Migrationsfläche
$\dot{m}$	Kühlmittelstrom
n	Neutronendichte, Neutronenflußdichte
n_0	Neutronendichte des kritischen Reaktors
P	Leistung
P_{el}, P_{th}	elektrische, thermische Leistung
p	Resonanzentkommwahrscheinlichkeit
r	Entfernung, Länge, als Index: auf Reflektor bezogen
t	Zeit, Temperatur
t_k, t_A, t_E, $t_{\max}$	kritische Zeit, Anfangs-, Endezeit, Zeit, zu der ein Parameter einen Maximalwert hat
T	Temperatur, Integrationszeit

T_M	Moderatortemperatur, mittlere Moderatortemperatur
T_B	Temperatur des Brennstoffs
v	mittlere Geschwindigkeit der thermischen Neutronen
x	Reaktorparameter (x ist z. B. T_M, P_{th})
Xe_{stat}	stationäre ^{135}Xe-Konzentration
α_x	Reaktivitätskoeffizient des Parameters x
α_h	Differentielle Absorberstabwirksamkeit
α_M	Moderatortemperaturkoeffizient
α_B	Borsäurekoeffizient
α_P	Leistungskoeffizient
α_p	Druckkoeffizient des Kühlmittels
α^{exp}	gemessener Reaktivitätskoeffizient
α^{ber}	berechneter Reaktivitätskoeffizient
β_{eff}	effektiver Anteil verzögerter Neutronen an der Gesamtzahl der Spaltneutronen
β_i	Anzahl der verzögerten Neutronen der Gruppe i bezogen auf die Gesamtzahl der bei der Spaltung freigesetzten Neutronen
γ_{J}, γ_{Xe}	Spaltausbeute für ^{135}J, ^{135}Xe
ε_i	wie β_i
η	Abbrand, Schlackenkonzentration
Λ	Generationszeit der thermischen Neutronen
λ	Eigenwert, Zerfallskonstante
λ_i	Zerfallskonstante der i-ten Gruppe verzögerter Neutronen
ν, ν_s, ν_t	Spaltausbeute, Anzahl schneller Neutronen nach Spaltungen durch schnelle (Index s) bzw. thermische (Index t) Neutronen
ξ	mittlerer logarithmischer Energieverlust (mittlerer Lethargiezuwachs pro Stoß)
ϱ	Reaktivität
ϱ_d	dynamische Reaktivität
ϱ_m	Meßreaktivität
ϱ_R	Reaktivitätsreserve (Überschußreaktivität)
ϱ_G	Vergiftungsreaktivität (Wirkung der Xenon- und Samariumkerne)
ϱ_{Xe}	Xenonreaktivität, Xenonvergiftung
ϱ_P	Leistungseffekt
ϱ_p	Druckeffekt
ϱ_M	Moderatortemperatureffekt
ϱ_h	integrale Absorberstabwirksamkeit
ϱ_B	Borsäureeffekt
Σ	makroskopischer Wirkungsquerschnitt
σ	mikroskopischer Wirkungsquerschnitt
τ	Fermi-Alter
Φ	Neutronenfluß
Φ_s	schneller Fluß
Φ_t	thermischer Fluß

Quellenverzeichnis für Bilder

Bild 5.2.7	Müller, A., W. Zenker Kernenergie **12** (1969) 88
Bild 5.2.16	Frach, K.-H., H. Greiner-Mai Kernenergie **19** (1976) 125
Bild 5.2.17 Bild 5.2.18 Bild 5.2.19 Bild 5.2.21 Bild 5.2.22 Bild 5.2.23 Bild 5.2.24	Andrianov, G. Ja. et al., Kernenergie **20** (1977) 373
Bild 5.2.20	Frach, K.-H., Kernenergie **15** (1972) 81
Bild 5.2.26 Bild 5.2.27	Semenov, V. N., Kernenergie **20** (1977) 319
Bild 5.2.28	Frach, K.-H., H. Greiner-Mai, Kernenergie **20** (1977) 246
Bild 5.2.29	Novikov, A. N., Kernenergie **20** (1977) 325
Bild 5.3.3	Fuge, R. et al., Kernenergie **20** (1977) 385
Bild 5.3.5	Fuge, R., D. Ziegenbein, Kernenergie **16** (1973) 245
Bild 5.3.7	Köhler, B et al., Kernenergie **21** (1978) 16
Bild 6.1 Bild 6.2	Frach, K.-H. et al., Kernenergie **20** (1977) 41

Sachverzeichnis

A

Abbrand 19, 35
Abbrandreaktivität 219
Abbrandverlängerung 19
Abbrandverteilung 35
Absalzung 18
Abschaltvorgang 98
Absorberkassette 15
Absorberstab 15
Absorberstabwirksamkeiten 129ff., 146ff., 165, 221
Absorberteil 15
Absorptionsquerschnitt 22, 59
Absorptionsreaktionen 21
aktive Zone 16
Amplitudenfunktion 82, 118
Anfahren 182
Anfahrexperimente 194
Anfahrvorschrift 182
Arbeitskassette 15
Ausgleichsrechnung 148
Auswertemodell 104
Auswertung, manuelle 145
—, rechnergestützte 145

B

Beladung 18, 248
Bereich, unkontrollierter 183
Betrieb, ökonomischer 234
Betriebszeit, effektive 19
Borsäure 18
Borsäureeffekt 78, 135
Borsäurekoeffizient 78, 104, 133, 151, 167, 209ff., 221
Borsäurekonzentration, kritische 35
Borsäurewirksamkeit 133ff., 151ff., 166
Bremslänge 39, 51
Bremsquerschnitt 32
Bremsspektrum 28
Brennelement 15, 20
Brennstab 15
Brennstoffanordnung 73ff.
Brennstoffteil 15

C

Cent 96
Charakteristik, physikalische 145
Clusterkassetten 15
Core 16

D

Dampferzeuger 17
Detektor 224
Diffusionsgleichung 31, 37, 59
Diffusionskoeffizient 33
Diffusionslänge 39, 51
Dollar 96
Dopplerkoeffizient 222
Druckeffekt 138
Druckgefäß 16
Druckkoeffizient 138, 164, 169
Druckwasserreaktor 17
dynamische Reaktivität 83
— Reaktivitätsmessungen 78, 84ff., 124ff., 212ff., 231

E

effektive Betriebszeit 19
— Spaltausbeute 89
— Zerfallskonstante 62
effektiver Absorptionsquerschnitt 59
— Multiplikationsfaktor 36, 53ff.
— Produktionsquerschnitt 59
Eigenwert 36
elastische Streuung 21
Experiment, kritisches 182
Extrapolationslänge 34, 50
1-Gruppen-Diffusionsgleichung 48, 59
1½-Gruppen-Theorie 36

F

Fallzeiten 181
Fermi-Alter 39, 89
Fermi-Spektren 28
Fingerregelstäbe 15
Fluß 26
Flußdichte 26
Formfunktion 82, 118
freie Weglänge 23

G

γ-Kompensation 226
Genauigkeit 235ff.
geometrisches Buckling 53
Gleichungen, punktkinetische 88
Gleitdruckfahrweise 253
Gruppenfluß 31
Gruppenquerschnitt 31

H

Halbwertszeiten 65
Härtung des Spektrums 30
Hauptfluß 49, 52
Hauptumwälzleitungen 17
Hauptumwälzpumpen HUP 17
Havarieschutzkassetten 15

I

inelastische Streuung 21, 22
Integralmethode 174
Integration über endliches Zeitintervall 175
Ionisationskammer 224

K

Kampagne 19, 74
Kampagneberechnung 248
Kassettenkorb 16
Koppelfaktoren 44, 45
Kopplungsmessungen 187
Korrektionsfaktoren 176, 181
Kreislauf 17
Kreislaufdynamik 188
kritische Borsäurekonzentration 35
— Parameter 35
— Stabstellung 35
kritischer Zustand 52, 183, 240ff.
kritisches Experiment 182
Kühlmittel 17
Kühlmitteltemperatur 77

L

λ-Fluß 43, 46ff.
Lebensdauer 61, 88
—, mittlere 88
Leckrate 32, 33
Leistungsbetrieb 252
Leistungseffekt 116
Leistungsexperimente 197
Leistungsdichte 25, 35
Leistungskoeffizient 104, 204ff., 215f.

M

manuelle Auswertung 145
Makroabbrand-Rechnungen 35
makroskopischer Wirkungsquerschnitt 23
Maxwell-Verteilung 29
Messung, dynamische 125, 212
—, Organisation der 189
meßbare Reaktivität 88, 101ff.
Meßfehler 233
Meßkanal 223, 227f.
Meßtechnik 222

Meßwerterfassung 229
Methode des prompten Sprunges 174
—, statische 169ff., 204ff.
— der Zeitableitung 127
Migrationsfläche 36, 51, 53, 90
Migrationslänge 51
mikroskopischer Wirkungsquerschnitt 22
mittlere freie Weglänge 24f.
— Lebensdauer 88
Moderator 17
Moderatortemperaturkoeffizient 73, 78, 104, 135f., 155ff., 167f., 222
Multiplikationsfaktor 25, 36, 41, 52
—, effektiver 36, 53ff.
—, schneller 38
—, thermischer 37
—, unendlicher 36, 41, 59
Mutterkerne 61
μ-Fluß 43, 47, 48

N
Neutronen, thermische 29
—, verzögerte 27, 29, 58, 61, 94
Neutronenbilanz 31
Neutronendetektoren 224
Neutronendichte 25, 124
Neutronenflußdichte 26, 34, 40, 79
—, schnelle 30, 36
—, thermische 30
Neutronenspektrum 29
Neutronenstromdichte 32
Neutronentemperatur 30
nukleare Sicherheit 235
Nulleistung 77, 122
Nulleistungsmessung 122

O
off-line-Auswertung 145
ökonomischer Betrieb 234
on-line-Auswertung 145
Ortseffekte 103, 118
Out-core Detektoren 121

P
Parameter, kritische 35
physikalische Charakteristik 145
Plattenreaktor 38, 43ff.
Produktionsquerschnitt 59
Produktionsrate 25, 63
Programme 36
prompt kritisch 96
prompte Spaltneutronen 27, 58, 94
Prozeßrechner 230
Punktkinetik 120
punktkinetische Gleichungen 88

Q
quasistationäre Zustände 63ff., 76
Quelldichte 28

R
radialer Ungleichmäßigkeitsfaktor 74
Randbedingungen 34, 38, 49
Reaktivität 55, 78, 233
—, dynamische 83
—, meßbare 88, 101ff.
—, stationäre 80
Reaktivitätsbilanz 237ff.
Reaktivitätseffekte 35, 57f., 242ff.
Reaktivitätsintegral 127
Reaktivitätskoeffizienten 35, 57f., 78, 127, 242ff.
Reaktivitätsmesser 78, 120, 176, 229
Reaktivitätsmessung 77, 123, 128, 169
—, dynamische 78, 84ff., 124ff., 212ff., 231
—, statische 128
Reaktivitätsreserve 74, 134, 218
Reaktorkampagne 19
Reaktorkinetik 96
Reaktorperiode, stabile 92, 129
Reaktorsicherheit 183
Reaktortypen 256
rechnergestützte Auswertung 145
Reflektor 16, 38, 44ff.
Regelkassetten 15, 55
Regelstäbe 15
Regelstabgruppen 55

Removalquerschnitt 33
Resonanzbereich 29
Resonanzentkommwahrscheinlichkeit 37
RODD 177
Rückkopplung 123
Rückkopplungseffekte 36, 63
Rückkopplungsreaktivität 109, 215

S
Samarium 65
Samariumvergiftung 65, 137, 159, 160
Schnellabschaltung 20
schnelle Neutronenflußdichte 30, 36
schneller Multiplikationsfaktor 38
Schultz-Konstante 175
Sicherheit, nukleare 235
Spaltausbeute 61, 65, 87
—, effektive 89
Spaltkammer 225
Spaltneutronen 27, 89
—, prompte 27, 58, 94
Spaltproduktvergiftung 65
Spaltrate 25
Spaltspektrum 29
Spaltung 21f.
Spaltzone 16, 37, 47
Stabfallmethode 97, 172ff., 231
stabile Reaktorperiode 92, 129
Stabstellung, kritische 35
Stabwirksamkeiten 55, 78, 117, 133
stationäre Reaktivität 80
— Vergiftung 211f.
statische Methoden 169ff., 204ff.
— Reaktivitätsmessung 128
Störungsmessungen 103ff.
Strahlungseinfang 21f.
stretch-out 19, 252ff.
Streuteil 16
Streuung, elastische 21f.
—, inelastische 21f.
Symmetriemessungen 186

T
Technologie der Versuche 140ff.
Temperatureffekt 136, 167, 221
Temperaturkoeffizient 135, 167, 209
thermische Grenzenergie 30
— Neutronen 29
— Neutronenflußdichte 30
thermischer Multiplikationsfaktor 37

U
Übergangsbedingungen 34, 38
Überschußreaktivität 73, 134, 171
Umladung 19
unendlicher Multiplikationsfaktor 36, 41, 59
Ungleichmäßigkeitsfaktor 75
unkontrollierter Bereich 183

V
Vergiftung 36, 65ff., 211
—, stationäre 211f.
Vergiftungseffekt 78, 137
Versuchsablaufplan 199
Versuchsdurchführung 139
Versuchsprogramm 193
verzögert kritisch 96
verzögerte Neutronen 27, 29, 58, 61, 94

W
Wechselwirkungsraten 25
Weglänge, freie 23ff.
Wirkungsquerschnitt 22, 78
—, makroskopischer 23
—, mikroskopischer 22
WWER-2 15, 17, 19, 181
WWER-440 16, 90
WWER-1000 15ff.

X
Xenon 65
Xenon-Berg 67
Xenon-Vergiftung 136ff., 143, 158ff., 168

Z

Zählrohr 224
Zeitverhalten 63, 93
Zerfallskonstante 61, 65, 85
—, effektive 62
Zone, aktive 16
Zuspeisung 18
Zustand, kritischer 52, 183, 240ff.
—, quasistationärer 63ff., 72
2-Gruppen-Diffusionsgleichungen 33, 37
Zyklusberechnung 248

MIX
Papier | Fördert gute Waldnutzung
FSC® C083411

Zeitfracht Medien GmbH
Ferdinand-Jühlke-Straße 7
99095 Erfurt, Deutschland
produktsicherheit@kolibri360.de